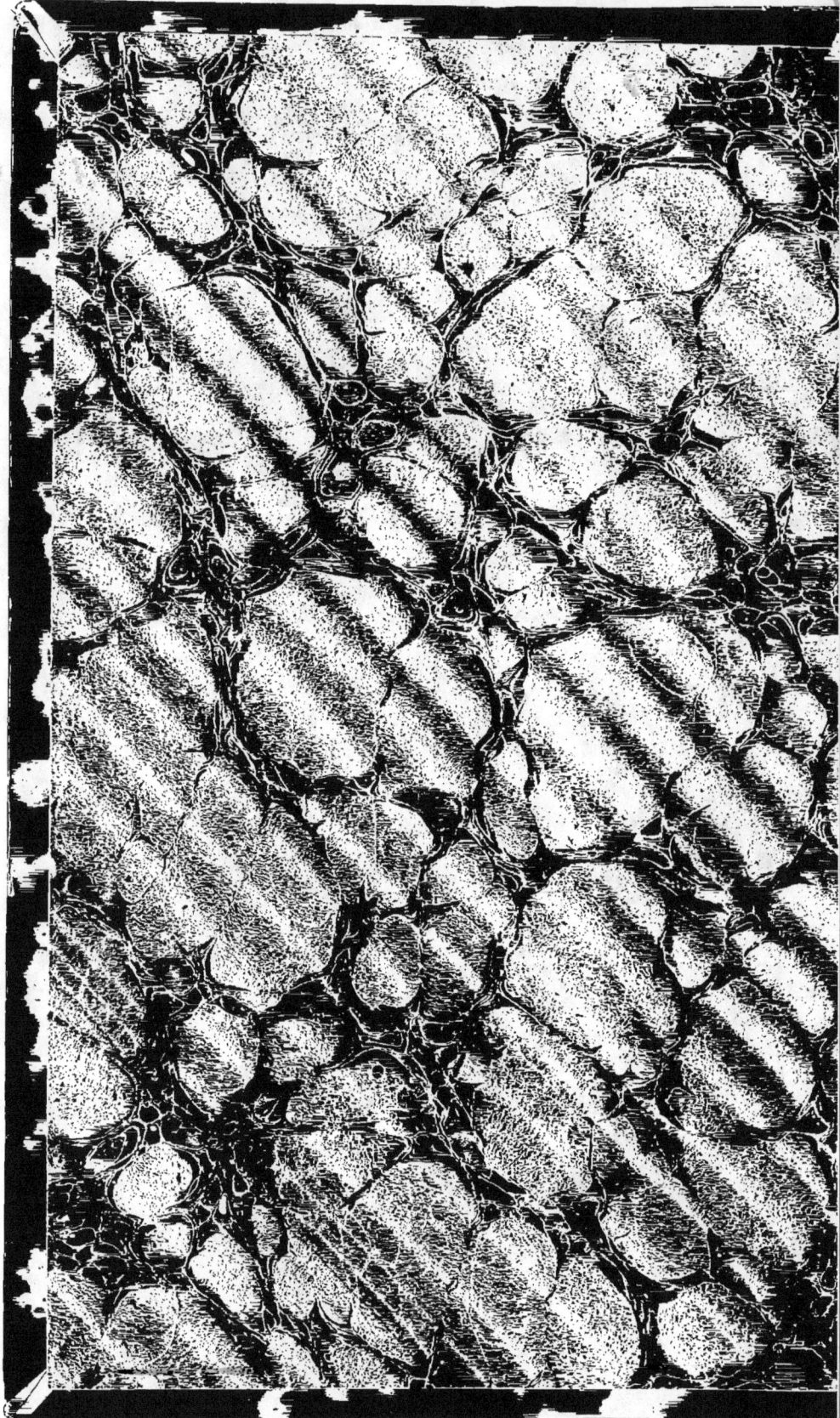

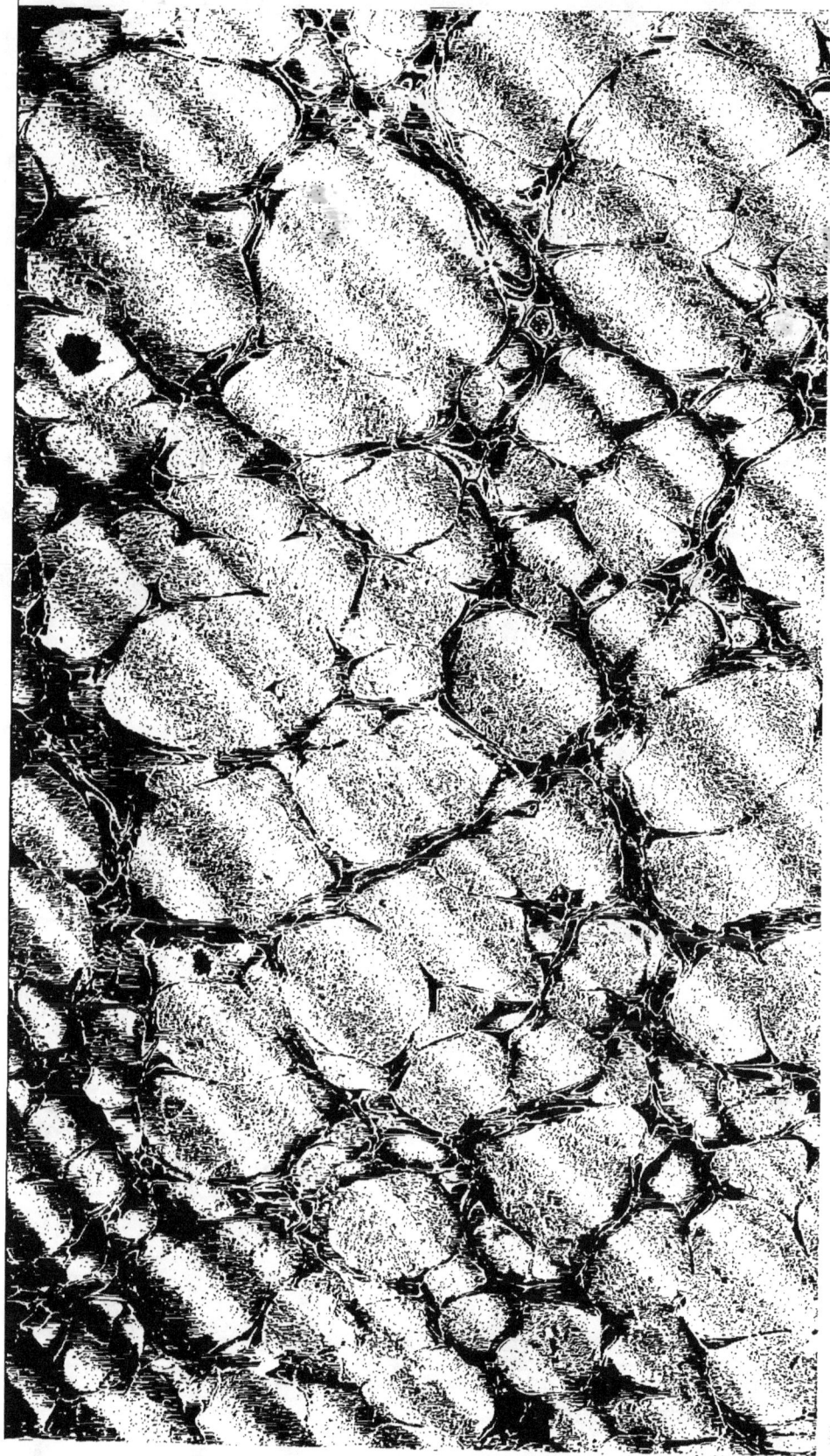

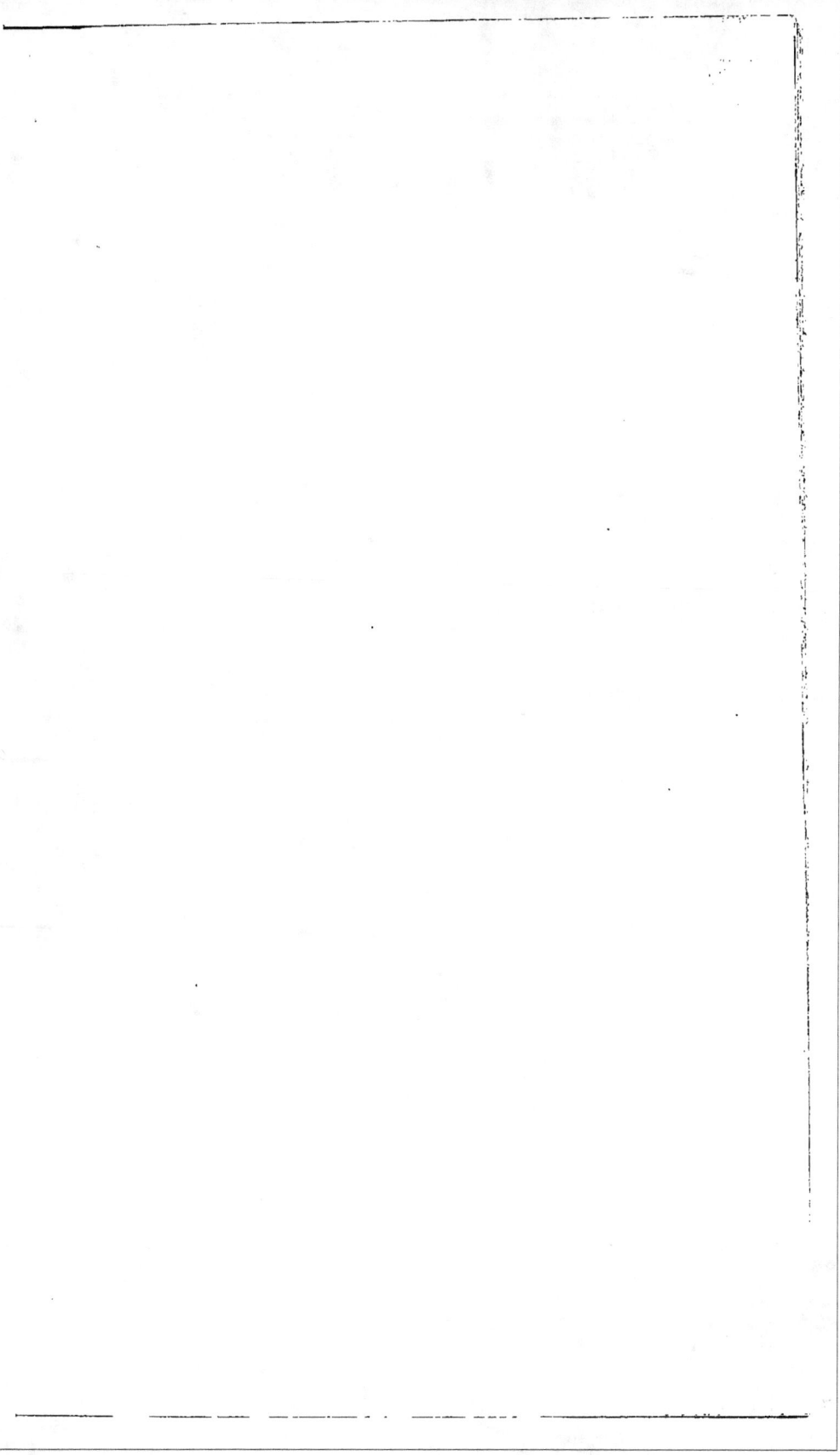

T. 2660.
A. e. k.

TERATOSCOPIE

DU

FLUIDE VITAL

ET

DE LA MENSAMBULANCE.

Cᴇᴛ Oᴜᴠʀᴀɢᴇ, qui peut être considéré comme le *Prospectus* d'un nouveau moyen d'élever toutes les sciences humaines au plus haut degré de perfection, *se trouve*

A PARIS, *chez*

Les Libraires
{
BECHET jeune, place de l'Ecole de Médecine,
DELAUNAY,
DENTU, } Palais-Royal, Galerie de Bois.
GUILLEMINET, rue Montmartre, n.º 68.
MÉQUIGNON, rue de l'Ecole de Médecine.
}

A ORLÉANS,

Chez M.ᵐᵉ V.ᵉ HUET-PERDOUX, rue Royale, N.º 94.

TERATOSCOPIE

DU FLUIDE VITAL

ET

DE LA MENSAMBULANCE,

OU

DÉMONSTRATION Physiologique et Psychologique de la possibilité d'une infinité de prodiges réputés fabuleux ou attribués par l'ignorance des philosophes et par la superstition des ignorans, à des causes fausses ou imaginaires;

Par C.—R. H.

Infirma mundi elegit Deus,
Ut confundat fortia. (I.re Cor. 1. 27.)

DÉDIÉ

A MM. LES ÉTUDIANS EN MÉDECINE DE LA FACULTÉ DE PARIS.

A PARIS,

CHEZ L'AUTEUR, CLOITRE SAINT-MÉRY, N.º 16,

1822.

ORLÉANS. = IMPRIMERIE V.ᵉ HUET-PERDOUX.

Épître dédicatoire.

~~~~~~~~~~~~~~~~

A Messieurs

Les ÉTUDIANS en Médecine de la Faculté de Paris.

Messieurs,

Vous rendrez célèbre dans les fastes de la médecine, l'époque à laquelle nous vivons, par votre amour pour le travail, un ardent désir de l'instruction, une louable curiosité et une noble émulation. Ces qualités qui vous distinguent éminemment n'ont jamais été aussi frappantes dans les différentes époques qui nous ont précédés. Aussi, déjà plusieurs d'entre vous se sont-ils assis au rang des plus grands maîtres; aussi la France et le monde savant conçoivent-ils de vous les plus grandes espérances, que vous surpasserez, sans doute, quand le tems vous aura permis de mettre au jour le fruit de vos profondes méditations. Vous avez compris qu'il n'appartient qu'aux esprits médiocres de se traîner servilement sur les pas de ceux qui les dirigent : le génie les devance toujours.

Votre âge est celui du génie; plus tard vous deviendrez des savans. C'est alors que vous opérerez une révolution aussi étonnante qu'elle sera favorable à toutes les sciences.

En vous dédiant cet ouvrage, dont les résultats peuvent conduire toutes les sciences humaines au plus haut degré de perfection, et en particulier celles que vous cultivez, je n'ai point la vaine prétention de vous offrir des leçons. Vous y trouverez peu de moyens d'instruction; mais vous y remarquerez peut-être quelques grands sujets de méditation, qui, sans doute, ne vous sont point étrangers, puisque vous avez eu la sagesse de vous persuader qu'il ne suffit pas de voir dans L'HOMME le plus parfait des animaux, mais qu'on doit aussi l'étudier comme l'image la plus parfaite de la DIVINITÉ. Vos ouvrages ne seront donc point infectés, comme tant d'autres, de ces fausses doctrines maladroitement déguisées, qui désespèrent la vertu, encouragent le vice et déshonorent l'espèce humaine. Je joins, à ce sujet, mes félicitations à celles que tous les bons esprits vous adressent.

Je me féliciterais infiniment moi-même, si mon travail était jugé digne du plus léger accueil de votre part. Cette faveur en ferait plus généralement adopter les principes qui sont les vôtres.

J'ai l'honneur d'être avec respect,

Messieurs,

Votre très-Humble et très-Obéissant Serviteur,

C. R. H.

DISCOURS

PRÉLIMINAIRE.

L'ART DE PERFECTIONNER L'HOMME, par le D. VIREY (chez *Déterville*, rue Hautefeuille, n.° 8.), est un chef-d'œuvre de physiologie et un prodige d'érudition. Plus je les relis, plus je suis convaincu que les principes que cet auteur établit dans cet excellent ouvrage, sont conformes à ceux que j'ai adoptés dans celui que je présente au public. Si j'avais eu le talent d'en faire une analyse raisonnée et de l'adapter au plan que je me suis tracé, cette analyse aurait composé la plus grande partie de mon ouvrage; mais celui-ci était déjà trop avancé, lorsque j'ai eu occasion de lire *l'Art de perfectionner l'homme*. D'ailleurs, je ne suis ni savant, ni docteur, ni physiologiste, ni médecin, et le lecteur s'en apercevra facilement.

Le mot *teratoscopie*, est formé du grec *teratoscopos*, dont les racines sont *teratos*, génitif de *teras* qui signifie prodige, et *scopeo* qui signifie j'examine, je considère. Ainsi la terasto-

scopie est la science qui examine les prodiges. Notre
but n'est point l'examen de tous les effets prodigieux
des causes quelconques : nous nous bornons, et c'est
déjà beaucoup, à examiner certains effets prodigieux du fluide vital et de l'état de mensan-
bulance. Ces deux causes, qui sont essentiellement distinctes, ont été toujours confondues par
tous ceux qui en ont parlé, faute d'en connaître
la nature, et parce que la mensambulance est
le plus ordinairement l'effet du fluide vital ; effet
qui devient lui-même cause d'une infinité de
prodiges méconnus pour la plupart, ou attribués au charlatanisme, à la crédulité et à la
superstition du vulgaire.

Je pourrais ajouter que l'ignorance de certains savans et leur orgueilleuse présomption,
ont été les causes les plus ordinaires des erreurs
dans lesquelles on est tombé sur l'explication
des prodiges du fluide vital et de la mensambulance, et que leur opiniâtre incrédulité a plus
nui aux progrès de la science, que le zèle de ses
partisans ne lui a servi.

Ces deux causes, le fluide vital et la mensambulance, sont du domaine de deux sciences
bien différentes, qui sont la physiologie et la
psychologie. Dans la première partie de cet ouvrage, qui sera toute physiologique, je parlerai du fluide vital ; et dans la seconde, qui

a plus de rapport à la psychologie, je parlerai de la mensambulance.

La physiologie est la seule des sciences qui, depuis un siècle, n'ait pas fait de progrès sensibles ; peut-être même les anciens trouveraient-ils qu'elle a fait de grands pas rétrogrades. Les ouvrages de certains docteurs très-célèbres qui ont traité de cette science, sont fort ingénieux et surtout très-bien écrits. Il y a des choses séduisantes, on est tenté de croire qu'ils ont réellement fait de nouvelles découvertes , mais le flambeau à l'aide duquel ils nous conduisent dans leurs ténébreux travaux, s'éteint à chaque pas, ne se rallume que pour nous éblouir par un éclat que la vue ne peut supporter, et on se trouve pire que dans les plus épaisses ténèbres.

Cependant le style de leurs ouvrages les fait lire avec plaisir ; il semble qu'on soit transporté dans une agréable prairie émaillée de mille fleurs, dont l'aspect séduit à chaque pas ; mais, presque à chaque pas aussi, se trouve un serpent caché sous les plus belles fleurs, et dont le venin s'insinue insensiblement dans l'esprit d'une jeunesse confiante et inexpérimentée.

O vous qui faites les premiers pas dans la carrière des sciences , ma plume peu exercée ne vous exposera point à de pareils dangers, vous aurez plus d'épines à écarter que de roses à

cueillir. Assez et trop d'auteurs ne vous offrent
que ces dernières sous les charmes d'un style enchanteur. Mais je vous en préviens, sous ces dehors trompeurs il n'y a souvent qu'un sot vêtu
en homme d'esprit. Le *brigandage des fausses
réputations*, selon l'expression du docteur *Delpit*,
a donné à de fausses doctrines une sorte de
consistance qui en a imposé de nos jours à certains esprits superficiels, ou plutôt à ceux des
étudians en médecine qui n'ont fait aucune réflexion sur les leçons de leurs professeurs : gardez-vous de leur accorder une estime sur parole,
ou sur la haute réputation dont ils jouissent. Osez
juger leur doctrine et ne l'estimez qu'après l'avoir
réfléchie, méditée et sentie.

A l'occasion de ces fausses doctrines, je ne
puis m'empêcher de mettre sous les yeux des
étudians en médecine, un aveu qui semble s'être
glissé dans le Dictionnaire des sciences médicales : aveu qui fait infiniment honneur au docteur Delpit, et qui fait en même-tems la cen-
sure d'un trop grand nombre d'autres articles
du même dictionnaire. Le docteur Delpit s'exprime ainsi dans son article *Inaugural*, tom. 24.

» Caillot de l'école de Strasbourg, veut, avec
Epicure, fonder la morale sur la nature physique de l'homme, et s'égare de plus en plus
dans les principes d'une fausse et dangereuse philo-

sophie. Il prétend, avec Diderot, qu'il n'est pas un aphorisme de médecine qu'on ne pût convertir en une maxime de morale; et, réciproquement, pas une maxime de morale dont on ne pût faire un aphorisme de médecine. Il veut que la connaissance de notre nature physique dirige seule l'analyse de l'esprit humain et celle de nos devoirs... »

« Masuyer vient, comme Caillot, encenser la divinité du jour et brûler son encens sur l'autel de la fausse philosophie... Si les vrais rapports des choses entr'elles eussent été mieux connus dès l'origine du monde, dit cet orateur, l'espèce humaine n'eût pas été exposée à tant d'aberrations dans ses recherches sur les vrais rapports des personnes, elle ne se serait pas déshonorée par tant d'espèces de crimes publics et privés, par tant de superstitions, qui toutes ont eu leur source dans l'ignorance et la terreur :

Primus in orbe Deos fecit timor.

« Et c'est à l'imagination ardente de leurs élèves que des professeurs osent abandonner les conséquences de principes aussi dangereux ! Bien d'autres, après eux, se sont perdus dans le vague d'une philosophie paradoxale. Certains, séduits par une grande facilité d'écrire, tombent dans le relâchement. D'autres esprits fougueux pen-

sent que tout ce qu'ils peuvent supposer existe
en réalité ; ils tronquent, ils dénaturent les faits
et se livrent aux divagations les plus insensées. »

Est - il par exemple, une divagation plus
insensée que celle que je vais transcrire (elle
est de M. *Théry*, docteur régent.) ?

« Si l'homme pouvait mesurer Dieu et définir
les causes de cet œuvre divin (du monde), avec
ses expressions, il pourrait dire que l'idée ou le
plan ressemble au *père*, la matière à la *mère*,
et l'objet ou l'effet, la nature des objets ou la
physique, au *fœtus* ; il pourrait conclure que la
connaissance du monde se réduit à trois choses,
l'idée, la matière, les objets ou effets. » Il pourrait encore conclure que le docteur a pris cette
mesure de Dieu sur celle de son esprit ; et que
cet *œuvre divin*, de la fabrique du même docteur, ressemble parfaitement à un *fœtus* qui n'a
ni *père* ni *mère*.

Le docteur Virey est plus naïf dans son examen impartial du magnétisme animal. « Notre
philosophie, dit-il, exige qu'on soumette tout
aux sens physiques : elle n'admet guère que ce
qu'on voit ou qu'on touche, et *penche fort vers
le matérialisme.* »

Je supplie le lecteur de ne point s'effaroucher
de la nouveauté des mots que j'ai été forcé d'a-
dopter dans cette théorie : je vais parler d'une

science qni n'existe pas encôre, du moins qui
n'est connue que par une pratique dont on a
jusqu'ici ignoré la théorie : il fallait des mots
nouveaux pour se faire mieux comprendre. Souvent le mot ne fait rien à la chose, mais souvent
aussi un mot mal approprié donne une fausse
idée de la chose. Je vais parler d'une science
connue jusqu'à ce jour sous les noms de *magnétisme animal* et de *somnambulisme magnétique*. *On
a commencé*, dit M. le comte de Redern, *à
leur donner des noms fort mal trouvés. L'aimant n'a rien de commun avec le magnétisme,
et la signification étymologique du somnambulisme n'a qu'une relation très-imparfaite
avec la chose.*

Lorsque j'aurai donné la définition de la *mensambulance*, on sentira la nécessité de substituer au mot *somnambule* celui de *mensambule* :
ceux de *mensambulance*, de *mensambulisme* et
de *mensambuliste* en sont des composés dont il
est facile de sentir la signification.

On a trouvé le mot *somnambule* si peu propre à signifier cet état, qu'un physiologiste lui
a substitué dernièrement le mot de *somno-vigil,*
qui signifie dormir en veillant, ce qui implique
évidemment contradiction, car si on veille on
ne dort pas, et si on dort on ne veille pas, celui
de *somnambule* et même de *somniloque*, sont
encore moins mauvais.

Les médecins au lieu de persécuter le magnétisme, comme ils l'ont fait jusqu'à présent, auraient dû en examiner la pratique et la tolérer,
au moins, s'ils ne voulaient pas la protéger ; ils ne
se seraient pas exposés à recevoir d'humiliantes
leçons, telles que celle que leur a donnée M.
Dupotet, étudiant en médecine ; ils n'auraient
pas à rougir aujourd'hui des persécutions et des
injures grossières, qu'ils se sont permises envers
les partisans de cette science, injures qui aujourd'hui retombent sur ceux mêmes qui les ont
vomies. Ce serait le lieu de faire l'analyse de
l'*Exposé des expériences sur le magnétisme animal faites à l'Hôtel-Dieu de Paris, pendant
le cours des mois d'octobre, novembre et décembre 1820 ; par J. Dupotet* (1). Mais l'ouvrage est si court, si curieux et si intéressant,
que j'aime mieux y renvoyer le lecteur ; je dirai
seulement, que ces expériences ont été faites :

1.° Sur la demande formelle des médecins
les plus célèbres de Paris ;

2.° En présence de cinquante personnes, dont
vingt-cinq docteurs - médecins , tous prévenus
contre le magnétisme et du choix de M. Husson,
médecin de quartier ;

3.° Sur une malade de dix-huit ans, abandonnée des médecins qui l'avaient condamnée à mort ;

---

(1) A Paris, chez *Delaunay* et *Dentu* , Libraires,
au Palais-Royal.

4.° Que dans le cours de ces expériences, les médecins incrédules firent inutilement l'impossible pour en empêcher le succès ;

5.° Que néanmoins ces expériences présentèrent des phénomènes inouis jusqu'à cette époque, et provoqués par les médecins eux-mêmes, dans l'intention de faire échouer M. Dupotet dans ses expériences ;

6.° Un phénomène plus extraordinaire et plus incroyable que tous ceux dont on avait été témoin pendant les vingt-quatre séances qui eurent lieu à l'Hôtel-Dieu, va surprendre le lecteur et le pénétrer d'indignation : car la malade allait de mieux en mieux, elle était tout-à-fait hors de danger. Je vais laisser parler M. Dupotet. La dernière séance avait eu lieu le 17 novembre 1820.

« Quelles furent ma surprise et ma douleur, quand le lendemain dix-huit, M. Geoffroy (médecin de quartier) me pria de suspendre les séances et tout traitement magnétique ! Je craignis que la calomnie tentée sous M. Husson, ne fût revenue pour triompher de ma persévérance et de mon dévoûment; mais je fus rassuré par d'autres motifs auxquels je devais condescendre *sans réplique.* »

Voilà un phénomène que je n'ose expliquer, et qui a donné lieu à un autre non moins étonnant. C'est encore M. Dupotet que je vais laisser parler.

« Sentant alors combien la santé de la demoiselle Samson allait souffrir de la suppression *ordonnée*, je crus devoir avertir M. Geoffroy et ses internes de ce qui allait arriver, c'est-à-dire du retour des symptômes menaçant la conservation de l'individu. La malade resta sans soulagement depuis le 17 jusqu'au 28; elle était alors très-mal, à peu près dans le même état où elle se trouvait quand je la magnétisai pour la première fois. M. Geoffroy qui la vit, ému de sa position, invita M. Robouam, encore interne, à la magnétiser sans aucun appareil et *le plus secrétement possible*. Celui-ci ne demandait pas autre chose, profondément convaincu du bien qui devait en résulter... « Effectivement, la demoiselle Samson sortit enfin de l'Hôtel-Dieu dans un état de santé suffisamment consolidée, le 20 janvier 1821, guérie par le magnétisme administré *le plus secrétement possible*, puisqu'on avait ordonné de suspendre *sans réplique* tout traitement magnétique.

Quel sujet de réflexions pour le lecteur impartial !

Quel sujet d'humiliation pour certains adversaires du magnétisme ! Il n'y a plus à se faire illusion : la victoire est complète. La raillerie, les

sarcasmes, les injures sont désormais des armes
inutiles. Cependant la fureur du parti vaincu
n'est point encore sans espérance ; mais les chefs
ne se montrent plus , ils se déguisent ; ils se
masquent de l'anonyme ou de noms dont la réputation n'a rien à perdre. Ce n'est pas que la
défaite soit honteuse en elle-même, car dans les
sciences, la victoire profite également aux vaincus comme aux vainqueurs ; mais on a tant débité
d'injures contre le magnétisme et les magnétiseurs, qu'il est réellement honteux de les avoir
débitées contre des vérités utiles et des hommes
respectables.

L'opuscule de M. Dupotet n'est pas resté sans
réponses; celles qu'on a faites ou qu'on pourra faire, se réduisent à dire que M. Dupotet s'était entendu avec M.lle Samson, avant d'entreprendre sa
guérison : ce qui signifie qu'un étudiant en mé-
a été assez fin, assez adroit, assez impudent pour
mystifier publiquement vingt-cinq des plus célèbres médecins de la capitale, non seulement
dans ses opérations magnétiques, mais encore dans
un *libelle* diffamatoire qui se distribue chez
lui et qu'il a fait annoncer dans les journaux,
au risque d'être chassé de l'école de médecine,
d'être privé du doctorat et de perdre le fruit
de ses études.

Ce qui veut dire encore que vingt-cinq des

plus célèbres médecins de la capitale ont été assez ignorans pour être dupes, pendant vingt-cinq séances, d'une pareille impudence de la part d'un étudiant en médecine.

Les sciences et les arts, en civilisant les nations, leur ont appris que dans les démêlés que les passions font naître parmi les hommes, la force et les moyens injurieux, pour obtenir une supériorité quelconque, ne sont que le partage des nations barbares; que le calme, la modération et la raison ne doivent jamais cesser de présider dans les entretiens qui ont pour but le désir de s'instruire et la recherche de la vérité.

La plupart des écrivains polémiques, dit un auteur très-impartial, s'imaginent avoir bien humilié leurs adversaires lorsqu'ils leur ont dit beaucoup d'injures. C'est une méprise grossière; ils se sont avilis eux-mêmes : mais, avilir quelqu'un, ce n'est pas l'instruire, c'est encore moins le déterminer à embrasser la cause qu'on défend. Les sciences ne sont pas le théâtre où les les injures se débitent avec le plus de succès; il faut laisser ces sortes de triomphes aux habitués des balles et des ports.

Dira-t-on que ce sont les magnétiseurs qui ont pris pour des injures les réfutations modérées et sensées qu'on a faites de l'absurdité de leur système; que le ridicule qu'ils prétendent

qu'on a versé sur leurs pratiques et leurs personnes n'est que l'exposition de leurs pratiques
ridicules en elles-mêmes, et que ce sont les personnes elles-mêmes qui se sont rendues ridicules en s'occupant sérieusement de ces pratiques?
Un seul exemple, entre mille, nous suffira pour
démontrer le contraire, et nous puiserons cet
exemple dans l'*Examen impartial du Magnétisme*, par M. Virey, article du Dictionnaire
des Sciences médicales, tom. 29.

Le docteur Virey, par précaution oratoire,
commence par convenir, « que toute l'Europe
» désire de s'instruire des pratiques du magné-
» tisme; que l'Allemagne s'en est emparée; que
» le célèbre Lavater l'a propagée chez les mé-
» decins de Brême; que le reste de l'Allemagne
» est remplie de ses partisans; qu'en Prusse
» surtout, les médecins les plus célèbres se sont
» déclarés ses partisans; qu'il en a été de même
» en Russie, en Suède, en Hollande; que le
» roi de Prusse a rendu une ordonnance par la-
» quelle la pratique du magnétisme ne devait
» être permise qu'aux médecins (ordonnance
» on ne peut pas plus sage), ou du moins devait
» être dirigée par eux; qu'il s'est établi à Berlin
» une clinique magnétique, ou maison de santé,
» contenant cent lits, pour exercer et suivre le
». traitement des personnes qui désirent de s'y

» soumettre ; que plusieurs souverains du Nord
» ont autorisé des médecins à s'instruire de la
» pratique du magnétisme, sous M. Walfart,
» etc. ».

En mettant de côté les injures qui vont suivre,
tout homme sensé dira : Il n'y a pas de doute,
le magnétisme ne peut être qu'une découverte
utile ; tant d'hommes célèbres et éclairés n'auraient pas compromis leur réputation pour embrasser une chimère : des médecins habiles n'auraient pas, en quelque sorte, abandonné une
profession honorable pour se livrer au vil métier de charlatan et d'imposteur : des souverains
n'auraient pas, à la face de l'Europe entière,
avili leur autorité et dégradé la majesté du trône
pour se rendre les suppôts de l'imposture et du
mensonge. Cependant, voici ce qu'ajoute le docteur Virey :

« La plupart des magnétiseurs, ou des croyans
» au magnétisme, sont des individus ignobles
» par le défaut de toutes connaissances, des em-
» piriques, d'infâmes charlatans, des impos-
» teurs, des mystagogues, des hommes sans
» honneur et sans probité, des fanatiques, des
» séducteurs de sots, des arrogans, des gens qui
» ressemblent à ceux qui habitent les taudis de
» la sottise, ou les huttes des Lapons, des fous
» dignes des petites maisons, des individus igno-

» bles *marqués sur le front du signe de la*
» *bête* ».

On ne peut concevoir comment la fureur
d'avilir ses adversaires, au nombre desquels on
compte tant d'hommes célèbres et même des
souverains, peut être portée jusqu'à s'avilir ainsi
soi-même. Comment l'auteur de l'*Art de per-*
fectionner l'homme, ouvrage si estimable sous
tant de rapports, peut-il s'être dégradé au point
d'être devenu l'auteur de l'*Examen impartial*
du magnétisme animal?

Ce premier ouvrage du docteur Virey est
orné de cette épigraphe :

> *Quid verum atque decens curo et rogo, et omnis*
> *in hoc sum.*

Si on la mettait en tête de l'*Examen du ma-*
gnétisme, on ne pourrait guère faire un mensonge plus impudent.

M. le baron d'Hénin, autre adversaire du
magnétisme, quoiqu'il soit membre résidant et
secrétaire de la Société du Magnétisme animal,
en parlant contre certains phénomènes du somnambulisme, trouve si *étrange une sympathie et*
une confusion de volontés, qu'il croit qu'on
pourrait comparer cette confusion mentale à
une ame qui commanderait deux corps à la
fois. En lisant les deux ouvrages de M. Virey,
dont nous venons de parler, on ne peut s'em-

Teratoscopie.   2.

pêcher d'y reconnaître une division mentale de deux ames qui commanderaient un seul corps. Si, en effet, c'est le même docteur qui a écrit *l'Art de perfectionner l'homme* et *l'Examen du Magnétisme animal*, certes ce n'est pas la même ame qui les a dictés ; ou du moins les principes du premier font complètement amende honorable de ce dernier.

C'est ici le cas de rapporter une fameuse objection de nos adversaires (elle est de M. Virey), et de la réfuter autant que possible ; car à coup sûr je ne combats pas à armes égales avec M. Virey.

Que Mesmer, dit-il, ou l'un de ses plus habiles successeurs, fasse tomber ce cheval en somnambulisme, ou cette brebis en crise, alors je reconnais l'empire du magnétisme animal.

Que M. Virey, ou l'un de ses plus habiles collaborateurs, fasse recevoir son cheval ou son âne docteur-médecin, alors je reconnais l'empire de la médecine.

Ma réfutation ne vaut pas mieux, mais vaut autant que l'argument ; et si M. Virey ne s'en contente pas, j'ajouterai que son cheval n'est pas plus susceptible de devenir somnambule que médecin, parce que pour devenir l'un ou l'autre il faut être doué d'intelligence, c'est-à-dire d'une ame raisonnable et immatérielle ; et M. Virey nous a très-bien prouvé que le cheval n'est pas, comme *l'homme, composé de trois principes ;* 1.º *d'une ame immatérielle et intellectuelle ;* 2.º *d'une faculté de vie sensitive ;* 3.º *d'élémens matériels* (1), et que par conséquent ni son cheval, ni son âne ne peuvent tomber en somnambulisme, ni être reçus médecins. — Pour devenir somnambule, il ne s'agit que d'avoir la faculté de dormir ; or le cheval comme l'âne ont cette faculté. — Je répondrai ailleurs à cette objection.

Le magnétisme a deux sortes d'adversaires bien prononcés. Ceux qui se montrent sous des dehors moins hostiles, admettent la pratique du magnétisme seulement, sans vouloir entendre parler de théorie ; ils se déclarent ouvertement, et contre le fluide magnétique animal, qu'ils traitent de fluide imaginaire, de faculté occulte qui ne peut exister, et contre les partisans de ce fluide qu'ils traitent de mysagogues, etc., et contre les phénomènes du somnambulisme, qu'ils traitent de miracles, c'est-à-dire de mensonges. Singuliers adversaires qui se targuent cependant (du moins l'un d'entre eux) d'être membres résidans de la société du Magnétisme animal. Ils en admettent, dis-je, la pratique seulement, comme s'il y avait des pratiques sans

---

(1) Art de perfectionner l'homme, Tom. 1. pag. 7.

théorie ; comme si cette pratique qu'ils admettent pouvait être un effet sans cause ; comme si la plupart des phénomènes du somnambulisme n'avaient pas été déjà reconnus depuis bien des siècles. Cependant, il y a une chose que les adversaires du fluide magnétique animal prouvent avec la dernière évidence, c'est qu'ils en veulent plus à ceux qui exercent avec le plus grand succès le magnétisme, qu'au fluide lui-même. Il n'y a sorte d'invectives qu'ils n'aient vomies contre eux.

Les autres adversaires du magnétisme n'en admettent ni la théorie ni la pratique, et en cela ils sont plus conséquens que les premiers, parce qu'en admettant une pratique ils sentent bien que, tôt ou tard, il faudra admettre une théorie qu'ils entrevoient beaucoup plus redoutable que la pratique. En conséquence, ils nient l'évidence, et se contentent de ridiculiser et la pratique et la théorie. Ce qu'ils ne peuvent pas nier, ils ont recours à leur grand cheval de bataille, L'IMAGINATION, avec lequel ils expliquent tout, c'est-à-dire avec lequel ils CONFONDENT TOUT. Encore ne savent-ils pas ce que c'est que *l'imagination* ; n'importe, avec ces mots magiques, qu'ils n'entendent pas, ces savans parviennent à faire croire au public ignorant ce qu'ils ne croient pas eux-mêmes.

Il faut convenir cependant que les sciences, et

particulièrement celle du magnétisme, ont fait de grands progrès depuis la rédaction de l'article *Magnétique* du Dictionnaire des Sciences Médicales. *Le magnétisme, éclairé* d'une espèce de lanterne sourde, a néanmoins jeté un grand jour sur cette partie de la physiologie. Avant ce dernier météore philosophique, Mesmer et ses successeurs n'étaient que des charlatans et des imposteurs qui n'opéraient aucunes guérisons : autrefois ces guérisons, ces phénomènes si vantés, n'étaient que des jongleries, de vils compérages : autrefois on niait tout ; aujourd'hui, on convient au moins de quelque chose.

« Aujourd'hui, tous les savans, tous les phi-
« losophes reconnaissent des procédés qui nous
« enseignent à opérer des guérisons plus ou
« moins étonnantes, et à produire des phéno-
« mènes remarquables que personne n'est en
« droit de contester. Aujourd'hui, les philo-
« sophes conviennent que les procédés D'ATTOU-
« CHEMENT (pourvu qu'ils ne soient point opé-
« rés au moyen de certains GESTES DE LA MAIN)
« pratiqués par les magnétiseurs et indépendam-
« ment de l'opinion de ceux-ci, sur la réalité du
« fluide qu'ils appellent *aimant animal*, peuvent
« produire les mêmes effets. Aujourd'hui, les
« philosophes disent qu'il serait peu philoso-
« phique de nier des phénomènes, uniquement

« parce qu'ils sont inexplicables dans l'état ac-
« tuel de nos connaissances. Enfin, aujourd'hui
« on déclare que Mesmer et ses successeurs ont
« obtenu des guérisons que personne n'est en
« droit de nier (1). »

« Les philosophes et les savans en général re-
« connaissent aussi des phénomènes les plus ex-
« traordinaires, mais ils les attribuent au pou-
« voir immense de l'imagination, parconséquent
« aux lois de la nature jusqu'à présent connues ;
« à des émanations qui produisent des sensations
« sur les corps vivans......; à la sympathie, à
« l'antipathie, à l'imitation ; enfin à des ÉMANA-
« TIONS ANIMALES dans lesquelles la CONFIANCE
« joue le plus grand rôle (2). »

Voilà sans doute des progrès assez marquans et
des aveux assez complaisans pour des savans,
pour des philosophes ; mais je demanderai à ces
Messieurs, toujours opiniâtrément adversaires du
magnétisme :

1°. Qu'est-ce que l'imagination, qui exerce un
pouvoir si immense ? J'ai consulté vainement l'article *Imagination* du Dictionnaire des Sciences
Médicales, je n'y ai point trouvé la définition de
l'imagination ; j'y ai remarqué beaucoup de phé-

(1) Le Magnétisme éclairé, pag. 16, 17, 25 et 41.
(2) Le Magnétisme éclairé, pag. 68 et 75.

nomènes dont j'admets volontiers la probabilité et l'existence. Mais ne serait-on pas en droit de nier ces phénomènes par la raison qu'on les attribue à une cause *imaginaire*, à une faculté *occulte*, à un *fluide* qui ne peut pas plus tomber sous aucun de nos sens que le fluide magnétique animal?

2°. Je demanderai à Messieurs les savans, les philosophes, ce que c'est que la sympathie et l'antipathie qu'ils admettent comme causes de ces phénomènes si extraordinaires? Pour moi, je vois que ce sont des mots inventés pour énoncer des *facultés occultes* que nous ne connaissons que par leurs effets, et qui sont probablement des *fluides* qu'on peut bien mettre au rang du fluide magnétique animal.

3°. On attribue ces phénomènes à des *émanations animales qui produisent des sensations sur les corps vivans*. Je le demande à tout homme de bonne foi, jamais les plus enthousiastes magnétiseurs ont-ils prétendu que le fluide magnétique animal fût autre chose qu'une *émanation animale*, capable de produire des sensations sur les corps vivans? Le mot *émanation* a-t-il beaucoup plus de vertu que celui de *fluide*?

4°. On ajoute que la *confiance* joue le plus grand rôle dans les effets de ces émanations animales. Cette confiance qui, aux yeux des savans et des philosophes joue un si grand rôle, ne mériterait-elle pas d'être traitée avec autant de dérision et de mépris que la *foi* des magnétiseurs, qui joue aussi un grand rôle daus leurs opérations? *Confiance* est-il encore un mot qui ait plus de vertu que celui de *foi*? Prononcez, Messieurs les savans..... Pour nous, nous conviendrons avec beaucoup d'autres savans, avec tous les philosophes, avec tous les magnétiseurs, que la *confiance* et la *foi*, qui sont une même chose, sont indispensables pour opérer, non-seulement des prodiges extraordinaires, mais même pour faire les choses les plus faciles et les plus ordinaires. Dites à un homme robuste et bien portant, mais qui se croit paralytique des deux bras, d'enlever seulement un poids de dix livres, il vous répondra qu'il ne le peut pas, il ne le tentera pas même, ou sa tentative sera inutile, parce qu'il n'a aucune confiance, aucune foi dans ses forces; mais inspirez-lui assez de confiance, assez de foi pour lui faire croire réellement qu'il a assez de force pour enlever un poids de mille livres, et il l'enlèvera sans hésiter s'il en a une forte volonté.

Maintenant que les philosophes ridiculisent tant qu'ils voudront la *foi* des magnétiseurs, ils ne feront que ridiculiser leur *confiance*, et ils continueront à se rendre eux-mêmes plus ridicules que jamais.

5.° Je prierai MM. les philosophes de nous dire de quelle partie du corps doivent sortir ces *émanations animales*, pour que leur *confiance* leur donne tant de vertus ? Car il serait par trop ridicule de les faire *sortir du bout des doigts à l'aide de certains gestes de la main.* On sait bien, puisqu'ils nous l'enseignent, qu'*en écoutant la raison il ne sera pas difficile de comprendre comment un homme doué d'une grande confiance et d'une grande force de volonté* (ce qui est bien différent de la *foi* et de la *volonté active* qu'exige M. Deleuse) *peut opérer des phénomènes les plus extraordinaires au moyen de ces émanations animales* (Magn. éclairé); mais encore une fois cela ne nous enseigne pas de quelles parties du corps doivent sortir ces *émanations animales.*

Si les philosophes dont nous parlons n'osent pas nous dire que ces *émanations animales* sortent plus particulièrement du bout des doigts, nous dirons, nous, avec les physiologistes et les magnétiseurs, que si la volonté se lit dans les yeux, que si la main est le signe du commandement et de la force, ces émanations, le fluide vital, qui sont une même chose, doivent plutôt sortir de la tête et du bout des doigts que de toute autre partie du corps. Nous dirons encore avec les physiologistes, que la transpiration, qui est une émanation animale, est plus abondante à la tête, aux mains et aux pieds que partout ailleurs; nous dirons enfin avec les physiciens, que la tête, les mains et les pieds présentant plus de surface relativement à leur volume que toute autre partie du corps, les émanations doivent y être naturellement plus abondantes, et que l'action de ces parties, bien plus fréquente que celle des autres, doit encore contribuer à ce qu'elles soient les organes des émanations les plus abondantes. Il n'y a donc que l'ignorance ou la mauvaise foi qui puisse se permettre des plaisanteries sur un fluide qui *émane du bout des doigts*.

6.° On convient d'amettre l'existence des phénomènes les plus extraordinaires, pourvu qu'on puisse les attribuer *aux lois de la nature jusqu'à présent connues* . . . . . . Mais si ces lois tiennent à des lois de la nature inconnues des physiologistes et de certains philosophes de nos jours, faudra-t-il en nier la possibilité et l'existence ?. . . . Sans doute, nous répondra-t-on; car de deux choses l'une, ou la nature aurait dû révéler toutes ses lois aux physiologistes d'un siècle de lumières comme le nôtre, ou elle aurait dû leur donner assez d'intelligence pour découvrir toutes ses lois : et comme elle n'a fait ni l'un ni l'autre, elle mérite bien qu'on n'ajoute pas foi à la possibilité et à l'exis-

tence des phénomènes que son caprice lui ferait opérer contre des lois connues des physiologistes de nos jours ..... On pourrait, pour
toute réponse à un si fort argument, rappeler
aux philosophes *qu'il serait peu philosophique*
(ce sont leurs expressions) *de nier des phé-*
nomènes uniquement parce qu'ils sont inexpli-
cables dans l'état actuel de nos connaissances.

Des injures, des sarcasmes et des plaisanteries
ont été lancés de toutes parts contre les magnétiseurs. On les a traités de thaumaturges, de charlatans, etc. Nous ne repousserons que quelques-
uns de ces traits.

Commençons par établir la doctrine de nos
adversaires sur les miracles. « En thèse générale
» il ne peut exister d'effets miraculeux dans ce
» monde .... Un Dieu, si haut, si magnifique,
» peut bien de son trône éternel diriger la course
» des soleils selon les lois IMMUABLES, calcu-
» lées depuis tant de siècles, mais il ne peut
» pas déranger un seul atôme sans bouleverser
» l'univers entier.... Dans chaque pays il est
» permis de douter publiquement des miracles
» qu'on y admet comme fondemens des plus
» puissantes institutions ..... Toute religion
» fondée sur une foi aussi mouvante que la foi
» aux miracles, croule d'elle-même .... Il n'y a
» de miracles que pour les sots » ... (Examen
du Magnétisme.)

Je me garderai bien de tirer toutes les conséquences d'une doctrine aussi monstrueuse. Je me
contenterai de dire à ces docteurs, à ces professeurs, ou plutôt à ces corrupteurs de la jeunesse, parlez physiologie, médecine, physique,
magnétisme même, si vous voulez, mais laissez-là la
foi, la religion et les miracles : *ne sutor ultrà crepi-
dam*. Si votre Dieu, *si haut, si magnifique* n'a pas
seulement le pouvoir de déranger un atôme de cet
univers sans le bouleverser, je vous dirai que votre
Dieu est un Dieu de boue, puisqu'il a des mains
dont il ne peut pas se servir , *manus habent et
non palpabunt.* Vous parlez de miracles et vous
ne savez pas même distinguer un effet qui n'est
qu'un prodige d'un fait réellement miraculeux.
Je conviens qu'il y a bien des sots, ou pour
mieux dire, bien des gens simples et ignorans qui
prennent pour de vrais miracles, des effets naturels et prodigieux de causes qui leur sont inconnues ; ce n'est de leur part qu'une erreur bien
pardonnable. Mais il n'y a que des gens d'une
mauvaise foi impardonnable, que de sots docteurs qui puissent dire qu'il n'y a de miracles que
pour les sots. Ce pouvait être une vérité chez
les Grecs, dont les Dieux d'or ou d'argile n'o-
péraient certainement point de miracles ; il n'y
avait non plus chez eux de dieux que pour les
sots.

Vous nous dites : « Si devant une académie
« des sciences vous agissiez à distance, au travers
« des murailles ; si vous gouverniez mentalement
« des personnes ; si vous pénétriez dans l'inté-
« rieur d'autrui et y voyiez clairement des obs-
« tructions, etc., il faudrait bien croire à *ces*
« *miracles*. »

Quoi ! vous avez *l'imbécillité de croire au miracle* pour des prodiges semblables ? Vous res-
semblez donc à ceux qui habitent les taudis de la
sottise ou les huttes des Lapons. Lisez, si vous
osez M. Dupotet, étudiant en médecine, et vous
verrez qu'il a opéré tous ces prodiges, qu'il n'a
pas *l'imbécillité* de croire des miracles. Si ce
n'est pas devant une académie des sciences qu'il
a opéré ces prodiges que vous appelez miracles,
c'est devant cinquante personnes plus instruites
en physiologie, plus en état de juger les prodiges
que ne pourrait l'être une académie des sciences.

Oui, les magnétiseurs, ou plutôt les somnambules magnétiques, opèrent des prodiges, et des
prodiges inouis jusqu'à ce jour ; mais ils n'opèrent point de miracles, si ce n'est aux yeux des
imbécilles et des ignorans. On a donc eu tort de
les traiter de thaumaturges.

Il était encore plus déplacé, surtout de la part
des *docteurs-médecins*, de les traiter de *charlatans*. C'est bien le cas de dire : *mutato nomi-*

ne, de te fabula narratur. Qu'on se donne le plaisir de lire *le Charlatanisme démasqué* (1), ou *la Médecine appréciée à sa juste valeur,* et on verra à quelles personnes convient le mieux le titre de charlatan. On en a assez dit dans cet ouvrage, dont je ne pourrais faire ici qu'une répétition inutile ; je ferai seulement une remarque dont tout lecteur sensé peut se contenter.

Un charlatan est un médecin hableur, c'est-à dire menteur, qui tâche d'amadouer par de belles paroles pour faire des dupes. Un docteur-médecin très-célèbre par ses écrits, dans un de ses ouvrages contre le magnétisme, dit qu'un médecin prudent doit souvent, à l'égard de ses malades, user du *mensonge,* d'après ce précepte de Platon : *mendacium medicis concedendum esse.* Le grand art des médecins est donc, de leur aveu, d'employer la jonglerie, le mensonge et le charlatanisme le plus adroitement qu'il est possible. Le plus habile médecin est donc le plus habile charlatan. Quoique l'autorité du docteur dont nous voulons parler soit d'un grand poids, nous sommes bien loin de partager ses sentimens sur cet article ; mais c'était à lui moins qu'à tout autre de traiter les magnétiseurs de

_____

(1) A Paris, rue de Grenelle Saint-Honoré, n.° 59, à l'imprimerie du Journal général d'Affiches.

charlatans, Ce qui ne me surprendrait point de la part de certains docteurs qui se sont déjà tant avilis, se serait d'apprendre qu'ils pratiquent *mystérieusement* le magnétisme qui, entre des mains aussi habiles, pourrait bien devenir un nouveau mode de charlatanisme et un nouveau moyen de faire des dupes; en ayant toutefois la précaution d'écarter de la pratique du magnétisme une théorie superstitieuse, fondée sur la spiritualité et l'immatérialité de l'ame.

En effet, une pareille théorie ne pourrait convenir à des *esprits forts*, tels que les petits maîtres, les femmes coquettes, les riches usuriers, etc.; certains docteurs savent mieux faire leurs calculs. Quel est parmi ceux que nous venons de désigner celui qui, lorsqu'il est sérieusement malade, oserait appeler un médecin religieux, ou qui aurait l'*esprit assez faible* pour croire à l'immatérialité de l'ame? On a bien assez à se défendre contre les remords de sa conscience et contre les terreurs qu'un prêtre pourrait inspirer dans ces derniers momens, sans avoir encore à craindre un médecin superstitieux. On préfère un médecin *esprit fort* qui aidera à *river le clou* du matérialisme, et qui du moins laissera tranquillement mourir son malade en emportant dans l'autre monde *le signe de la bête inscrit sur le front.*

Au reste, on sait qu'un moyen assez sûr pour dissiper une grande fortune est d'en confier l'administration à un intendant; confier sa santé à un médecin, adroit charlatan, est un sûr moyen de ruiner sa fortune et sa santé.

M. Deleuse met au rang des vertus nécessaires, pour exercer le magnétisme avec succès, *la foi, l'espérance et la charité* : ainsi, conclut le docteur Virey, *le magnétisme est bien une religion hors de laquelle il n'y a point de salut.*

J'avoue que M. Deleuse, en se servant de ces expressions, les a exposées au ridicule dont le docteur a cherché à les couvrir : s'il n'eût employé que les mots de *confiance, d'espoir* et *d'humanité*, qui signifient, dans le sens de M. Deleuse, ce qu'il a voulu dire, il eût évité cette mauvaise plaisanterie de M. Virey.

Si la Médecine était une science aussi nouvelle et aussi peu connue que le magnétisme, on pourrait dire d'elle que c'est bien une religion hors de laquelle il n'y a point de salut. Nos médecins n'ont-ils pas confiance dans la vertu des médicamens qu'ils prescrivent à leurs malades? Ils ont donc la *foi*. N'ont ils pas l'espoir, sinon de guérir, du moins de soulager leurs malades? Ils ont donc *l'espérance*. Ne leur faut-il pas de l'humanité pour soigner un malheureux indigent, panser des plaies dégoûtantes sans espoir d'aucun salaire? Ils ont donc *la charité*. Oui, certes, sans foi, sans espérance et sans charité de la part de nos médecins, la médecine serait bien certainement, je ne dirai pas une religion, mais un pur charlatanisme dans lequel il n'y aurait que danger, bien loin d'y trouver son salut.

Voilà à quoi se réduisent les tours de force du docteur Virey contre le magnétisme. Au reste, si l'on veut une réfutation plus sérieuse et plus solide, on en trouvera mille élémens dans l'*Art de perfectionner l'homme*, du même docteur Virey; nous y renvoyons le lecteur animé du désir sincère de s'éclairer.

Il faut convenir cependant que les partisans du magnétisme, dans leurs théories, ont donné lieu à des objections bien fondées de la part de leurs adversaires; mais il faut convenir aussi que les uns ne savaient ce qu'ils soutenaient, et que les autres ne savaient ce qu'ils réfutaient. Les premiers soutenaient que les phénomènes du somnambulisme magnétique pouvaient être les effets immédiats du fluide magnétique animal, ce qui est évidemment insoutenable. Leurs adversaires tâchaient de démontrer la non existence du fluide magnétique animal, et par conséquent l'impossibilité des phénomènes qui lui étaient attribués. Mais de ce que tel phénomène n'est pas l'effet de la cause qu'on lui attribue faussement, il ne s'ensuit pas que ce phénomène n'existe pas et ne peut pas exister ; il s'ensuit seulement que si le phénomène est bien constaté, il est l'effet d'une autre cause que celle qu'on lui attribue.

Le phénomène du somnambulisme est-il constant ? Oui ; personne ne le conteste. Quelles sont les causes de ce phénomène ? Peu importe ; quand on lui en assignerait de fausses il n'en serait pas moins constant, mais il y a apparence qu'une des causes, si elle n'est pas la seule, est le *fluide vital*, ou si l'on veut, ce qu'on appelle le fluide magnétique animal. Nous examinerons donc, dans la première partie de cet ouvrage, ce que c'est que le fluide vital, et s'il peut être la cause, ou du moins une des causes de la mensambulance, ou de ce qu'on appelle le *somnambulisme magnétique*. Cette question se rattache à d'autres questions physiologiques qui n'ont point encore été suffisamment approfondies ; ce que nous dirons sur cette matière pourra sans doute paraître peu satisfaisant, quant à la manière dont elle sera traitée ; mais quant aux principes, ils sont incontestables. Nous donnons à cette partie le titre de *Teratoscopie du fluide vital.* La seconde qui aura pour titre *Teratoscopie de la mensambulance*, et qui a rapport à la psychologie, nous a présenté moins de difficultés, en ce que ceux qui ont traité de cette science sont plus d'accord

dans leurs principes que les physiologistes. Ce
n'est pas qu'on ait élevé des difficultés sur la
nature de l'ame ou ses facultés, mais nous ne
nous arrêterons point à résoudre ces difficultés.
Notre but principal est d'examiner la nature de
l'état de mensambulance, ou de ce qu'on appelle
état du somnambule.

J'ignore si les psychologistes en ont parlé ; les
physiologistes se sont contentés d'observer ce
phénomène et quelques-uns de ses effets, avec
une indifférence inconcevable ; ils n'en ont re-
cherché ni la cause, ni la nature. Bien plus, aujourd'hui que cet étonnant phénomène se fait
observer plus fréquemment que jamais, et pour
ainsi dire à volonté, ils semblent en nier l'existence, ou du moins ils le dénaturent en l'as-
similant au sommeil ordinaire. Ils en nient également les effets dans la crainte d'être forcés d'en
reconnaître la véritable cause.

Il faut dire le franc mot. Si cette cause de la
Mensambulance était indifférente en elle-même,
ou une cause purement physique, on ne met-
trait pas tant d'importance dans une pareille discussion ; on n'aurait pas adressé tant d'injures
aux partisans du magnétisme ; on ne leur té-
moignerait pas tant de mépris, on n'aurait pas
cherché à les couvrir de tant de ridicule. Que
dis-je, les docteurs médecins auraient fait au

magnétisme le même accueil qu'ils ont fait à tant
de nouvelles découvertes, et particulièrement à
la vaccine, puisque c'est aussi un moyen de guérison, ou du moins de connaître plus parfaitement la nature et la cause de beaucoup de maladies. Au pis aller, on aurait mis les magnétiseurs et leurs partisans au rang des tireuses de
cartes, des diseuses de bonne aventure, contre
lesquelles il n'est venu dans l'esprit d'aucun médecin, d'écrire sérieusement ou de dire des injures. Mais il n'en est pas ainsi ; les effets de la
Mensambulance dérivent d'une cause qui ne peut
être purement physique, il faut nécessairement
admettre la spiritualité de l'ame, non pas dans
le sens de Spinosa qui spiritualise la matière
comme l'a fait, à son imitation, un célèbre docteur médecin ; mais il faut admettre une ame
spirituelle et immatérielle, ce qui entraîne dans
des consequences qui ne sont point du goût d'un
grand nombre de docteurs matérialistes. *Indè
irœ.*

J'aurais désiré que le cadre dans lequel j'ai
renfermé le tableau que je présente à mes lecteurs eût été digne du sujet que je traite, ou
du moins, que le vernis du style eût donné au
tableau ce brillant, qui, de nos jours, fait sup-
supporter tant de croutes. Mais si la faiblesse
de mes talens ne me permet pas d'occuper agréa-

blement le lecteur, du moins l'importance du
sujet l'occupera utilement. Jamais, dans les
sciences humaines, un sujet aussi intéressant n'a
été offert à la méditation et à l'admiration du
vrai philosophe. Ce que M. Salgues a dit, pour
faire sentir tout le ridicule des phénomènes attribués au somnambulisme magnétique, se trouve
réalisé plus exactement encore qu''il n'a osé l'exprimer. « La nature humaine, fait-il dire iro-
» niquement à M. De Puységur, semble avoir
» franchi les limites de sa sphère grossière et
» terrestre; elle s'assimile aux intelligences cé-
» lestes, et elle est capable des plus étonnantes
» merveilles ».

Je démontrerai en effet que la nature humaine, dans la mensambulance, ne semble pas
seulement avoir franchi les limites de sa sphère
grossière et terrestre; elle les a réellement franchies.
Ce n'est plus la nature humaine : l'homme n'existe
plus, et le mensambule est réellement une intelligence céleste, capable des plus étonnantes
merveilles.

On trouvera sans doute dans cet ouvrage bien
des assertions qu'on traitera de paradoxes, bien
des faits qn'on traitera de fables ou de miracles,
c'est-à-dire de mensonges.... Paradoxes, fables,
miracles, mensonges, folies même, tout ce qu'on
voudra, il s'en débite et il s'en fait bien d'autres

dans le siècle où nous sommes. J'ai cru ne dire que des vérités. M. le comte de Redern en a dit de bien grandes dans son ouvrage, *Des Modes accidentels de nos perceptions.* Si j'avais eu son talent, j'aurais peut-être eu sa prudence. Il a énoncé ces vérités, pour ainsi dire, en paraboles, afin qu'elles ne blessassent pas les vues trop faibles et trop peu accoutumées au grand jour de la vérité. Quant à moi, quelque chaste que soit la vérité, la pauvreté de mes talens ne m'a pas permis de couvrir sa nudité du voile le plus léger. Si c'est l'erreur que j'ai prise pour la vérité, on n'y sera pas trompé, je l'ai également présentée toute nue à mes lecteurs, et dans ce cas, je me résigne au sort qui m'attend : je consens à être traité de fou et d'insensé par les hommes sages et raisonnables ; d'ignorant par les savans ; je consens même à être *marqué sur le front du signe de la bête,* par les gens d'esprit et même par les sots. Du reste, si je suis martyr de la vérité, j'aurai bien mérité, et si je le suis de mes erreurs, je l'aurai bien mérité.

TERATOSCOPIE

DU

FLUIDE VITAL

ET DE LA MENSAMBULANCE.

PREMIÈRE PARTIE.

TERATOSCOPIE DU FLUIDE VITAL.

I. *Préliminaires.*

Les prodiges que nous allons examiner dans cette première partie sont les effets du fluide vital dirigé par la confiance et la volonté. Pour en parler comme je l'aurais désiré, il m'aurait fallu des connaissances physiologiques qui me manquent, ou du moins de nouveaux élémens de physiologie qui n'existent pas ; car ceux de M. Richerand me paraissent incomplets (1) ; il fallait aussi remonter à l'histoire naturelle de l'homme : mais je me suis aperçu qu'elle était également incomplète, du moins dans ses élémens.

---

(1) On peut bien avouer son ignorance en physiologie sans trop s'humilier, quand on entend le docteur *Cabanis* affirmer que Descartes, Hobbes, Locke,

On y parle très-superficiellement du fluide vital, plus connu sous le nom impropre de fluide nerveux. L'homme n'y est point à sa place, puisqu'il fait partie du règne animal. On ne distinguait que trois *règnes*; le règne minéral, le règne végétal et le règne animal; mais cette division a été reconnue insuffisante.

Effectivement, les corps élémentaires et ceux que la nouvelle chimie a découverts, n'y trouvaient point leur place. On a donc adopté quatre règnes dans deux grandes divisions, ainsi qu'il suit :

Ire DIVISION. *Substances inorganiques.*

1.er *Règne.* Substances brutes, composées ou mixtes, telles que la terre, les pierres, les minéraux, etc.

2.e *Règne.* Substances élémentaires, simples

Helvétius, Condillac et Buffon, ont manqué de connaissances physiologiques. Ne pourrait-on pas dire au contraire, que Buffon a fait connaître la nature de l'homme ; Cabanis, son caractère ; Richerand, sa physionomie ? Quel est celui des trois dans lequel nous devons supposer le plus de connaissances physiologiques ? Il me semble qu'il y a autant de différence entre Buffon et le docteur Cabanis, qu'il y en a entre un mécanicien qui aurait fait un automate et le tailleur qui n'en aurait fait que le vêtement.

ou indécomposées, telles que le calorique, le fluide vital, etc.

II.ᵉ DIVISION. *Substances organisées.*

3.ᵉ *Règne.* Les végétaux vivans, insensibles, immobiles, toutes les plantes.

4.ᵉ *Règne.* Les animaux vivans, sensibles et motiles.

D'après cette division, les corps qu'on ne peut point appeler proprement matière, tels que le calorique, l'oxygène, l'hydrogène, le fluide vital, etc., se trouvent rangés à part dans le second règne. Mais je ne vois pas où placer l'homme, ce roi de la nature : roi détrôné, à la vérité, comme le dit, avec beaucoup de justesse, le docteur Virey. Serait-ce dans le règne des animaux? Tout roi détrôné qu'il soit, l'homme n'est pourtant pas une bête brute. Quoique les animaux soient des êtres organisés et vivans, on ne les a cependant pas mis dans le règne des végétaux qui sont aussi des êtres organisés et vivans comme les animaux. Je sens bien qu'on me répondra que ceux-ci sont sensibles et doués de la motilité au lieu que ceux-là ne sont doués ni de sensibilité, ni de motilité. L'homme, à la vérité, est un être organisé, vivant, sensible et doué de la motilité comme les animaux ; mais il est en outre doué de la raison qu'il ne partage avec aucun d'eux; enfin il est leur *Roi* et non leur égal ; et sa royauté n'est pas un droit acquis, c'est la nature qui l'a fait tel, comme c'est par la nature que les animaux sont au-dessus des végétaux.

D'ailleurs, il y a encore une substance dans la nature qui ne trouve point sa place dans les quatre règnes qu'on a nouvellement adoptés ; ce sont les substances purement spirituelles. A la vérité l'ame, qui est une de ces substances spirituelles, fait partie de l'homme, et en parlant de l'homme, on parle nécessairement de l'ame. Quoi, l'ame ferait partie du règne des animaux ! Il me semble que c'est l'avilir, la dégrader ; l'homme ne l'est déjà que trop, dans la classe qu'on lui a assignée. Tâchons de mettre chacun à sa place. Je vais essayer de le faire en établissant trois grandes divisions partagées en six règnes.

TABLEAU

DES SIX RÈGNES DE LA NATURE.

I.ᵉ DIVISION. *Substances inorganiques.*

1.ᵉʳ *Règne.* Substances brutes, composées ou mixtes, telles que la pierre, la terre, les minéraux, etc,

2.ᵉ *Règne.* Substances élémentaires, simples ou indécomposées, telles que le calorique, le fluide vital, etc.

IIe DIVISION. *Substances organisées.*

3.e *Règne.* Les végétaux vivans, insensibles, immobiles, toutes les plantes.

4.e *Règne.* Les animaux vivans, sensibles, motiles et privés de raison.

IIIe DIVISION. *Substances animées.*

5.e *Règne.* L'homme vivant, sensible, raisonnable, mixte, ou composé d'une substance matérielle et spirituelle.

6.e *Règne.* Substances spirituelles, simples ou non composées ; les purs esprits, les ames.

Dans l'importance et la dignité des six règnes que nous venons d'établir , les substances spirituelles occupent sans doute le premier rang ; l'homme le second ; et ainsi de suite en remontant jusqu'à la matière brute qui occupe le dernier rang.

L'homme, qui forme seul le cinquième règne, par sa raison, est aussi le seul qui participe des cinq autres. Ainsi, il appartient :

Au 6.e règne, puisqu'il a une ame spirituelle et immatérielle ;

Au 4.e, puisqu'il est un animal vivant et sensible ;

Au 3.e, puisqu'il est composé de matière organisée et de certaines parties purement végétatives, insensibles, immobiles, etc.

Au 2.e, puisque le fluide vital, substance élé-

mentaire simple , entre dans sa composition ;
Enfin :

Au 1.er, puisqu'il a un corps composé de matière brute.

On a souvent confondu la *vitalité*, la *sen-*
sibilité et l'*animation*. Il y a cependant une différence énorme entre ces trois facultés. Les plantes
sont *vivantes* , mais elles sont insensibles et
inanimées. Les animaux sont *vivans* et *sen-*
sibles, mais ne sont point animés. L'homme seul
est *vivant, sensible* et *animé*.

Je sens qu'en parlant des facultés de l'ame on
pourra me dire que c'est un sujet de métaphysique ; qu'il ne s'agit ici que de l'histoire naturelle ou de la physiologie, qui sont des sciences
bien différentes de la métaphysique.

Mais puisqu'il s'agit de l'histoire naturelle,
l'homme n'en fait-il pas partie ? Si l'homme est
composé d'un corps et d'une ame, en faisant son
histoire ne doit-on pas parler de son ame, sa plus
noble portion, aussi bien que de son corps ?
Peut-on parler plus métaphysiquement que ne
l'a fait M. de Buffon, sur l'ame, dans son Histoire
Naturelle de l'homme ? L'ame n'est-elle pas dans
la nature ? Il faut donc que la connaissance de
ses facultés fasse partie de l'histoire naturelle.

S'il s'agit de physiologie qui traite des phénomènes de la vie de l'homme, on doit encore y

parler des facultés de l'ame, puisque c'est elle
qui nous fait observer les plus grands phénomènes
de la vie de l'homme. — La métaphysique est
une science particulière qu'il ne faut pas confondre avec la physiologie. — J'en conviens, mais
toutes les sciences sont sœurs, et ont nécessairement des rapports entre elles ; et si la métaphysique de l'ame doit avoir des rapports avec quelque science, c'est certainement plutôt avec la
physiologie qu'avec toute autre. Aussi le docteur
Richerand n'a-t-il pu se dispenser de parler de
l'entendement humain, dans ses Nouveaux Elé-
mens de Physiologie ; rien de plus métaphysique
que l'analyse qu'il nous en donne ; la voici :

II. *Analyse de l'entendement, par M. le docteur Richerand.*

« Le cerveau, comme l'a dit très-bien Cabanis
« (et comme le dit très-bien après lui M. Riche-
« rand), agit sur les impressions que les nerfs lui
« transmettent, comme l'estomac sur les alimens
« que l'œsophage y verse ; il les digère à sa maniè-
« re : ébranlé par le mouvement qui lui est com-
« muniqué il réagit, et de cette réaction naît la
« SENSATION PERCEPTIVE ou la perception.
« Dès ce moment l'impression devient une idée ;
« elle entre comme élément dans la pensée, et
« peut se prêter aux diverses combinaisons que

« l'entendement exige. Les termes de pensée et
« d'entendement doivent être regardés comme
« synonymes ; tous deux expriment, d'une ma-
« nière abrégée, toutes les opérations du *centre*
« *sensitif*.... Penser n'est que sentir. »

Voilà certainement de la métaphysique ; et
quelque profondément pensée et exprimée
qu'elle soit, on conçoit bien clairement ce que
l'auteur a voulu dire.

Si l'on se contentait de parler de l'homme
comme d'un être organisé, vivant et sensible, et
qu'on en restât là, il n'y aurait pas grand inconvé-
nient à le placer dans le règne des animaux ; mais
on ne s'en tient pas là. La physiologie traite de
l'homme tel qu'il est, puisque nous venons de
voir qu'elle fait l'analyse des idées, de la pensée,
de l'entendement enfin, qui ne peuvent être que
des facultés de l'ame.

Il y a aussi de nouvelles physiologies où l'on
parle très-métaphysiquement du *physique* et du
moral de l'homme, et dans lesquelles on essaie de
prouver, non-seulement le *rapport*, mais l'identité de ces choses essentiellement distinctes. On y
parle de l'ame comme *d'une vaine supposition
de l'ignorance et du charlatanisme, qui a fait
imaginer les théories les plus nombreuses et les
plus folles,* jusqu'à supposer à cette faculté *occulte* une existence indépendante et hors de

l'homme, et même une action et une volonté.

Dans ces élémens de physiologie, on reproche à plusieurs écrivains d'avoir parlé de l'ame *comme de quelque chose de bien distinct du corps, comme d'un être parfaitement séparable, auquel ils ont supposé des manières de voir et de sentir, et même prêté des intentions raisonnées.*

Selon ces physiologistes, la raison dans l'homme c'est l'instinct perfectionné. Je démontrerai ailleurs que la raison est le résultat de la sensibilité et de la spiritualité, et que l'instinct, quelque perfectionné qu'il soit, ne peut jamais devenir la raison ; que si l'homme n'était que sensible il n'aurait effectivement que de l'instinct comme les bêtes ; que s'il n'avait que de la spiritualité sans sensibilité, il n'aurait que des connaissances sans raison et sans instinct. (LVIII.)

III. *Les anciens plus avancés que nos docteurs modernes en physiologie.*

Les anciens ne raisonnaient pas comme nos nouveaux physiologistes : « Ils avaient, dit le « docteur *Surun*, une mine féconde, que les « meilleurs esprits semblent vouloir exploiter ; « ils avaient l'idée d'une physiologie qui, si elle « n'est pas tout à fait neuve, a besoin pour bril- « ler dans tout son jour, pour exister dans toute

« sa force, d'une impulsion et d'une existence
« toute nouvelle. »

Cette mine féconde, dont on s'efforce de faire
perdre la trace et qu'on s'étudie à combler, on la
retrouverait dans une nouvelle physiologie psychologique. Dans l'état actuel de la physiologie,
cette science est insuffisante pour rendre raison
des plus étonnans phénomènes de la vie de
l'homme. « Il est temps, dit M. le comte de
« Redern, de rappeler ces phénomènes à la psy-
« chologie et à la physiologie dont on n'aurait
« jamais dû les séparer..... Depuis que l'ana-
« tomie a fait connaître davantage le système
« nerveux, on a cherché l'explication de ces
« phénomènes dans un fluide très-subtil, auquel
« les nerfs servent de couloirs, et qui devient
« l'agent de la volonté.

« Il faut remarquer que dans cette hypothèse
« on ne pourrait pas se dispenser d'admettre que
« ce fluide, qu'on appelle fluide nerveux (et
« que j'appelle fluide vital), sert aussi de milieu
« ou d'intermédiaire entre les objets extérieurs
« et l'entendement, et que c'est lui qui nous
« transmet la perception. Mais on ne fait que
« reculer la difficulté; la question reste la même.
« Comment expliquer la relation du mouvement
« des fibres nerveuses, ou de l'action d'un fluide
« quelconque, avec les perceptions et les idées,
« la volonté et l'entendement ?

« Cette question a donné lieu à plus d'une hy-
« pothèse; la moins compréhensible de toutes
« est celle qui regarde les facultés de l'homme
« comme un résultat de son organisation qui
« naît et se détruit avec elle. »

IV. *De l'existence du fluide vital.*

Il faut donc avoir recours à cette *mine féconde* des anciens, si nous voulons avoir une
physiologie moins incomplète que celle qu'on
nous donne aujourd'hui pour nouvelle, et à
l'aide de laquelle nous puissions expliquer les
prodiges les plus étonnans de la vie de l'homme.
Les anciens physiologistes reconnaissaient dans
l'homme trois substances distinctes et de natures
essentiellement différentes :

1.º Le corps grossier, corruptible et matériel ;

2.º L'ame subtile, déliée, de la nature de l'air
et de la lumière ;

3.º L'esprit ou l'entendement purement spirituel, et qui est renfermé dans l'ame comme
dans une enveloppe; *siliqua mentis immortalis.*

Philon, ce Platon des Juifs, distingue l'ame
sensible de l'ame raisonnable; il dit que l'ame
sensible ou *vitale* est celle par laquelle nous vivons ; et que l'ame raisonnable, et qui fait la
plus noble partie de nous-mêmes, est celle par

Teratoscopie. 4.

laquelle nous sommes doués de l'entendement et
de la raison.

Pythagore enseigne que l'homme est un abrégé
de l'univers : il a la raison par laquelle il tient
à Dieu, une puissance végétative, *vitale et sensitive*, nutritive et productive, par laquelle il
tient aux plantes et aux animaux ; et une substance inerte qui lui est commune avec la terre.

L'écriture sainte nous offre quelques propositions qui pourraient sembler avoir rapport à ce
sentiment. On y voit l'ame distinguée de l'entendement et de l'esprit. L'ame que l'écriture appelle *nepheseh* (anima), ou *neschama* (spira-
culum, ou même *ruach* (spiritus) est attri-
buée aux animaux ainsi qu'à l'homme. Mais l'esprit, (*ruach*) mis tout seul ou (*binach*) l'IN-
TELLIGENCE, ne s'attribuent qu'à l'homme. Il
est dit que l'homme a deux ames *vir duplex
animo.* Saint Paul engage expressément les Thes-
saloniciens à conserver sans tache l'esprit, l'ame
et le corps ; *ut integer spiritus vester et anima,
corpus sine querelâ servetur.*

Les nouveaux physiologistes vont sans doute
être scandalisés de me voir citer l'écriture sainte
à l'appui d'un système physiologique ; si c'est une
raison de plus pour eux de la rejeter , c'en
est une de plus pour beaucoup d'autres de l'embrasser avec plus de confiance. N'admettons pas

comme autorité, si l'on veut, l'écriture-sainte, du moins admettons-la comme un témoignage de la manière de penser des anciens physiologistes.

La vaste érudition dont le docteur Virey a fait preuve dans son *Art de perfectionner l'homme*, est tellement nourrie des doctrines anciennes, qu'on peut bien citer ce brillant auteur comme une autorité antique et respectable. « L'homme, dit-il, est composé de trois » sortes de principes ; 1.° d'une ame immaté- » térielle et intellectuelle ; 2.° d'une faculté de » de vie sensitive ; 3.° d'élémens matériels » ; et pour qu'on ne prenne pas pour une *abstraction* son second principe, *la faculté de vie sensitive*, il ajoute : « Quoique ce principe ait peut- » être plus de subtilité que la lumière, il paraît » être une substance corporelle, capable de s'ac- » cumuler, et même de passer d'un corps dans » un autre ». « L'on pourrait, dit un autre cé- » lèbre physiologiste moderne, apporter pour » preuve en faveur de l'existence du fluide ner- » veux (du fluide vital), la facilité avec la- » quelle on explique, par son moyen, les divers » phénomènes du sentiment ». Je vais donc continuer ma marche, guidé par de grands maîtres.

V. *De la nature du fluide vital.*

Nous venons de voir que le docteur Virey

admet trois sortes de principes dans la composition de l'homme, l'ame intellectuelle, le principe sensitif et les élémens matériels. Cependant, tout en commençant son ouvrage, il semble confondre les deux premiers principes. « On appelle, dit-il, AME OU VIE, cette puissance qui » ANIMANT les créatures organisées en fait des » individus naissant, s'accroissant, se repro- » duisant et mourant, ce qui ne se remarque » point dans les matières minérales. Tom. 1, pag. 1. » Mais il faut bien se garder de confondre l'*ame* et la *vie*; l'ame seule *anime* l'homme, et le principe de vie *vivifie* les substances organisées; ainsi les végétaux sont *vivans*, mais ils ne sont point *animés*. Le docteur Virey fait, ailleurs, sentir si bien cette différence qu'il est inutile de réfuter cette distraction. Il nous suffira de dire ici que cet auteur démontre que le principe sensitif qui donne la vie, n'est point un pur esprit, puisqu'il a de l'étendue et peut se diviser, au lieu qu'il n'y a point de tiers ou de quart de pensée (tom. 1, pag. 318).

M. Deleuse a eu la même distraction lorsqu'il dit que *l'esprit ou le principe de la vie organise la matière*. Oui, le principe de vie organise la matière et non l'esprit, car, encore une fois, les plantes sont organisées, mais elles ne sont pas spirituelles.

Le fluide vital , ou si l'on veut le principe vital n'est donc point une substance purement spirituelle. Il n'est point non plus une substance purement matérielle, et cependant il fait partie de l'homme Qu'est-ce donc que le fluide vital ? Qu'est-ce donc que l'homme ? L'homme , dit Pascal, est le plus prodigieux objet de la nature; car il ne peut concevoir ce que c'est que corps, encore moins ce que c'est qu'esprit , et moins qu'aucune chose , comment un corps peut être uni à un esprit. C'est là le comble de ses difficultés , et cependant c'est son propre être. *Modus quo corporibus adhæret spiritus comprehendi ab hominibus non potest, et hoc tamen homo est.* (St. Aug.)

En parlant de la nature du fluide vital je suis bien éloigné de dire ce qui constitue la nature de ce fluide, qui nous est et qui nous sera toujours plus inconnue que la nature de la matière brute. A peine même sommes-nous certains de l'existence de cette matière brute, qui semble frapper nos sens de tant de manières.

« La matière, dit M. de Buffon, nous est si
» peu connue que l'existence de notre corps et
» des autres objets extérieurs est douteuse pour
» quiconque raisonne sans préjugé. Cette éten-
» due que nous apercevons par les yeux; cette
» impénétrabilité dont le toucher nous donne

» une idée ; toutes ces qualités réunies qui consti-
» tuent la matière, pourraient bien ne pas exis-
» ter, puisque notre sensation extérieure et ce
» qu'elle nous représente par l'étendue, l'im-
» pénétrabilité, etc., n'est nullement étendu, im-
» pénétrable, et n'a rien même de commun avec
» ces qualités. Mais admettons cette existence
» de la matière, et quoiqu'il soit impossible de
» la démontrer, prêtons-nous aux idées ordi-
» naires et disons qu'elle existe même comme
» nous la voyons. »

Quant au fluide vital, reconnaissons d'abord,
avec Mesmer, que susceptible d'une infinité de
modifications, il est lui-même une modification du
fluide universel ; et pour nous former une faible
idée de sa nature, comparons-le avec la matière
brute qui nous est moins inconnue.

Ainsi, 1°. la matière brute est composée d'é-
lémens hétérogènes, on peut la décomposer ; le
fluide vital est homogène, rien ne peut altérer
sa substance. 2°. La matière brute est inerte et
resterait dans une perpétuelle inertie si le mouvement dont elle est susceptible ne lui était imprimé par une cause étrangère ; le fluide vital
est dans un mouvement perpétuel, c'est par lui
seul, soit directement soit indirectement, que la
matière brute est mise en mouvement. 3°. La
matière est bornée ; il y a une infinité d'espaces,

dans la nature, privés de matière brute; le fluide vital est infini dans la nature, il la remplit toute entière, il n'y a point de vide pour le fluide vital. 4°. La matière brute est morte : tout ce qui jouit de la vie dans l'univers la tient du fluide vital.

VI. *Ce que nous entendons par fluide vital.*

Avant que de passer outre, et pour éviter qu'on ne prenne pour plusieurs substances une seule et même chose, parce qu'elle serait désignée sous différens noms par différens auteurs et dans différens temps, je dois dire ce que j'entends par *fluide vital.*

J'appelle *fluide vital* cette substance infiniment subtile qui donne la vie à l'homme, aux autres animaux et aux plantes, par l'intermédiaire de laquelle nous éprouvons les sensations, et qui dans nos mouvemens volontaires est entièrement soumise à l'empire de la volonté.

Les anciens la connaissaient, comme nous l'avons déjà remarqué, sous le nom *d'esprits animaux;* mais le mot *esprits* ne convient guère qu'à l'ame, et le mot *animaux* annoncerait qu'il ne convient qu'au règne animal, tandis qu'il est le partage de toutes les substances organisées, et par conséquent des *végétaux.* La sève dans les végétaux n'est point ce qui leur donne la vie, c'est le fluide vital. La sève est dans les végé-

taux ce que le sang et les autres liquides sont dans
les animaux. C'est la circulation de la sève dans
les végétaux, comme c'est la circulation du sang
dans les animaux qui produit le fluide vital dans
les uns et dans les autres, et c'est le fluide vital
qui leur donne la vie.

C'est un *fluide*, c'est-à-dire une substance matérielle, que je ne puis mieux comparer qu'au
fluide électrique; peut-être est-ce le fluide électrique lui-même, légèrement modifié par l'organisation particulière du corps humain. Je l'appelle *vital* parce qu'il est le principe de la vie
dans l'homme, les animaux et les végétaux.

Nos nouveaux physiologistes l'appellent *fluide*
nerveux : je n'ai point adopté cette dénomination ; on doit s'apercevoir qu'elle n'aurait pas exprimé suffisamment ma pensée. Les nerfs sont
les couloirs par lesquels le fluide vital nous
transmet les sensations, et sont les organes de
nos mouvemens, mais ils ne nous donnent point
la vie. On peut être privé de toute sensation et
privé de la faculté de faire aucun mouvement, et
cependant être vivant, comme dans l'asphyxie,
la paralysie.

Les magnétiseurs l'ont appelé *fluide magné-*
tique animal ; mais dans l'origine de cette science
et d'après les préjugés de la physiologie d'alors,
on ne pouvait guère mieux faire. « On a com-

« mencé, dit M. le comte de Redern, par don-
« ner au magnétisme un nom fort mal trouvé.
« L'aimant n'a rien de commun avec ce qu'on
« appelle le magnétisme. »

Enfin, ce que j'appelle *fluide vital*, on le
nomme principe vital, force vitale, matière élémentaire, feu principe, feu pur, *œther*, *impetum
faciens*, ame sensitive, *spiritus-sulphureo-sa-
lino - mercurialis*, *magnale - magnum*, molé-
cules organiques, esprit des ames, hydrogène,
etc., etc. ; souvent le nom ne fait rien à la chose,
mais souvent aussi un nom mal approprié peut
donner une fausse idée de la chose : c'est ce qui
est arrivé dans la science qu'on appelle très-im-
proprement le magnétisme.

Un docteur régent, dont par respect je tairai
le nom, en parlant du *feu principe*, du *feu
pur*, répète une absurdité qu'il emprunte d'Hippocrate, s'il ne la lui prête pas. *Ce que nous
appelons chaleur*, dit - il, *me paraît quelque
chose d'immortel qui connaît toutes choses,
tant ce qui est présent que ce qui est à venir.*
Si cette absurdité n'est pas d'Hippocrate, le docteur a tout le mérite de l'invention. Ce qui me le
persuade, c'est que Virgile, qu'il cite à l'appui
d'Hippocrate, dit le contraire. La conclusion
que le docteur tire de cette citation, c'est que
les modifications du feu principe forment l'a-

cide primitif. J'en tire cette autre, que le docteur régent n'entend ni Hippocrate, ni Virgile,
et qu'il n'a aucune connaissance *du principe qui
connaît toutes choses.*

VII. *Définition de la vie d'après le docteur Richerand.*

Je reviens à la nature du fluide vital : j'ai
dit que c'est lui qui nous donne la vie. « J'ap-
» pelle du nom de vie, dit M. le docteur Riche-
» rand, une collection de phénomènes qui se
» succèdent, pendant un tems limité, dans les
» corps organisés. » Ces phénomènes sont sans
doute les effets du fluide vital, ou, pour nous
servir des expressions de l'auteur que je viens de
citer, du *principe vital, de la force vitale.* Mais
qu'est-ce que c'est que le principe vital? Le même
docteur va nous l'expliquer, va nous faire comprendre sa pensée plus clairement encore qu'il ne
l'a fait dans son analyse de l'entendement.

VIII. *Du principe vital, d'après le docteur Richerand.*

« Le mot de principe vital, force vitale, etc.
» n'exprime point un être existant par lui-même
» et indépendamment des actions par lesquelles
» il se manifeste; il ne faut l'employer que comme
» une formule abrégée dont on se sert pour dé-
» signer l'ensemble des forces qui *animent* les

» corps *vivans* (1), et les distinguent de la ma-
» tière inerte. Ainsi, lorsque nous ferons usage
» de ces termes, ou de tout autre équivalent, ce
» sera comme si nous disions : l'ensemble des
» propriétés ou des lois qui régissent l'économie
» animale. Cette explication est devenue indis-
» pensable depuis que plusieurs écrivains, réa-
» lisant les produits d'une simple abstraction,
» ont parlé du principe vital comme de quelque
» chose de bien distinct du corps (de la matière
» inerte dont le corps est composé), comme
» d'un être parfaitement séparable, auquel ils
» ont supposé des manières de voir et de sentir,
» et même prêté des intentions raisonnées. »

Il faudrait bien des pages pour réfuter ce peu
de lignes du docteur Richerand, si elles en va-
laient la peine. Les écrivains dont il parle, et qui
ont prêté au principe vital des intentions raisonnées, supposaient, sans doute, que c'est l'ame
qui donne la vie au corps; alors ce n'était pas une
supposition de lui accorder des intentions raisonnées ; c'était une assertion évidente. Mais ce n'est
point l'ame qui vivifie le corps, elle ne fait que
l'animer lorsqu'il est vivifié par le fluide vital.

J'ai dit qu'il faudrait bien des pages pour réfuter

_____

(1) Est-ce que les plantes qui sont vivantes seraient
aussi animées ?

l'explication du docteur Richerand; et, en effet, il se réfute lui-même à chaque page de son ouvrage. Je défie qu'on puisse l'entendre et qu'il puisse s'entendre lui-même, si à la place d'un être existant par lui-même, on y substitue une formule, une simple abstraction : je n'en citerai qu'un exemple entre mille.

« Quoique l'on puisse dire que le principe de la vie n'est retranché dans aucune partie de notre être, qu'aucune n'est son siège exclusif, qu'il anime chaque molécule vivante, chaque organe, chaque système d'organes; qu'il les pénètre de propriétés différentes, et leur assigne en quelque sorte des caractères spécifiques, il faut néanmoins convenir qu'il est des parties plus vivantes dans le corps vivant, desquelles toutes les autres paraissent tenir le mouvement et la vie, etc. » Tout ceci me paraît très-intelligible en supposant que le principe de la vie soit un être existant par lui-même; mais, en m'efforçant d'en faire une abstraction, je suis obligé de convenir que je n'ai pas le *cerveau* assez bien constitué pour *digérer* ce que je viens de transcrire, et que, par conséquent, il ne peut devenir chez moi l'*élément d'aucune pensée*. Si cette doctrine, ainsi que celle contenue dans son analyse de l'entendement, sont les nouvelles sciences dont M. Richerand a voulu enrichir sa nouvelle physiologie, comme il le dit dans sa préface, je crois qu'il aurait mieux fait de suivre les conseils qu'ont voulu lui donner *l'ignorance orgueilleuse* et la *jalouse médiocrité*.

Pour nous faire comprendre que le principe vital n'est qu'*une simple abstraction, une formule*, le docteur Richerand ne pouvait pas choisir plus mal la comparaison qu'il fait de la vie à une montre. « De même, dit-il, que le ressort d'une montre, ou plutôt l'élasticité dont ce ressort jouit, détermine, par le seul jeu des rouages, le mouvement des aiguilles et de tous les phénomènes que l'instrument peut offrir, de même les propriétés vitales, par le moyen des organes, produisent tous les phénomènes dont la vie se compose. »

Le ressort d'une montre est certainement un *être existant par lui-même ;* ce n'est pas une *simple abstraction.* Ce n'est pas le ressort, dira le docteur, mais son élasticité, qui produit le mouvement des aiguilles : or, l'élasticité du ressort est une abstraction. En ce cas, il fallait d'abord nous parler de la nature du ressort, nous dire s'il est de plomb ou d'acier, et nous aurions ensuite considéré si ce ressort de plomb ou d'acier est susceptible d'élasticité, et, enfin, si cette élasticité peut être la cause des phénomènes de l'instrument.

Si j'étais aussi habile horloger que le docteur

Richerand est célèbre physiologiste, je lui dirais : le mot de ressort, de force motrice n'est point, dans une montre, un être existant par lui-même ; il ne faut l'employer que comme une formule abrégée dont on se sert pour désigner l'ensemble des forces qui font mouvoir les aiguilles. Cette explication est devenue indispesable depuis que plusieurs horlogers, réalisant le produit d'une simple abstraction, ont parlé du ressort d'une montre comme de quelque chose de bien distinct, de bien séparable des autres parties de la montre.

Jusqu'à présent bien de personnes ont cru que c'est l'ame, substance bien séparable du corps, qui lui donne la vie. Le docteur Richerand a craint de tomber dans cette erreur, et il a mieux aimé faire dépendre les phénomènes de la vie d'une simple abstraction que de les attribuer à l'ame ; mais, pour éviter une erreur, il est tombé dans une autre encore plus insoutenable.

Cependant le docteur Richerand est en physiologie une autorité si imposante que je me vois forcé de lui opposer des auteurs d'une autorité non moins imposante. L'un d'eux s'exprime ainsi : « Il est naturel de croire que les nerfs agissent au moyen d'un fluide subtile, invisible, impalpable, auquel les anciens donnèrent le nom d'*esprits animaux*. Ce fluide, inconnu dans sa nature, appréciable seulement par ses effets, doit être d'une ténuité extrême, puisqu'il échappe à tous nos moyens de recherches....... L'on ne pourrait, à dire vrai, apporter d'autres preuves en faveur de l'existence d'un fluide nerveux (d'un fluide vital) que la facilité avec laquelle on explique, par son moyen, les divers phénomènes du sentiment, et le besoin qu'on en a pour expliquer les phénomènes de la vie de l'homme. » *Nouveaux élémens de physiologie*, tom. 2, pag. 149. A la vérité ce fluide est d'une ténuité extrême, mais il n'en est pas moins *un être existant par lui-même.* A la vérité, ce n'est qu'un fluide très-subtil, mais assez matériel pour n'être pas une *simple abstraction.*

IX. *Opinion du docteur* Surun *sur le fluide vital.*

Voici une autorité infiniment plus forte, à mes yeux, que celle que je viens de citer. Dans ses considérations générales sur l'état appelé *adynamique* ou *putride*, puisées dans l'étude des nerfs, le docteur Alexandre Surun, *Journal complémentaire des sciences médicales*, 11.ᵉ cahier, pag. 206, s'exprime ainsi :

« Je crois que les propriétés vitales, établies par Whytt, Haller et Bichat, ne sont que des effets communs d'une seule et même puissance... J'ai la certitude que le principe que je pense ani-

mer (1) tout mon être, se prête de mille manières
à notre observation, non seulement dans l'état
naturel, mais aussi dans celui de maladie; son essence, je l'ignore, sa source, que je crois hors
de nous, occupe un lieu qui m'est inconnu : on
peut croire qu'elle est hors de la portée des
hommes. »

Sans doute, l'essence, la source du fluide vital nous sont inconnues et hors de la portée des
hommes, quoiqu'on puisse dire qu'il fait partie
ou qu'il émane du fluide universel, et que c'est
dans lui et par lui que nous jouissons de la vie,
du mouvement et de l'être. *In ipso vivimus, mo-
vemus et sumus.*

« Les effets de ce principe *vital* qu'Hippocrate
appelait *cubis*, Aristote, *æther*, l'*impetum faciens* de Kaaw Boerhaave, combien ils sont nombreux, à n'en juger que par ceux qui sont accessibles à notre intelligence ! Combien aussi, sans
doute, ils sont enveloppés d'un voile épais ! C'est
surtout dans les animaux que ces effets se multi-
plient à l'infini, par la raison, je pense, que leur
agent s'y trouve en très-grande proportion dans
un très-petit espace, et, par cette considération
aussi, ce dernier y est plus facile à étudier. *Il est*

---

(1) J'aurais dit *que je pense vivifier* plutôt, qu'*a-
nimer,* ce qui est bien différent.

l'ame de tous les êtres vivans (1); il existe même
dans les corps qui paraissent être les plus étrangers à la vie, et dont la plupart concourent à l'entretenir dans ceux qui la possèdent. Animant
(j'aurais dit *vivifiant*) nos fluides et nos solides,
c'est par lui que règne l'harmonie entre toutes
nos parties; c'est lui qui constitue l'unité vitale.
Puisé par les absorbans cutanés, pulmonaires et
digestifs, et versé dans le torrent de la circulation, nos fluides, et particulièrement le sang, le
distribuent à tous les solides, et en déposent dans
les réservoirs et les canaux nerveux la majeure
partie qui est destinée à étendre, à agrandir la vie,
à en multiplier et en diversifier les phénomènes.

» Quelle que soit la marche que j'aie suivie,
j'ai acquis la conviction qu'on était bien loin de
connaître tous les mystères de l'action nerveuse,
et que c'est à tort qu'on se persuade qu'elle n'est
destinée qu'aux sensations et aux mouvemens
apparens ».

Voilà, ce me semble, de la vraie physiologie;
mais pour qu'elle brillât dans tout son jour, il
serait bien à désirer que le docteur Surun lui

---

(1) On sent bien qu'ici, le mot *ame* est employé
métaphoriquement, puisque ce principe existe même dans
les corps qui paraissent les plus étrangers à la vie.

donnât une nouvelle existence dans de nouveaux élémens de physiologie.

Ce qui est puisé par les absorbans cutanés, pulmonaires et digestifs, ce qui est versé dans le torrent de la circulation, ce qui est déposé en majeure partie dans les réservoirs et les canaux nerveux, paraîtra aux yeux de tout homme sensé un être existant par lui-même, et non une simple abstraction, une formule de convention pour exprimer un être de raison. Non, certes, le principe vital, le fluide vital n'est pas destiné qu'aux sensations et aux mouvemens apparens, et c'est à tort que les docteurs Richerand, Cabanis et autres se le sont persuadé. Le premier, le principal effet du fluide vital est de donner la vie au corps.

X. *Doctrine du docteur R., réfutée par lui-même.*

Jusqu'à présent, c'est en quelque sorte le docteur Richerand qui nous a forcés d'examiner ce que le fluide vital n'est pas; cherchons maintenant ce qu'il peut être. Le docteur Richerand lui-même va nous le dire; il y a des principes, des vérités si évidentes qu'elles échappent forcément de la bouche même de ceux qui s'efforcent de les nier.

» Parmi les principes constituans de l'atmo-

sphère sont quelques fluides généralement répan-
pandus, tels que l'électrique, le magnétique. Ces
fluides entrés avec l'air dans les poumons ne
peuvent-ils point se combiner avec le sang artériel et être portés par son moyen soit au cerveau, soit dans les autres organes? L'action
vitale ne leur imprime-t elle point de nouvelles
propriétés en leur faisant éprouver des combinaisons inconnues »? Il dit ensuite que le calorique et l'oxygène pourraient bien être du
nombre de ces fluides.

XI. *Sentiment du docteur Cabanis, sur le principe vital.*

Le docteur R. dans ce passage n'avait fait
que copier, pour ainsi dire, le docteur Cabanis,
qui s'exprime ainsi :

« J'ai toujours été, je l'avoue, très-porté à
penser que l'électricité modifiée par l'action vitale est l'agent invisible qui parcourt sans cesse
le système nerveux . . . . Il est infiniment vrai-
semblable, du moins à mes yeux, que plus on
poursuivra les expériences du même genre (les
expériences électriques et galvaniques de Volta),
plus aussi cette identité (du fluide électrique
galvanique et vital) deviendra manifeste. Il
semble qu'on ne peut manquer, par-là, de reconnaître avec exactitude la nature et l'étendue

des modifications que l'électricité subit dans sa
combinaison animale : et peut-être cela seul est-
il capable de dissiper tous les doutes que l'in-
certitude de quelques observations et les conjectures de quelques savans laissent encore dans
certains esprits. Il est même possible qu'après
avoir sagement circonscrit les faits relatifs à l'influence *magnétique* sur l'économie vivante, on
parvienne, en les comparant avec ceux du gal-
vanisme et de l'électricité proprement dite, à déterminer avec précision le degré d'analogie qui
rapproche ces deux fluides ».

Le général Allix, dans sa théorie de l'univers,
pense que le principe de la vie, le fluide vital
est l'hydrogène, composé de calorique et de la
lumière, et qui émane du soleil vers lequel il
retourne au bout d'un certain tems. J'adopte
d'autant plus volontiers cette opinion, que je
regarde l'hydrogène, le calorique, la lumière,
le magnétique, l'électrique, le fluide vital, etc.,
comme une seule et même substance, susceptible d'un nombre infini de modifications dont
nous avons aperçu quelques-unes dans les phénomènes de la lumière, de l'électricité, etc. Si,
jusqu'à présent, nous les avons crues de différentes
natures, c'est que nous avons été trompés par
les différentes modifications sous lesquelles cette
substance, homogène dans son principe, nous a

apparu, et que d'ailleurs nous n'avons observé ces modifications qu'à des époques successives. Nous reconnaissons donc aujourd'hui pour modifications de ce principe, la *lumière*, le *calorique*, l'*hydrogène*, les fluides *électrique*, *galvanique*, *magnétique*, *nerveux* ou *vital*, l'*oxygène* et l'*azot*. Viendront sans doute des tems où on découvrira d'autres modifications de ce même principe.

Je vais me permettre, sur l'opinion du général Allix, une observation qui n'est pas tout à fait étrangère au sujet qui nous occupe, puisqu'il s'agit du fluide vital et de la manière dont je pense qu'il agit.

Le général Allix suppose que la lumière est une émanation du soleil, et pour qu'il ne s'épuise pas par une prodigieuse émission de lumière il la fait retourner vers le soleil, au bout d'un certain tems. Mais pour peu qu'on y fasse réflexion, on sentira facilement que la lumière n'est qu'une modification du fluide universel répandu dans tout l'univers. Ce fluide universel reçoit, par l'action du soleil, une modification qui le rend lumineux, comme il devient fluide vital dans les substances organisées. La lumière ou plutôt ce fluide *luminescible* n'en existerait pas moins quand le soleil n'existerait pas. J'embrasse d'autant plus volontiers ce système qu'il est conforme au récit de Moïse dans la Genèse, où il est dit que Dieu créa la lumière le premier jour, et qu'il ne créa le soleil que le quatrième jour.

La substance ou le fluide, qui procure la lumière, existe dans les plus épaisses ténèbres comme dans le plus grand jour. C'est une action quelconque et non une émanation du soleil qui rend ce fluide lumineux de simplement *luminescible* qu'il était dans les ténèbres. De même, le fluide électrique répandu dans toute la nature ne nous devient sensible que dans certaines circonstances que le hasard nous a fait découvrir. De même encore le fluide vital également répandu dans toute la nature, ne nous devient sensible que dans les substances organisées.

Il serait bien étonnant que la lumière qui, comme tous les fluides, tend éminemment à se mettre partout en équilibre, fît ombre. Si la lumière n'éclaire pas partout également c'est qu'elle n'est pas partout également modifiée. Cette substance *luminescible* est d'ailleurs susceptible de plusieurs modifications. Il y a une grande différence entre la lumière du soleil, sous un ciel sans nuages, et celle dont nous jouissons lorsque le tems est couvert; c'est cependant la lumière, mais différemment modifiée. Qui pourrait croire qu'une faible bougie qui, dans une nuit obscure, se fait apercevoir dans une sphère d'un diamètre de plus de quatre lieues, ne se rend sensible que par une émanation de sa substance? N'est-il pas plus naturel de croire que la flamme de cette bougie a la propriété de rendre lumineuse la substance *luminescible*? C'est comme si l'on disait qu'une cloche ne se fait entendre dans un rayon de deux lieues que par une émanation des particules métalliques de la cloche. Le fluide qui nous fait entendre le son est répandu dans toute l'atmosphère, et l'action de la cloche lui imprime une modification qui le rend sonore.

Chose admirable, s'écrie-t-on, depuis tant de siècles que le soleil envoie des émanations de sa substance à des distances incommensurables, il n'en est pas plus altéré qu'au moment de sa création! Avec quelle étonnante rapidité, s'écrie-t-on encore, les rayons du soleil arrivent-ils jusqu'à nous! Puisque la lumière parcourt plus de quatre millions de lieues dans une minute.

Cessons d'être étonnés : le soleil ne nous envoie rien ; il ne peut par conséquent rien perdre de sa substance; et comme la lumière ou plutôt le fluide lumineux ne nous vient pas du soleil, il n'a pas besoin de la rapidité que vous lui supposez pour arriver jusqu'à nous. Sans l'élasticité du fluide *luminescible*, l'impression qu'il reçoit du soleil nous serait transmise dans un instant de raison , fussions-nous des millions de fois plus éloignés de cet astre que nous le sommes. Faisons une supposition qui fera mieux comprendre cette vérité.

Supposons une personne placée à trois cents pas d'un but; elle tire une balle qui parvient au but, en une seconde, par exemple. La balle parcourt effectivement l'espace de trois cents pas en une seconde. Supposons maintenant un corps solide et de trois cents pas de longueur, d'une seule pièce, non élastique, dont une des extrémités touchera, à peu de chose près, à ce même but : en imprimant un mouvement à l'extrémité opposée, ce corps aura atteint le but dans le même moment que le mouvement aura été imprimé à la partie opposée. Mais si l'espace de trois cents pas, qui se trouve entre la personne qui doit imprimer le mouvement et le but qui doit être frappé, est rempli par des balles d'une matière très-élastique qui se toucheraient, il est certain que la balle qui serait auprès du but ne le frapperait pas dans le même moment qu'on imprimerait le mouvement à la balle de l'extrémité opposée, à cause de l'élasticité des balles. De même, l'élasticité de la lumière est la seule cause de ce qu'elle emploie une minute pour se rendre sensible à quatre millions de lieues de l'endroit où elle a reçu la modification qui nous la fait apercevoir.

XII. *Le fluide vital semble tenir le milieu entre les substances matérielles et les substances spirituelles.*

Cette substance, le fluide vital, n'est point de la nature de la matière brute, mais elle n'est pas non plus de la nature des substances spirituelles; parce que certainement elle n'est pas douée de l'intelligence. Elle n'est point altérable comme la matière brute; mais elle n'est point immortelle comme les substances spirituelles. Quoiqu'elle ne soit point matière, elle est cependant ce qui constitue tellement la matière minérale, végétale et animale, que si elle était anéantie, l'univers tomberait en ruines et serait anéanti lui-même.

Ne pourrait-on pas dire que le fluide vital tient le milieu entre les substances spirituelles et les substances matérielles? Ce que nous connaissons de ces deux choses si éloignées l'une de l'autre, nous persuade qu'il y a bien de la place pour ranger des êtres mitoyens qui ne toucheraient ni l'une ni l'autre des extrémités. Quelle contradiction y aurait-il à n'être ni composé, ni pensant; à n'avoir ni parties ni intelligence? Qui oserait refuser à Dieu le pouvoir de créer des substances qui auraient quelque portion de sentiment, sans intelligence? On peut croire que le créateur en répandant sur la terre

la matière séminale universelle, pour la conservation et la reproduction des être organisés, lui
a en même-tems associé une substance neutre
dont la nature nous échappe et dont nous n'en-
trevoyons l'existence que par ses effets : substance propre à vivifier les corps organisés et
à exercer son activité au moment qu'elle se trouve
placée dans un composé d'organes d'où elle peut
se donner l'essor, mais qui hors de - là reste
dans l'inaction et dans une espèce d'inertie. Comment les savans ont-ils été si long-tems sans connaître, sans même soupçonner l'existence du
magnétique, de l'électrique, du galvanique? C'est
que ces fluides étaient dans un composé de matières qui ne leur permettait pas de prendre leur
essor d'une manière qui nous fût sensible ; ils
étaient, par rapport à nous, dans une espèce
d'inertie, comme i's y sont encore lorsqu'ils ne
se trouvent pas placés de manière à exercer leur
activité.

Les fluides dont nous venons de parler, ainsi
que la lumière, le calorique, l'hydrogène, le
fluide vital, etc. ne seraient-ils pas cette substance neutre, homogène dans son principe, incapable d'intelligence, mais susceptible de sensations grossières; ce principe qui donne la vie et
l'instinct aux animaux, surtout, lorsqu'il a été
modifié et, en quelque sorte, spiritualisé dans

les organes vitaux? Les anciens physiologistes,
dont nous avons parlé, le pensaient ainsi, puisqu'ils distinguaient dans l'homme deux ames :
l'ame intelligente, par laquelle nous pensons, et
l'ame sensitive, par laquelle nous sentons. Le
docteur Virey, si nourri des doctrines anciennes,
comme nous l'avons déjà observé, et qui fait autorité dans cette matière, dit « qu'il y a en nous
» deux principes distincts; l'ame qui pense, et
» l'élément vital qui sent et qui suffit à des actions
» purement animales. » Il faut bien supposer,
d'ailleurs, que cette substance mixte, qui n'est ni
esprit, ni matière, qui participe de l'un et de
l'autre, existe réellement, puisqu'il y a une infinité de phénomènes dont il est impossible de
nous rendre compte, si nous ne l'admettons pas,
et qu'au contraire nous expliquons d'une manière
satisfaisante en l'admettant. Les savans ouvrages
de M. Cabanis et de M. Richerand en sont la
preuve. Rien de plus absurde que leur analyse de
l'entendement humain par le seul moyen de la
matière brute. Quant aux opérations des bêtes,
qui nous les font paraître douées, jusqu'à un
certain point, d'intelligence, de mémoire, de volonté, etc., rien ne serait plus ingénieux que
l'explication qu'en donne M. Cabanis, s'il admet-
tait l'existence de cette substance mixte, surtout
dans le système de ceux qui refusent une ame aux
bêtes.

Je sens mon incapacité d'exprimer toute ma pensée sur un sujet si important. Je laisse à d'autres plus instruits que moi en physique, en chimie, en histoire naturelle, en physiologie et en psychologie l'honorable tâche de démontrer plus clairement que je ne puis le faire, que le fluide vital n'est ni esprit, ni matière, et que c'est une substance mixte qui probablement participe de l'une et de l'autre de ces deux substances. N'y aurait-il pas de la témérité de refuser à Dieu la puissance de créer une semblable substance?

C'est tout ce que nous pouvons dire sur la nature du fluide vital, qui, dans son essence, nous sera toujours inconnu.

XIII. *Des principales propriétés du fluide vital.*

La première de ces propriétés est de donner la vie.

Les nouveaux élémens de physiologie définissent la vie, comme nous l'avons déjà dit, « une » collection de phénomènes qui se succèdent, » pendant un tems limité, dans les corps or-» ganisés. »

On pourrait élever quelques difficultés sur cette définition ; nous trouvons plus court et plus simple d'adopter la suivante :

» La vie est l'exercice, dans chaque individu ; » de la faculté qu'ont les corps organisés de pré-

» senter les phénomènes que les individus de la
» même espèce peuvent produire. »

D'après cette définition, on peut nous demander : Qui est-ce qui donne cette faculté ? Quel est
ce principe vital qui nous donne la vie ? Et nous
répondrons que c'est le fluide vital seul qui n'est
pas une abstraction, mais bien un être existant
par lui-même, comme nous croyons l'avoir démontré. Au contraire, d'après les nouveaux élémens de physiologie, le principe vital, ce qui nous
donne la vie, est un *ensemble*, par conséquent
une *collection*, une *abstraction*, une *formule* abrégée ; et la vie est une *collection*, par conséquent un
ensemble, une *abstraction*, une *formule* abrégée.
Ainsi la vie n'est rien : effectivement, si on compare
sa durée à celle de l'éternité, la vie n'est rien. Le
principe vital, cette substance qui nous donne la
vie, n'est rien non plus ; et c'est assez vrai, si on le
compare à l'ame, cette substance qui nous donne
l'intelligence et la raison.

Cependant, il faut rendre justice à l'auteur ;
de ce rien, de cette abstraction ; il sait en faire,
au besoin, quelque chose de réel. Ainsi, dit-il,
« le principe de la sensibilité (c'est-à-dire le
principe vital, le fluide vital) se comporte à la
manière d'un fluide qui naît d'une source quelconque, se consume, se répare, s'épuise, se distribue également, on se concentre sur certains
organes ».

Certes, il faudrait être de bien mauvaise foi, si on ne reconnaissait pas, dans ce qui vient d'être dit du principe vital, un *être existant par lui-même*. Ce qui a engagé quelques physiologistes à faire d'un être réel, un être de raison, c'est la crainte de tomber dans l'erreur de ceux qui croient que c'est l'ame seule qui vivifie le corps, tandis qu'elle ne fait que l'animer. Mais cette erreur n'est pas si dangereuse que celle des auteurs qui font du principe vital un être de raison, dans la seule crainte d'être forcés d'admettre l'ame comme le principe de la vie.

Non, l'ame n'est point le principe de la vie; elle ne vivifie pas le corps, c'est le principe vital, le fluide vital. L'ame a de plus nobles fonctions à remplir, c'est d'animer le corps, et de faire de l'homme un être raisonnable. Il est vrai que, par le fluide vital, le corps ne jouit que d'une vie animale, on pourrait même dire que d'une vie organique ou végétale; mais cette vie lui suffit pour remplir ses fonctions par rapport à l'ame; il n'est qu'un organe matériel et vivant; par lequel l'ame se rend sensible, et acquiert la perception des sensations que le corps éprouve, et pour ces deux différentes opérations l'ame et le corps se servent du fluide vital. Ainsi, outre la vie qu'il donne au corps, le fluide vital a deux fonctions à remplir : la première est de porter

au centre sensitif, au sens interne, au cerveau,
les impressions que font sur ses sens les objets
extérieurs ; la seconde est de donner aux muscles
et aux nerfs la force nécessaire pour exécuter les
mouvemens que la volonté exige.

« L'action du fluide nerveux (du fluide vital),
dit le docteur Richerand, se passe de l'extrémité des nerfs vers le cerveau, pour la production des phénomènes du sentiment. . . tandis que
cette action se passe du cerveau vers les extrémités nerveuses, et du centre à la circonférence
pour produire les mouvemens de toute espèce.

» En vain les organes des sens seraient ouverts à toutes les impressions qu'exercent sur eux
les objets qui nous environnent ; en vain les nerfs
seraient disposés à les transmettre : les impressions deviendraient inutiles, elles seraient pour
nous comme n'existant pas, en un mot, nous n'en
aurions pas la connaissance si le cerveau n'existait pas pour les ressentir ». Si le docteur R.
avait ajouté *et si l'ame n'existait pas pour en
avoir la perception* ; rien ne serait plus juste que
ce qui précède ; car ce n'est pas le cerveau, le
sens interne qui a la perception : il n'éprouve ,
comme les autres sens externes, qu'une sensation,
et si l'ame n'existait pas nous n'aurions aucune
perception, aucune connaissance des sensations.
Il en serait de même des mouvemens. En sup-

posant que l'action du fluide vital reçût sa force
du cerveau pour la transmettre vers les extrémités nerveuses, si l'ame n'existait pas, où le
cerveau puiserait-il la force qu'il communique-
rait au fluide vital et celui-ci aux extrémités nerveuses ? Il faut donc dire : en vain le cerveau et
le système nerveux seraient bien sains, bien organisés, bien vivans, ils seraient incapables d'aucun
mouvement, s'il n'existait une puissance supérieure capable de leur communiquer la force
nécessaire pour exécuter ces mouvemens. Cependant, il est important de ne pas confondre
les mouvemens vitaux ou instinctifs, avec les mouvemens volontaires. Il ne faut entendre ce que
je viens de dire que de ces derniers. Mais sui-
vons le docteur R.

» Cet organe (le cerveau) est, à proprement
parler, le siége de toute sensation ; celles que
produisent la lumière, le bruit, les odeurs, les
saveurs, etc., n'existent pas dans les organes qui
en reçoivent l'impression ; c'est le centre sensitif qui voit les couleurs, entend les sons, flaire
les odeurs, goûte les saveurs, etc. ».

Le cerveau, le sens interne, est de la même
nature que les autres sens externes, A la vérité
il est le point central où viennent se rendre et
se peindre les sensations des autres sens : ces
sensations n'existent pas plus dans le cerveau que

dans les autres sens. Si l'œil ne voit pas les couleurs, le centre sensitif ne les voit pas davantage ; si l'ouïe est sourde, le cerveau ne l'est pas moins ; je ne vois dans cet organe, comme dans les cinq autres, que de la matière, et de la matière n'est pas susceptible d'une perception, d'une idée, d'une pensée.

Que le lecteur veuille bien se donner la peine de relire l'analyse de l'entendement, dans les nouveaux Élémens de Physiologie, tom. 2, p. 153 et suivantes, avec la note de la pag. 155. En voici la parodie parfaitement imitée autant que possible.

« En vain le cordon d'une sonnette serait agité; en vain les mouvemens et les fils de fer qui correspondent du cordon à la sonnette seraient bien organisés ; les mouvemens imprimés au cordon deviendraient inutiles, si la sonnette n'existait pas pour les ressentir. La sonnette, ébranlée par le mouvement qui lui est communiqué, réagit : dès ce moment l'impression qui lui est communiquée devient un *domestique* : il entre dans ma chambre et peut se prêter aux diverses fonctions que le service d'un domestique exige. Nous croyons devoir avertir que les termes de *son* de la sonnette et de *domestique* sont synonymes ; tous deux expriment, d'une manière abrégée, toutes les opérations de la sonnette. Nous croyons encore devoir aver-

Teratoscopie. 6.

tir qu'il n'est pas nécessaire qu'il y ait un domestique dans l'antichambre où correspond la
sonnette : la réaction de celle-ci agitée, en
*digère un à sa manière, comme l'estomac digère
les alimens que l'œsophage y verse.* »

Si cette parodie n'est pas aussi sensible, aussi
intelligible que la chose parodiée, c'est que nous
ne savons pas nous exprimer aussi bien que le
docteur Richerand.

Non, l'organe du cerveau, le sens interne n'est
pas plus le *siége* des sensations que les autres
sens; elles n'y *siégent* point, elles ne s'y fixent
point, le cerveau les transmet à l'ame comme les
autres sens les transmettent au cerveau. Celui-ci
est le trône de l'ame, c'est là qu'elle reçoit, et
de-là qu'elle transmet toutes ses dépêches; c'est
de-là qu'elle aperçoit ce qui se passe dans tout
ce qui environne le corps de l'homme; c'est de-
là qu'elle donne ses ordres et qu'elle exécute
toutes ses volontés, par le ministère du *fluide
vital.* Ce courrier fidèle ne se trompe jamais,
ni sur la route qu'il doit suivre, ni sur la nature
des dépêches qui lui sont confiées par les cinq
sens, ni sur celle des ordres qu'il reçoit de la
volonté de l'ame qui exerce sur lui un empire
absolu.

» Le cerveau (disons mieux le fluide vital)
ne se trompe point lorsqu'il rapporte au pied les

souffrances qu'il a éprouvées après l'amputation de
la jambe ou de la cuisse, dont la cause existe
dans le moignon ». Avec toutes ses belles phrases,
comment le docteur Richerand pourrait-il faire
concevoir qu'une douleur ressentie dans un pied
qui n'existe plus, a sa cause dans le moignon,
puisque « les douleurs ressenties dans les membres
qu'on n'a plus, n'ont pas leur siége dans la portion qui en reste ? » Il dit plus bas : « Ces douleurs qu'on reconnaît pour celles que leur causait
l'affection primitive sont bien évidemment confiées à la mémoire qui les reproduit ». Il est
bien évident au contraire que la douleur qu'on
ressent, dans un pied qui n'existe plus, n'est
point la mémoire d'une douleur. La douleur
qu'on ressent dans ce pied qui n'existe plus est
une douleur réelle et actuelle : mais la mémoire
d'une douleur n'est pas une douleur réelle, elle
en est simplement le souvenir. Si les douleurs
que la mémoire nous rappelle étaient des douleurs
aussi réelles que celles qu'on ressent dans un
pied amputé, nous ne serions que douleurs, et
dans un supplice perpétuel.

Le fluide vital, me dira-t-on, ce courrier si fidèle se trompe donc, puisqu'il rapporte une douleur réelle et actuelle à un membre qui n'existe
réellement plus actuellement ? Dites-nous donc
la cause de cette douleur, puisque vous prétendez,

contre M. Richerand, que cette douleur n'est point confiée à la mémoire?

Je vais tâcher de la faire comprendre. Il faut d'abord reconnaître, avec le docteur Richerand, que le fluide vital, ou, si on l'aime mieux, le principe de la vie anime, c'est-à-dire, vivifie chaque molécule vivante de notre corps, chaque organe, chaque système d'organe. D'après cette vérité incontestable on peut dire que nous avons deux corps : un composé de matière brute, et un autre composé de fluide vital, qui vivifie, qui organise celui composé de matière brute. Ce corps, composé de fluide vital, se comporte, dit le docteur Richerand, à la manière d'un fluide; il se consume, il se répare, se distribue également et se renouvelle sans cesse dans le corps de matière brute, qui en fait une déperdition continuelle. Il ne faut pas oublier que c'est le fluide vital seul qui reporte au cerveau toutes les sensations.

Dans le cas supposé d'une jambe amputée, le fluide reçoit toujours la même modification, la même impulsion, la même direction qu'avant l'amputation; il doit, par conséquent, se rendre, avec la même modification, la même impulsion et la même direction, dans les lieux qu'il occupait avant l'amputation, et, par conséquent, dans le lieu qu'occupait la jambe amputée. Si donc la personne qui a subi cette opération, ressent une douleur dans le pied, c'est le fluide vital qui se trouve dans le lieu où la douleur se fait ressentir, qui la reporte au cerveau. Il ne s'est point trompé, parce que la douleur existe réellement et actuellement dans le pied de fluide vital qui subsiste toujours après l'amputation de la jambe de matière brute.

Cependant le pied de fluide vital, qui ressent une douleur, lorsque l'atmosphère est surchargée d'électricité, ne peut point éprouver les mêmes sensations qu'avant l'amputation, 1.° parce que, dans la place qu'il occupe, il ne s'y trouve plus dans la même proportion, et par conséquent avec la même sensibilité; il n'est plus revêtu de l'épiderme qui empêchait sa trop grande déperdition dans la jambe amputée : aussi faut-il une commotion extraordinaire de l'atmosphère électrique pour lui faire éprouver une sensation douloureuse qui n'est jamais aussi forte qu'elle eût été si la jambe n'avait point été amputée. 2.° La personne dont la jambe a été amputée ne peut point éprouver les mêmes sensations qu'avant l'amputation, parce que, ou cette personne fixe son attention sur la privation de sa jambe, ou elle porte son attention sur quelque autre objet : dans le premier cas, la réflexion qu'elle est privée de sa jambe ne lui permet pas d'y éprouver la même sensation qu'avant l'amputation; dans le second cas, la sensation qu'elle pourrait réellement éprouver serait annulée par une sensation plus vive qui fixerait exclusivement son attention.

3.° Si j'avais plus d'expérience, je pourrais peut-être citer beaucoup d'exemples de personnes dont les membres ont été amputés, et qui, en oubliant totalement l'amputation, font usage de leur jambe de fluide vital, comme si la jambe amputée existait encore, sans faire réflexion qu'elles en étaient privées. Je connais une jeune personne dont on avait amputé la cuisse ; plusieurs fois elle s'est tenue et a fait quelques pas sur ses deux jambes, c'est-à-dire, sur la jambe non amputée et sur la jambe de fluide vital : c'était ordinairement en sortant de son lit ; sa mère, témoin, était obligée de s'écrier : *Ah! malheureuse, tu n'as pas ta jambe de bois!* Un médecin, de mes amis, m'a assuré avoir vu un officier, dont la cuisse avait été amputée, marcher jusqu'au milieu de sa chambre sans s'apercevoir qu'il n'avait pas sa jambe de bois, et ne s'arrêter que lorsqu'il en faisait la réflexion ; alors la jambe de fluide vital n'avait plus la force de supporter le poids de son corps.

On sera sans doute étonné de voir une jambe de fluide vital, cette substance invisible, impalpable, impondérable, supporter le poids du corps ; mais on devrait être bien plus étonné de voir

une jambe de chair, de matière brute, supporter
le même fardeau. On répondra sans doute que la
jambe de chair est vivifiée, et que c'est la vie qui
lui donne la force nécessaire pour supporter tout
le corps. Mais je répondrai, à mon tour, que c'est
le fluide vital qui donne la vie et la force à cette
jambe de chair, et que le fluide vital ne perd pas
sa force, pour être séparé de la jambe de chair,
surtout, lorsqu'il est dirigé par la volonté de l'ame
ou par quelque autre agent qui supplée, en
quelque sorte, à la volonté.

Je ne puis mieux faire sentir ma pensée qu'en
comparant l'action du fluide vital, dans le cas
d'une jambe amputée, à un jet d'eau.

Lorsqu'on veut se procurer de l'eau à volonté,
au premier étage d'une maison, on établit, 1.º un
réservoir à la hauteur du premier étage, d'où part
un tuyau de descente, et un tuyau d'ascension,
qui porte l'eau au même niveau que celle du réservoir dans l'appartement où l'on veut s'en procurer.
Si on fait l'amputation, ou plutôt, si l'on supprime
le tuyau d'ascension, l'eau du réservoir ne s'élève
guère moins haut qu'elle ne s'élevait par ce tuyau
d'ascension qu'on a supprimé; il ne donnait aucune force à l'eau qu'il contenait; il ne servait qu'à
la diriger d'une manière convenable, et à en disposer à volonté : de même, l'amputation du
membre qui contenait le fluide vital n'empêche

point celui-ci de céder à l'impulsion qu'il recevait du réservoir d'où il partait ; la jambe ne servait qu'à le diriger d'une manière convenable, et à en disposer suivant l'intention de la volonté. Dans la première supposition, la suppression du tuyau d'ascension produit un jet d'eau ; dans la seconde supposition, l'amputation du membre produit un jet de fluide vital. Dans l'une et l'autre supposition, les deux fluides éprouvent la même impulsion, et suivent la même direction qu'avant l'amputation.

XIV. *Mécanisme du fluide vital.*

En y faisant attention, on trouvera de singuliers rapports dans le mécanisme de la machine électrique avec le mécanisme du fluide vital, dans la machine animale. Dans la première nous observons la rotation du plateau entre les coussins ou frottoirs ; nous voyons un frottement plus ou moins fort du plateau contre les coussins ; l'électricité est puisée dans le réservoir commun par les branches ou chaînes métalliques qui la communiquent aux frottoirs, ceux-ci au plateau, et ce dernier au conducteur, par les pointes des deux branches du conducteur. Nous distinguons des corps ou substances idioélectriques ou anélectriques.

Dans la machine animale, la circulation du sang fait l'office de la rotation du globe ou du plateau de la machine électrique. Le frottement

du sang le long des parois internes des artères
et des veines produit le fluide vital, qui n'est
autre chose que le fluide universel modifié et en
quelque sorte changé en fluide vital par le frottement du sang dont nous venons de parler ,
comme le frottement du plateau fait éprouver
au fluide universel la modification qui le rend
fluide électrique. L'estomac, mais particulièrement la poitrine font, dans la machine animale,
l'office des branches ou chaînes métalliques de
la machine électrique : sans cesse le fluide universel, répandu dans l'air, introduit par l'aspiration dans les poumons, fournit la matière du
fluide vital.

Sans les tiges métalliques de la machine physique l'électricité languit, s'affaiblit, et on n'obtient
plus l'effet désiré. Sans l'aspiration, le fluide vital
languit, s'affaiblit, la vie s'éteint.

On distingue dans l'électricité des corps idioélectriques, ou non conducteurs du fluide électrique, et des corps anélectriques ou conducteurs
du fluide électrique. Les premiers se chargent
très-difficilement du fluide électrique, le retiennent assez long-tems, et s'en dessaisissent difficilement. Les corps anélectriques au contraire
se chargent promptement du fluide électrique,
s'en dessaisissent facilement et le communiquent
plus promptement encore; voilà pourquoi on les
nomme conducteurs.

Dans la machine animale, on distingue pareille-
ment des corps idiovitaux et anavitaux qui ont les
mêmes propriétés que les corps idioélectriques et
anélectriques : c'est-à-dire que les corps idiovitaux
se chargent difficilement du fluide vital, le retiennent long-tems et s'en dessaisissent difficilement.
Et au contraire, les corps anavitaux se chargent
promptement du fluide vital, s'en dessaisissent facilement et le communiquent encore plus promptement. Ainsi, dans la machine animale, comme
dans la machine électrique, les os, les cheveux,
les poils, les cornes, les graisses, etc., sont des
corps idiovitaux et idioélectriques; et au contraire,
les nerfs, les muscles, les liquides sont des corps
anavitaux et anélectriques. Dans la machine électrique le conducteur est enduit d'un vernis gras
non conducteur du fluide électrique, afin qu'il
se fasse moins de déperdition de ce fluide par
la surface du conducteur. De même dans la machine animale, toute la surface du corps est re-
couverte de l'épiderme qui est un corps idiovital,
et qui empêche la trop grande déperdition du
fluide vital.

Si le conducteur électrique vient à être bossué
ou présente des aspérités, le fluide électrique
s'en échappe par ces aspérités. De même si nous
éprouvons une blessure qui enlève l'épiderme,
le fluide vital s'échappe du corps avec d'autant
plus d'abondance que cette blessure présente plus

d'aspérités, et c'est ce qui occasionne la douleur. Lorsque les chairs sont coupées avec un instrument bien tranchant, on éprouve infiniment moins de douleurs que lorsqu'elles sont déchirées, parce que dans les chairs coupées, il se fait infiniment moins de déperdition de fluide vital que dans celles qui sont déchirées. On applique sur les plaies des corps gras parce qu'ils sont idiovitaux, et qu'ils empêchent la déperdition du fluide vital, et par conséquent la douleur d'être aussi vive.

Les substances idiovitales, qui sont insensibles ou moins sensibles parce qu'elles ne sont point conductrices du fluide vital, en contiennent cependant une quantité considérable qu'elles retiennent fort long-tems : ce sont des réservoirs de fluide vital que la nature s'est ménagés pour en fournir, dans le besoin, aux substances anavitales. Ces substances remplacent dans la machine animale l'électrophore de la machine électrique; on pourrait les appeler *vitaphores.*

Dans la plupart des conducteurs des machines électriques on a adapté aux grosses boules qui les terminent, une autre petite boule, afin d'en tirer des étincelles d'une plus grande distance, et cela, par la raison que la petite boule étant un corps moins obtus que la grosse boule, la matière électrique s'en échappe plus facilement.

Dans la machine animale le fluide vital s'échappe ou est lancé, du moins cela doit être, avec plus d'abondance par la tête, les mains et les pieds que par toute autre partie du corps, parce que celles-là ont plus de surface que celles-ci relativement à leur volume. Les somnambules, disent les magnétiseurs, voient le fluide magnétique, c'est-à-dire le fluide vital s'échapper avec plus d'abondance de la tête, des mains et des pieds que de toute autre partie du corps. Les poils, les cheveux, sont terminés en pointes très-aigues, et cependant elles ne donnent que très-peu d'issue au fluide vital, parce que ce sont des corps idiovitaux comme l'épiderme. L'expérience nous a appris que les hommes poilus sont ordinairement plus forts que ceux qui ne le sont pas. C'est parce que chez ces personnes le fluide vital, qui nous donne la vie, et par conséquent la force, est en quelque sorte retenu dans la machine animale par les poils qui sont idiovitaux.

C'est par cette raison que les animaux qui ont les meilleures fourrures, ou les plus épaisses, sont proportionnellement plus forts ou plus nerveux que ceux dont les fourrures sont moins garnies.

Si le docteur Richerand avait fait ces réflexions, peut-être n'aurait-il pas traité aussi légèrement qu'il l'a fait, *l'électricité animale* de

M. Petelin. Je ne répéterai point les termes fas-
tueux et peu décens par lesquels il prétend
avilir M. Petelin; je dirai seulement que s'il a
quelque jour occasion de jeter un coup-d'œil sur
cette partie de mon travail, il pourrait bien,
s'il est de bonne foi, relire pour son instruction,
l'électricité animale, qu'il n'a lue qu'avec trop de
prévention.

Si l'auteur du *Magnétisme éclairé* avait été
plus éclairé lui-même, et qu'il ait été plus pénétré des égards que se doivent les gens de
lettres, il ne se serait pas permis tant de sarcasmes indécens contre les partisans d'un fluide
qui sort et qui doit sortir naturellement et physiquement avec plus d'abondance du bout des
doigts que de toute autre partie du corps.

En lisant l'article 7 des *Recherches physiologiques sur la vie et sur la mort du docteur Bichat*, on reconnaîtra facilement la cause de ce
qu'il appelle la sensibilité organique, et celle de la
sensibilité animale. Ces deux causes ne diffèrent
que par la nature des organes qui éprouvent ces
différentes sensibilités. Les organes de la sensibilité organique sont composés de corps idiovitaux,
et les organes de la sensibilité animale sont des
corps anavitaux. On verra encore, dans l'ouvrage
du docteur Bichat, que les premiers peuvent
éprouver la sensibilité animale en devenant ana-

vitaux par des irritans ou par des fluxions assez long tems prolongées. Comme dans l'électricité, les corps idioélectriques peuvent devenir anélectriques, et ils le deviennent en effet par une longue suite d'expériences non interrompues, de même les organes de la sensibilité animale peuvent être réduits à la simple sensibilité organique, en devenant idiovitaux; ce qui arrive dans les paralysies et autres affections qui occasionnent l'insensibilité.

XV. *Trois organes essentiels à la vie de l'homme.*

Il y a dans la machine électrique trois parties essentielles à la production des phénomènes de l'électricité. La première, ce sont les chaînes ou branches métalliques qui soutirent du réservoir commun le fluide universel. La seconde est la rotation du plateau, qui en frottant entre les coussins, donne au fluide universel la modification qui le rend fluide électrique. La troisième enfin, est le conducteur ou s'accumule le même fluide qui produit tous les phénomènes de l'électricité.

De même tous les physiologistes ont distingué, dans l'homme, trois organes essentiels à la production de tous les phénomènes de la vie; 1.° le poumon, dans lequel est introduit par l'aspiration le fluide universel répandu dans l'air atmosphérique ; 2.° le cœur, par l'action duquel le même fluide, mêlé avec le sang, est conduit dans tous les organes, et reçoit, par le frottement du sang contre les parois des artères et des veines, la modification qui le rend fluide vital ; 3.° enfin, le cerveau, où viennent se rendre toutes les sensations qui lui sont transmises par le fluide vital, et d'où partent tous les mouvemens que les muscles exécutent suivant le degré de force qui leur est imprimé par le fluide vital, qui est la cause première de tous les phénomènes de la vie.

L'action des trois organes dont nous venons de parler entretient les phénomènes de la vie, et leur inaction les fait cesser, mais nous ne dirons pas, procure la mort : car la vie subsiste encore après la cessation des phénomènes de la vie, du moins dans plusieurs circonstances. Toute espèce de mort subite, dit le docteur Bichat, *commence* par l'interruption de la respiration, de la circulation et de la fonction du cerveau : l'une de ces trois fonctions cesse d'abord ; toutes les autres finisssent ensuite successivement.

On sait encore que plus le plateau de la machine électrique tourne avec célérité, plus le fluide s'accumule dans le conducteur, et que, dans une rotation lente du même plateau, l'électricité languit. On sait qu'elle languit également lorsque les frottoirs sont trop comprimés sur le plateau, quelque accélération même qu'on imprime à ce dernier.

De même, plus le sang circule avec vîtesse dans les artères et dans les veines, plus le fluide vital a de force. Dans les fièvres ardentes ou chaudes, le frottement du sang accéléré produit un excès de fluide vital, et par conséquent un excès de force qui occasionne le délire et le transport. La volonté absorbée par la surabondance du fluide vital n'est plus libre d'imprimer aux muscles des mouvemens réfléchis ; c'est un torrent débordé qui entraîne et détruit tout. De-là ces écarts de raison dans la volonté, et cette force excessive dans les organes des mouvemens ; comme une forte batterie électrique produit presque les effets de la foudre même.

De même encore la trop grande quantité du sang dans les artères, ou sa trop grande dilatation, occasionne une trop forte compression dans les artères. Les personnes qui éprouvent cet état, sont continuellement assoupies, engourdies ; elles n'ont pas le courage de prendre aucun exercice, et ordinairement elles n'en ont pas la force. Ce phénomène me paraît assez naturel : cette difficulté de la circulation du sang, empêche nécessairement la reproduction du fluide vital dans une proportion convenable, il doit par consé-

quent se raréfier dans la machine animale en
raison directe de la trop grande abondance ou
de la trop grande raréfaction du sang. Cette raréfaction du fluide vital doit rendre la machine
animale moins propre à exécuter les phénomènes
de la vie. De-là les engourdissemens, les faiblesses, les lassitudes, cette propension au
sommeil. Dira-t-on que le sang, qui est le principe de la vie, ne peut nous affaiblir par sa
trop grande abondance ? A la vérité, c'est le
préjugé d'un grand nombre de personnes, et
même de quelques gens de l'art peu éclairés.
Dans certaines maladies où la saignée paraîtrait
indiquée, ils se gardent bien de la pratiquer,
si le malade se plaint de faiblesses inaccoutu-
mées, dans la crainte de l'affaiblir encore davantage ; ils lui rendraient au contraire ses forces
en diminuant le volume de sang qui circulerait
plus facilement, parce qu'encore une fois ce
n'est pas le sang qui produit le fluide vital,
c'est sa libre circulation.

Enfin, la machine électrique produit d'autant
mieux son effet qu'on fait tourner le plateau dans
le même sens. Si, après avoir fait faire au plateau un tour dans un sens, on lui faisait faire un
autre tour dans un sens contraire, on détruirait,
du moins en partie, l'effet du premier tour. Si on
ne faisait que des frictions sur le plateau de la

Teratoscopie. 7.

machine électrique, on n'exciterait point d'électricité physique.

De même, si en magnétisant on ne faisait que des frictions, on ne produirait point de fluide magnétique. Il faut toujours passer la main dans le même sens, « en ayant la précaution, dit « M. Deleuse, de détourner vos mains chaque fois « que vous reviendrez vers la même partie. Cette « précaution de ne jamais magnétiser de bas en « haut et d'écarter les mains avant de les ra- « mener vers la même partie, m'a paru toujours « essentielle dans les procédés. » Il doit y avoir en effet, une différence dans l'effet des frictions et dans celui des frottemens : on se propose d'ailleurs un autre but, dans les frictions proprement dites, que dans le frottement électrique ou dans les *passes* magnétiques.

De ces réflexions, ne pourrait-on pas conclure que l'on magnétiserait avec plus de succès si on isolait la personne qu'on magnétise? C'est le procédé qu'on emploie pour électriser; et ces deux opérations ont tant de rapports entre elles, qu'il est à présumer que les mêmes procédés devraient avoir lieu dans les deux circonstances.

Ce n'est donc pas, nous dira-t-on, le fluide *magnétique animal* qui sort du bout des doigts des magnétiseurs, puisque ce fluide n'existe pas. — Je le veux bien. En ce cas, ce sera, ou le

fluide magnétique minéral , ou le fluide électrique, ou le fluide galvanique , ou le fluide nerveux, ou les esprits animaux, ou le fluide vital,
ou enfin *des effluves, des émanations dont nous*
ne doutons pas dans l'état ordinaire. Mais de
bonne foi ce n'est qu'une logomachie toute pure.
S'agit-il d'autre chose que d'un *fluide* quelconque?
On en convient de part et d'autre. Quel nom lui
donnera-t-on ? Voilà la grande question , la grande
dispute , puisque M. de Virey lui-même , dans sa
satyre, contre le magnétisme, *convient que le*
magnétisme, dans la plupart des NEVROSES, *a*
offert des cures ÉCLATANTES; *car il agit uni-*
quement sur le système nerveux.

Il est malheureux que les magnétiseurs aient
donné le nom de *fluide magnétique animal* à ces
effluves, à ces émanations dont l'existence *n'est*
pas douteuse aux yeux de leurs adversaires, tout
le monde aurait été d'accord. — Point du tout,
on aurait peut-être voulu que ces *effluves* eussent
été le *fluide magnétique animal.*

« Chacun sait bien , dit J. J. Rousseau, que
son système n'est pas mieux fondé que celui
des autres; mais il le soutient parce qu'il est à
lui. Il n'y en a pas un seul qui , venant à connaître le vrai ou le faux, ne préférât le mensonge qu'il a trouvé à la vérité découverte par
un autre. »

Il est vrai qu'il y a des effets bien plus ÉCLA-
TANS encore que les cures dont vient de parler
le docteur Virey, et que les magnétiseurs attribuent faussement au prétendu fluide magnétique
animal. Ce sont les effets de la mensambulance
artificielle qui n'ont aucun rapport, du moins qui
n'en ont qu'un fort indirect avec les effets du
fluide vital, ou, si l'on veut, avec le fluide magnétique animal. Aucun fluide, tant subtil qu'on
peut le supposer, n'est capable de produire ces
effets ÉCLATANS. Nous verrons dans la Teratoscopie de la mensambulance, quels moyens la
nature emploie pour les opérer.

XVI. *LE FLUIDE VITAL donne la vie à l'uni-*
vers entier et à tout ce qu'il contient.

D'après l'antique doctrine de *Timée*, de *Locres*,
d'*Ocellus Lucanus*, dit le docteur Virey (Art.
mag.), et même de *Pythagore* et de *Platon*,
tout l'univers était rempli d'un esprit et d'une
ame. Ainsi tout était lié dans l'univers, suivant
cette philosophie. De-là vient que Sébastien
Wirdig prétendait que toutes les vicissitudes
sublunaires s'opèrent par le magnétisme; que la
vie se conservait par le magnétisme, comme la
mort de toutes choses était un résultat du magnétisme. Certes, continue le docteur Virey, on
peut donner ce nom pour tout ce dont on ignore

les causes ; ainsi , on appelait aussi influence magnétique la commotion de la torpille, maintenant reconnue pour être une décharge de batterie électrique.

Le docteur Virey, comme on voit, n'admet point cette philosophie de Pythagore et de Platon, cet esprit, cette ame qui remplit tout l'univers et qui en lie toutes les parties, parce qu'il craint d'être obligé d'y reconnaître ce fluide universel de Mesmer, ce fluide magnétique contre lequel il se déclare. Mais voyons ce qu'il en pense dans son *Art de perfectionner l'homme*, lorsqu'il n'avait encore pris parti ni pour ni contre le magnétisme.

« S'il existe dans les intervalles des astres un fluide excessivement rare et subtil qu'on a nommé *œther* (que Pythagore et Platon ont nommé *esprit* ou *ame*, que Mesmer a nommé *fluide magnétique*), il doit posséder les qualités les plus vives et les plus impétueuses. Il sera même capable de produire les effets les plus merveilleux, tels que les attractions, les répulsions, les combinaisons spontanées, les cristallisations des minéraux, et peut-être l'accroissement dans les plantes et LA VIE DANS LES ANIMAUX, comme l'ont pensé Newton et Euler . . . . Cet élément actif se rencontre non seulement dans les matières indispensables à la vie, mais il paraît être

répandu partout l'univers et imprimer le mouvement, la génération, l'être aux corps organisés ». (Art de perfectionner l'homme, pag. 16
et 17, tom. 1.) (1).

Il est bien évident que Pythagore, Platon et
les anciens philophes, en parlant d'un esprit et
d'une ame qui remplit l'univers et qui en fait
partie, n'ont entendu autre chose qu'un fluide
excessivement rare et subtil capable de produire l'accroissement dans les plantes, la vie dans
les animaux, et l'être à tous les corps organisés.
M. Virey ne nous dit-il pas aussi que nous avons
deux ames, l'ame sensitive et l'ame raisonnable ?

Wirdig n'est pas le seul qui prétendait que
toutes les vicissitudes sublunaires s'opèrent par
le magnétisme ou fluide universel. Le célèbre
Linguet, dans ses *Annales politiques et littéraires*, démontre assez clairement que les révolutions physiques du globe terrestre sont des
annonces assez certaines des révolutions politiques et morales des gouvernemens. Il en cite des

---

(1) Dans son ouvrage contre le magnétisme, le
docteur V. approuve le sentiment de Newton, qui, en
admettant l'attraction ou la gravitation, s'est défendu
de l'attribuer à un fluide. Ainsi Newton a raison ou
tort sur un même article, selon le besoin du docteur V.

exemples frappans, en particulier à l'occasion de
la révolution de l'Amérique septentrionale. Je
crois me rappeler qu'il parle de météores extraordinaires qu'il présume devoir être suivis d'une
révolution en France. Il ne dit pas comment
ni de quelles manières ces révolutions physiques
sublunaires font naître ou influent sur les révolutions politiques des gouvernemens, seulement
il cite plusieurs faits à l'appui de son opinion.

Sans être aussi profond penseur que Linguet,
et sans adopter comme lui des systèmes fort ingénieux, mais quelquefois aussi fort invraisem-
blables, on peut bien croire avec Wirdig que si
toutes les vicissitudes sublunaires ne s'opèrent pas
par le magnétisme, du moins il influe notablement sur ces vicissitudes. Il est incontestable
que le physique influe sur le moral de l'homme ;
pourquoi les révolutions physiques du globe, qui
s'opèrent nécessairement par le fluide universel
dont le magnétisme n'est tout au plus, comme
le fluide électrique, qu'une légère modification ;
pourquoi, dis-je, ces révolutions physiques n'in-
flueraient-elles pas sur les révolutions politiques
des gouvernemens, qui tiennent tant elles-mêmes
au moral de l'homme ? Nier que le climat, les
saisons, la température, la nature du sol, de la
nourriture, de l'air, n'influent pas sur le physique
et le moral de l'homme, ce serait nier l'évidence.

Les grandes révolutions du globe terrestre et celles qui s'opèrent également dans tout le système planétaire du soleil, se font nécessairement ressentir dans le fluide universel, et par conséquent dans l'atmosphère terrestre qui contient certainement une portion considérable de fluide universel Les vicissitudes sublunaires sont donc nécessairement influencées par le fluide universel, c'est-à dire par le fluide vital, ou, comme le dit Wirdig, par le magnétisme. D'ailleurs, ce que nous avons dit de la nature du fluide vital, et par conséquent du fluide universel qui tient le milieu entre les substances spirituelles et les substances matérielles doit nous convaincre qu'il est l'ame de tout l'univers, que sa conservation ou son anéantissement sont nécessairement liés à la conservation ou à l'anéantissement de l'univers.

Wirdig a donc encore eu raison de dire que la vie se conservait par le magnétisme, comme la mort de toutes choses était un résultat du magnétisme. Nous ne différons d'avec Wirdig que dans les termes de fluide *magnétique* et de fluide *vital*, qui ne signifient qu'une même chose. Non, ce n'est point *l'ensemble des forces* qui constitue la vie, comme le prétend le docteur Richerand. Où il y a division, il n'y a plus d'ensemble. Coupez une branche d'arbre : cette branche, séparée du tronc, jouit encore de la vie long-tems après être séparée du tronc. Divisez un ver de terre, certains poissons en deux ou trois parties, la vie subsiste encore dans chacune des parties divisées, et cependant il n'y a plus d'ensemble. La tête et le tronc d'un homme décapité sont encore réellement vivans quelque temps après leur séparation.

Des tronçons de vers, de lézards, dit le docteur Virey, s'agitent, se tordent de douleur, surtout lorsqu'on les pique; et ces mouvemens, cette sensibilité aux stimulans subsistent jusqu'au parfait refroidissement de ces parties. Elles sentent donc cette piqûre; elles ont donc retenu une portion du principe sensitif et moteur que l'on peut ainsi couper par morceaux avec le corps (Art de perfectionner l'homme, tom. 1, pag. 318.). Certes, on ne peut pas dire que ce soit l'ensemble des forces qui conserve la vie à ces parties ainsi séparées : *c'est*, répond le docteur Richerand, *un reste des esprits animaux qui leur fait donner encore quelques signes incertains d'une vie animale.*

Je demanderai au docteur, qu'est-ce que c'est que ces *esprits animaux* : est-ce aussi une *abstraction*, ou un être existant par lui-même? Pourquoi ces *signes de vie* qui sont si évidens, lui paraissent-ils si *incertains*? Pourquoi le docteur reconnaît-il des *esprits animaux* qu'il rejete ailleurs comme des êtres imaginaires? Au

reste, ne disputons pas sur les mots : oui, c'est
un reste des esprits animaux, c'est-à-dire du
fluide vital qui fait donner, à ces parties séparées, des signes très-certains de la vie animale,
qui va s'éteindre dès que chaque partie sera totalement privée de fluide vital qui ne peut plus
se renouveler dans la machine animale, qui n'est
plus complète. Ainsi, lorsque les parties constituantes d'une machine électrique sont divisées,
il n'y a plus d'électricité.

Il suffit, dit encore le docteur R., *de l'électricité pour redonner la vie à un animal qui
vient de la perdre.*

Si cette proposition était vraie, elle suffirait
pour détruire tout ce que le docteur R. a avancé
sur le *principe vital*, et pour prouver contre
lui que c'est un *être existant par lui-même*, que
ce n'est pas une simple *formule abrégée*, puisque le fluide électrique est un être existant par
lui-même, qui dans l'opinion erronée du docteur pourrait redonner la vie à un animal qui
vient de la perdre.

Non, rien au monde, si ce n'est un miracle,
n'est capable de redonner la vie à un animal
qui vient de la perdre réellement, pas même le
fluide vital, encore moins l'électricité. Les ani-

maux auxquels on semble redonner la vie par
l'électricité, ou par d'autres moyens, ne l'ont
réellement point perdue; ils sont, à la vérité,
hors d'état d'en faire usage, mais ils ne sont
point morts. Un homme attaqué de paraplégie,
un noyé, un asphyxié, privés par conséquent du
sentiment, du mouvement, de la respiration,
du pouls, semblent être morts, mais ils ne le
sont réellement pas, ils ne sont que privés de
l'exercice de la vie. C'est alors qu'il suffit de
l'électricité, ou de quelques autres moyens connus, non pas pour leur *redonner la vie* qu'ils
n'ont point perdue, mais pour leur en redonner
l'exercice.

Un homme dont toutes les parties du corps
seraient devenues *idiovitales*, semblerait être
dans un état de mort, mais il n'y serait réellement pas, parce que son corps posséderait encore le principe vital; il suffirait de rendre *ana-*
vitales les parties du corps qui doivent l'être
pour lui redonner l'exercice de la vie.

Je pense que dans l'état de la catalepsie complète toutes les parties du corps sont devenues
idiovitales; et dans cette supposition l'électricité long-tems soutenue pourrait être un moyen
curatif. Les expériences que je vais rapporter
pourraient en être une preuve; je les extrais du

Journal de Chimie et de Physique, août 1820.

« L'individu (Anglais) sur lequel on a fait les expériences était un homme de moyenne taille, de forme athlétique et musculaire. Il fut attaché au gibet pendant une heure, et il ne fit aucun mouvement convulsif après avoir été pendu.... ». Je ne copie que la troisième et la quatrième expérience.

Troisième expérience. On mit à nu le nerf supra-orbital, à l'endroit où il sort du foramen supra-ciliaire, au sourcil; on appliqua une des tiges conductrices de la pile galvanique au nerf et l'autre au talon; on vit les grimaces les plus extraordinaires, chaque fois qu'on excita les commotions électriques, en promenant le fil que j'avais à la main le long des bords de la dernière cuve galvanique, de la 220.me à la 227.me plaque; de cette manière cinquante chocs, tous plus grands les uns que les autres, se succédèrent en deux secondes. Tous les muscles furent mis simultanément en action d'une manière effroyable; la rage, l'horreur, le désespoir, l'angoisse et d'affreux sourires mirent leur hideuse expression sur la face de l'assassin , surpassant de bien loin les représentations les plus épouvantables d'un fusely ou d'un kéan. A ce spectacle, plusieurs des spectateurs furent forcés de quitter l'appartement, à cause de leur effroi et de leur malaise, et un gentleman s'évanouit.

Quatrième expérience. La dernière expérience galvanique se fit en transmettant le fluide électrique de la moëlle épinière au nerf ulnaire, qui passe par le condyle interne au coude. On vit les doigts se mouvoir avec agilité comme ceux d'un joueur de violon : un des assistans, qui essaya de tenir le poing fermé trouva que la main s'ouvrait de force, en dépit de ses efforts. On appliqua une tige à une légère incision faite au bout du premier doigt ; on avait auparavant fermé le poing ; ce doigt s'étendit à l'instant, et, d'après l'agitation convulsive du bras, semblait montrer au doigt les différens spectateurs, dont quelques-uns crurent qu'il était revenu en vie.

Non, ce criminel n'était point mort ; il n'a pu parconséquent revenir en vie ; et, en effet, l'auteur du mémoire dit qu'*on aurait pu restaurer la vie de ce criminel ; qu'elle n'était que suspendue.*

C'est encore une erreur, ou plutôt une distraction du docteur Virey, lorsqu'il dit, tom. 2, pag. 522, que *le corps ne vit que par l'ame.* Le corps ne *vit* que par le fluide vital ; il n'est *animé* que par l'ame. Encore une fois, les plantes sont vivantes, mais ne sont ni sensibles, ni animées ; les animaux sont vivans et sensibles, mais ne sont point animés ; l'homme seul est vivant, sensible et animé. Voyez le chapitre I.ᵉʳ de l'*Art de perfectionner l'homme*, où cette vérité est développée de manière à ne laisser rien à désirer.

XVII. *Le fluide vital est l'intermédiaire entre le corps et l'ame.*

« Pour agir sur la masse de notre corps, dit le docteur Virey, l'ame intellectuelle se sert d'un principe vital, d'un fluide nerveux secrété du sang artériel chaud par le cerveau, et qui est capable d'imprimer le sentiment et le mouvement à nos organes. Van Hermont regardait ce principe comme l'enveloppe de l'esprit immortel qui est en nous, *siliqua mentis immortalis.* » Voilà une autorité dont je me plais à m'appuyer, et que je regarde comme d'un grand poids.

M. Deleuse, dans sa défense du magnétisme animal, dit : L'univers est composé de deux substances ; la matière que le mouvement modifie sans cesse, et dont les qualités tombent sous nos sens ; l'esprit, ou le principe de la vie, qui organise la matière.

Je ne sais point si c'est le principe de la vie qui organise la matière ; mais il me paraît certain que le fluide vital existe dans toute la matière organisée, dans les plantes comme dans les animaux, et que c'est lui qui leur donne la vie. Mais il faut aussi supposer une modification différente dans le

fluide vital, qui modifie différemment ces deux
règnes de la nature. M. Deleuse, en s'exprimant
ainsi : *L'esprit ou le principe de vie*, suppose
que *l'esprit* et le *principe de vie* sont une même
chose; mais s'il en était ainsi, les plantes auraient
aussi un *esprit*, une *ame*, puisqu'elles possèdent
le principe de vie.

M. Deleuse avance ensuite ces trois propositions :

PREMIÈRE PROPOSITION. *La matière agit sur
la matière par la propriété nommée attraction.*
Il faut distinguer la matière brute qui tombe sous
nos sens, et le fluide vital qui est aussi matière,
du moins qui en a certaines propriétés. La matière
brute étant inerte de sa nature, ne peut agir en
aucune manière par elle même. Dans ce sens la
proposition est fausse; mais le fluide vital étant
éminemment doué de l'attraction, peut agir sur la
matière, et la proposition est vraie.

SECONDE PROPOSITION. *La substance spirituelle agit sur la substance spirituelle, et le
mobile de cette action est la volonté.* Cette proposition ne me paraît pas assez démontrée pour
l'admettre en principe, du moins quant aux substances spirituelles créées.

TROISIÈME PROPOSITION. *L'esprit et la matière agissent réciproquement l'un sur l'autre.*
Certes, cette proposition est de toute fausseté.

1.° Avant de convenir que l'esprit agit sur la matière, il faudrait bien s'entendre sur la définition du mot *action*.

2.° Comme la matière ne peut agir que par la propriété nommée *attraction*, comment le fluide vital, éminemment doué de cette propriété, pourrait-il agir sur l'esprit par *attraction*? Ainsi, l'esprit et la matière n'agissent donc point réciproquement l'un sur l'autre. Cependant, dira-t-on, si nos idées nous viennent des sens, nous ne pouvons les acquérir que par la matière qui frappe nos sens. Nous convenons, ajoutera-t-on, que ce n'est point la matière grossière qui agit immédiatement sur notre ame; mais elle y agit nécessairement par l'intermédiaire du fluide vital. Je me contenterai pour le moment, et pour ne point anticiper sur ce que j'ai à dire dans la *Teratoscopie de la mensambulance*, de répondre par ce fameux vers de Lucrèce, qui contient une vérité incontestable :

Tangere enim et tangi nisi corpus nulla potest res,

et je conclurai, avec M. Virey, qu'il y a en nous deux principes distincts : l'ame, qui pense, et l'élément vital qui nous donne la vie, qui sent et qui suffit à des actions purement animales. (Art de perfectionner l'homme, tome 1.ᵉʳ, page 319.)

XVIII. *Le fluide vital agit à distance.*

Pour nous convaincre que le fluide vital agit
à distance, il suffit de le considérer comme ayant
les propriétés d'attraction et de répulsion dont
il a été doué par la nature. Le fluide magnétique minéral ainsi que le fluide électrique sont
également doués des propriétés attractives et ré-
pulsives, et par cette raison agissent à distance.
On tire de certains conducteurs des étincelles
à une très-grande distance. L'atmosphère de ces
conducteurs est encore plus étendue ; et si l'électricité ne manifeste pas sa présence par des étincelles, on démontre sa grande étendue par des
pointes métalliques fort éloignées du conducteur,
lesquelles en soutirent l'électricité. Le fluide
vital doit donc agir à distance puisque les savans
de l'Europe regardent comme identiques ces différens fluides.

Le fluide électrique agit d'autant plus librement et avec d'autant plus de force que les corps
sur lesquels il exerce son action sont plus anélectriques.

Le fluide vital agit plus librement sur les corps
qui sont anavitaux, tels que les plantes et les
animaux qui sont doués de la vie qu'ils tiennent
du fluide vital, que sur les corps idiovitaux.

L'électricité agit d'autant plus fortement que

Teratoscopie. 8.

les corps anélectriques qui lui sont soumis, sont plus privés de fluide électrique.

Le fluide vital agit d'autant plus facilement que le fluide vital des personnes sur lesquelles on le dirige, a moins de force que celui de la personne qui le dirige. C'est la raison pour laquelle le magnétisme fait plus d'impression sur les personnes malades que sur celles qui jouissent d'une bonne santé. Supposons deux machines électriques isolées l'une de l'autre, et dont les conducteurs seront également chargés d'électricité; si on les met en communication, il n'en résultera aucun effet, mais pour peu que l'un des conducteurs soit plus fortement électrisé que l'autre, il y aura étincelle dès qu'on établira la communication, et c'est aux dépens de celui qui est le plus fortement électrisé que l'équilibre s'établit entre eux.

On en pourra conclure que c'est aux dépens de sa santé que le magnétiseur la procure à celui qu'il magnétise, surtout s'il est vrai, comme le dit le docteur Virey, que nous n'avons qu'une quantité de fluide vital à dépenser....; qu'il s'use et qu'il s'échappe d'une fuite éternelle avec les années. Mais le même docteur rassure aussitôt les partisans du magnétisme, car il ajoute; « l'animal est une fontaine de vie; il en perd chaque jour, et il en recueille de nouvelle dans les corps

environnans, l'air, l'aliment, la chaleur, etc.
Nous ne sentons le principe vital qu'en le perdant, et nous ne vivons jamais plus fortement
qu'en l'épanchant avec plus de profusion au-de-
hors ». (Art de perfectionner l'homme, tom. 1,
pag. 319.).

XIX. *Deux causes font agir le fluide vital.*

Il faut bien distinguer dans le fluide vital deux
causes qui le font agir. La première lui est intrinsèque, et procède de la propriété attractive
dont il a été doué par la nature : dans ce cas,
il est en quelque sorte actif par lui-même. Le
mouvement des astres, des différens météores,
toutes les fermentations sont les effets de la force
intrinsèque du fluide universel. Il en est de même
de la végétation dans les plantes, et de la vie dans
les animaux, sauf la modification qu'il subit dans
les substances organisées. Quand ce fluide agit
par lui-même, en vertu de sa force intrinsèque,
il n'agit que mécaniquement; ainsi la fermenta-
tion dans les substances inorganiques; la circulation, la nutrition, etc. dans les substances
organisées, sont des mouvemens purement mécaniques. Ce n'est pas sous ce rapport que nous
considérons, pour le moment, le fluide vital.

La seconde cause de son action lui est extrin-
sèque et étrangère; c'est la présence de l'ame et

la volonté. Si d'un côté les substances purement matérielles, organisées ou non, sont soumises à la puissance du fluide universel et du fluide vital; de l'autre le fluide vital est soumis à l'empire de la volonté qui agit sur lui (v. XXX).

Tout ce que le docteur Virey dit des communications vitales, tom. 2, pag. 13, n'est applicable qu'à la première cause de la force du fluide vital, à cette cause intrinsèque et purement machinale. Si j'en cite quelques traits, ce n'est que pour les opposer à ce qu'il a dit dans son examen impartial du magnétisme.

. « Le cours de nos esprits vitaux (du fluide vital) se modifiant par la crainte, la colère, la tristesse, la joie, etc., nous dissipons peut-être diverses émanations capables d'exciter ces émotions dans les personnes voisines.... Un pauvre agneau n'entre qu'en bêlant dans la boucherie; s'il tremble devant le loup sans en connaître la férocité, c'est qu'il est frappé par quelque émanation forte et commune aux carnivores, tandis qu'il ne trouve aucune puanteur dans les herbivores comme lui..... On a vu la vapeur d'un gros crapaud, faire tomber en syncope des animaux et même des hommes. L'odeur nauséabonde de quelques serpens, jointe à la terreur qu'ils inspirent peuvent stupéfier un animal, le rendre immobile, et affadir le cœur d'un homme. La perdrix reste en arrêt devant le chien, que l'odeur seule du loup étonne à son tour.... Les antipathies des animaux dépendent sans doute de plusieurs émanations subtiles..... Il y a peut-être des exhalaisons subtiles qui nous rapprochent ou nous éloignent de certaines personnes, etc. ». Voilà donc la façon de penser du docteur Virey dans son Art de perfectionner l'homme. Il se garde bien d'attribuer tous ces effets à l'imagination frappée des personnes; il les attribue au contraire à des *émanations des esprits vitaux capables d'exciter ces émotions dans les personnes voisines.*

Dans son examen du magnétisme, il dit au contraire (tom. 29, pag. 485 du Dict. des Sciences méd.) : « A l'égard des fascinations des serpens, c'est la terreur inspirée par ces reptiles aux animaux et même à l'homme, qui est la seule cause de cette prétendue fascination. L'on voit donc, ajoute-t-il, que les affections peuvent également opérer des effets merveilleux sur tous les êtres sensibles, sans qu'il devienne nécessaire de supposer un agent dont l'existence n'est pas démontrée ».

L'existence de cet agent a cependant été bien démontrée par le docteur Virey dans ces *esprits vitaux*, dans ces *émanations animales* capables d'opérer ces *effets merveilleux.* On sait bien que l'imagination peut de même produire des effets également merveilleux ; mais comment l'imagination pourrait-elle être la cause du fait que je vais rapporter ? Ce fait n'est pas suspect : il est rapporté par l'auteur du *Magnétisme éclairé*, grand adversaire de M. Deleuse et de toute théorie du magnétisme.

« Un auteur de bons ouvrages dit avec beaucoup de justesse qu'un certain état nerveux, et même une disposition particulière de l'âme, peuvent nous rendre sensibles à des *émanations* dont nous ne nous doutons pas dans l'état ordinaire. La comtesse de Bossu éprouvait une émotion très-vive lorsque le duc de Guise, son amant et son époux, entrait dans un lieu où elle se trouvait ; et elle était assurée de sa présence, quoiqu'elle ne l'eût pas aperçu, et qu'elle le crût même absent. »

On conçoit bien que ces émanations des esprits animaux, du fluide vital, ne peuvent point agir à des distances indéterminées ; que cette distance ne peut être que très-rapprochée. Ainsi, dans la machine électrique, l'atmosphère du fluide électrique, qui s'échappe sans cesse du conducteur, se répand à une certaine distance dans l'atmosphère terrestre, devient partie du fluide universel, et perd la modification du fluide électrique, et par conséquent la faculté de se rendre sensible.

De même les émanations du fluide vital qui s'échappent sans cesse de la machine humaine, forment une atmosphère qui ne peut s'étendre qu'à une distance déterminée, au-delà de laquelle cette atmosphère de fluide vital se confond avec l'atmosphère terrestre, et perd la modification qui le rendait fluide vital dans la substance organisée dont il est sorti.

Le fluide vital agit donc mécaniquement à distance, et cette propriété nous paraît suffisamment démontrée, plus encore par les adversaires du magnétisme que par nous-mêmes ; et cette propriété est intrinsèque au fluide vital. Nous allons maintenant considérer son action lorsqu'elle est dirigée par la volonté.

Toutes les actions extérieures et libres de l'homme sont dirigées par la volonté. « L'action du fluide nerveux (du fluide vital) se passe, dit le docteur Richerand, de l'extrémité des nerfs vers le cerveau, pour la production des phénomènes du sentiment ; tandis que cette action se passe du cerveau vers les extrémités des nerfs, et du centre à la circonférence, pour produire les mouvemens de toute espèce. » Par le *cerveau*, le docteur entend sans doute la volonté ; et par les *mouvemens de toute espèce*, il ne veut parler non plus que des mouvemens volontaires.

M. le comte de Redern (*Des Modes accidentels*

de nos perceptions) dit que l'existence du fluide
nerveux est généralement admise, que la volonté le dirige en nous avec un degré de force
proportionné à l'effet qui doit s'opérer sur les
objets extérieurs.

M. Virey (*Art de perf. l'homme.*) «L'ame peut
agir seule sans le concours du corps : elle dirige
les esprits vitaux (le fluide vital) où il convient
qu'ils se rendent, sans que nous connaissions
quels muscles, quels tendons il faut contracter,
il nous suffit de vouloir. » (Tom. 2, pag. 324.)

Ce n'est pas directement que la volonté agit
sur le corps, mais indirectement, par l'intermédiaire du fluide vital. L'action de ce fluide, dirigé
par la volonté, est bien différente de celle qu'il
tient de sa propriété attractive. Nous avons déja
fait remarquer que cette dernière ne s'étend pas
au-delà de l'asmosphère que le fluide vital forme
autour du corps, laquelle atmosphère n'est qu'une
expansion de ce même fluide, qui est bientôt
confondu avec le fluide universel.

Au contraire, quand la volonté le dirige, il
est quelquefois lancé avec une telle vîtesse (selon
la force de la volonté), qu'il conserve sa propriété de fluide vital à une distance très-consi-
dérable, sans se confondre avec le fluide universel.
Un fleuve qui se décharge avec une grande rapidité dans la mer, conserve assez loin de son

embouchure sa qualité d'eau douce au milieu des eaux salées de l'océan, tandis que des eaux qui ne font que s'épancher lentement dans la mer, se confondent à l'instant aux eaux salées.

XX. *Par quels organes agit principalement le fluide vital.*

C'est principalement par les yeux que le fluide vital est lancé avec cette force et cette vitesse extraordinaires qui l'empêchent de ne se confondre, qu'à une très-grande distance, avec le fluide universel. « L'œil, dit M. de Buffon, a des propriétés éminentes au-dessus des autres sens : l'œil rend au dehors les impressions intérieures ; il exprime le désir que l'objet agréable a fait naître ; c'est comme le sens intérieur, un sens *actif* : tous les autres sens, au contraire, sont presque purement passifs. » Quelle différence entre celui qui regarde les yeux d'un orateur ou d'un acteur, ou celui qui se contente d'entendre leurs discours ! Pourquoi cette différence ? C'est que les yeux de l'orateur ou de l'acteur lancent le fluide vital qui agit réellement et physiquement sur les yeux du spectateur. Et qu'on ne dise pas que c'est la passion peinte dans les yeux de l'orateur qui produit l'impression que le spectateur éprouve ; car le plus souvent, on est si éloigné de l'orateur et de l'acteur, qu'on ne peut distinguer leurs yeux, bien loin d'y pouvoir lire. Dès la plus haute antiquité, on redoutait l'action d'un regard. Pline dit qu'il y avait, de son tems, dans la Scythie des femmes dont le seul regard était capable de tuer les hommes lorsqu'elles étaient en colère. Virgile fait dire à un berger : Je ne sais quel œil fascine mes tendres agneaux.

Nescio quis teneros oculus mihi fascinat agnos.

Ce n'était pas, sans doute, l'imagination de ces tendres agneaux qui était frappée de l'œil de cet enchanteur. Le docteur Virey avance, comme une vérité incontestable, que le fluide vital est capable de passer d'un corps dans un autre, selon celui qui le dirige.

Concluons donc que le fluide vital agit à une bien plus grande distance lorsqu'il est lancé par la volonté, que lorsqu'il est abandonné à sa force intrinsèque.

XXI. *Puissance de la volonté sur le fluide vital.*

Il nous reste une autre question à examiner relativement à la puissance de la volonté sur le fluide vital. Il faut convenir d'abord que lorsque le fluide vital agit par l'influence de la volonté, c'est moins lui qui agit, que la volonté dont il n'est que l'instrument passif. Au contraire,

le fluide vital agit par lui-même dans les sensations, et l'ame qui en ressent l'action est en quelque sorte passive à son tour. L'expérience nous
prouve en effet que l'ame n'a la perception des
sensations, que lorsque celles-ci sont parvenues
au cerveau par l'intermédiaire du fluide vital,
puisque la ligature des nerfs éteint la sensibilité
des parties placées au-dessus de cette ligature.
Dans cette circonstance, l'action a donc lieu évidemment de la circonférence au centre, c'est-à-
dire, des sens externes au sens interne, qui est le
cerveau. Mais dans les mouvemens, l'action de la
volonté se fait-elle toujours nécessairement sentir
au sens interne, au cerveau, pour être transmise
à la circonférence ? Il paraît certain que, dans
l'état ordinaire, les choses se passent ainsi, puisque dans la rupture d'un nerf le mouvement n'a
plus lieu dans la partie placée au dessous de la
rupture ou de l'amputation du nerf.

Cependant, il est des circonstances, des états
particuliers de l'ame et du corps où la volonté agit
avec une telle force, qu'elle franchit les bornes
qui lui sont ordinairement prescrites. Tous les
physiologistes conviennent que l'homme possède un sens intérieur auquel se rendent toutes
les sensations qu'éprouvent les sens extérieurs.
Ils conviennent également que, dans certaines
circonstances, qui sont rares, ce sens intérieur peut

éprouver directement des sensations sans l'intermédiaire des sens externes; que même ces sensations sont si délicates, si faibles, qu'elles ne
pourraient faire aucune impression sur les sens
extérieurs, trop grossiers pour les ressentir.
Pourquoi l'ame, qui est réellement le sens intérieur, ne pourrait-elle pas agir sur le fluide vital
de la circonférence, sans l'intermédiaire de celui
du centre? Je dis plus, la nature a soumis le fluide
vital à l'empire de la volonté dans les actions
libres de l'homme, quelque part où il se trouve,
au centre, à la circonférence, hors de la circonférence, même dans un corps étranger, partout
enfin où il se trouve, s'il a toutes les propriétés,
l'ame, par conséquent la volonté, peut agir sur lui.

N'a-t-on pas prouvé par des expériences réitérées que le fluide électrique, que nous avons vu
être identique, jusqu'à un certain point, avec le
fluide vital; n'a-t-on pas, dis-je, prouvé que l'électricité agit sur les plantes qui lui sont étrangères?
Pourquoi? parce que les plantes, qui sont des corps
organisés, sont saturées de fluide vital. Ainsi, dans
les expériences magnétiques de M. Dupotet sur
la demoiselle Samson, nous avons vu le sieur
Dupotet agir sur la malade au travers d'une cloison à une distance de trois lits de la malade:
était-ce le fluide magnétique, ou plutôt le fluide
vital de M. Dupotet, qui agissait à ces distances?

Nous ne le croyons pas ; c'était la volonté, et une forte volonté de M. Dupotet, qui agissait sur le fluide vital de la demoiselle Samson.

Cette idée, que la volonté peut agir immédiatement sur le fluide vital d'une autre personne, ne peut souffrir de difficulté qu'à l'égard de ceux qui n'admettent point une ame spirituelle et immatérielle, mais seulement une ame sensitive, comme est peut-être celle des animaux. Mais ceux qui reconnaissent, avec M. Virey, une ame immatérielle, conviendront facilement que l'ame ayant reçu du créateur la faculté d'agir sur la matière, principalement sur le fluide vital, elle peut agir sur toute la matière, et plus facilement encore sur le fluide vital, quelque part où il se trouve.

Dans toutes les substances organisées, mais particulièrement dans les hommes, le fluide vital est absolument identique et de la même nature. Si l'ame a la faculté d'agir sur le fluide vital du corps qu'elle anime, qui pourrait empêcher qu'elle n'agît également sur le fluide vital d'un corps qu'elle n'animerait pas ? Ce ne pourrait être que son éloignement de la personne sur le fluide vital de laquelle il voudrait agir ; mais il n'y a aucun éloignement par rapport à l'ame, puisque les substances spirituelles n'existent pas dans le lieu. Serait-ce parce que l'ame n'aurait aucun rapport avec la personne, sur le fluide vital de la-

quelle élle voudrait agir : nous en conviendrons
effectivement ; car la volonté n'agit pas sans
connaissance, Le fluide vital d'une personne avec
laquelle un magnétiseur n'aurait aucun rapport,
serait à l'égard de ce magnétiseur comme n'existant pas : la volonté ne pourrit par conséquent
agir sur lui. Si M. Dupotet ne s'était point mis
en rapport avec la demoise le Samson avant d'agir
sur elle au travers d'une cloison, ou à la distance
de deux ou trois lits, lorsqu'il l'a magnétisée dans
la salle des malades, nous pensons bien que, dans
ces circonstances, il ne l'aurait pas fait devenir
mensambule : sa volonté aurait été inefficace,
quand il aurait même été assez près d'elle pour
la toucher.

Une personne digne de foi nous a rapporté
qu'un magnétiseur, sans sortir de son cabinet,
faisait tomber en mensambulance (dans l'état de
somnambule) une malade qui demeurait fort
loin de lui, à l'heure qu'il le voulait, et sans
que la malade ni personne de la maison en fussent
prévenus d'avance ; il s'était préalablement mis
en rapport plusieurs fois avec cette malade. Un
rire moqueur sera sans doute le seul accueil que
pourront faire certains docteurs à un pareil
fait. Mais patie ce, ils auront encore plus beau
jeu, s'ils se donnent la peine de lire la *Teratoscopie de la Mensambulance*, dont nous allons

nous occuper, après quelques réflexions sur les propriétés curatives du fluide vital, et sur celle de procurer l'état de mensambulance.

XXII. *Propriétés curatives du fluide vital.*

Puisque c'est le fluide vital qui est le principe de la vie, que sa privation est suivie infailliblement de la mort, il doit être la principale cause de la santé, et le plus puissant remède contre les maladies. Mais je n'ai presque aucune expérience sur les propriétés curatives du fluide vital. Je ne suis pas médecin, et on doit s'apercevoir qu'il n'entre point dans le plan de cet ouvrage de parler du fluide vital comme moyen curatif. Il faut sur cet objet consulter l'expérience des praticiens, les ouvrages de MM. de Puységur frères, de Deleuze, Dupotet, et une infinité d'autres qui se sont rendus célèbres dans cette partie.

Quand les physiologistes auront porté leur attention sur l'existence, la nature ou les propriétés du fluide vital; quand les médecins verront avec moins de prévention le magnétisme, qu'ils s'en occuperont de bonne foi; quand la mensambulance et les principaux effets qui peuvent en résulter seront reconnus pour des phénomènes constans, on pourra porter un jugement plus éclairé sur les propriétés médicales du

fluide vital et sur les avantages que non-seulement
la médecine, mais les sciences en général, peuvent tirer de la mensambulance.

Voici cependant le raisonnement qu'on peut
faire sur les propriétés curatives du fluide vital.

L'état de santé doit être considéré comme
un état d'*équilibre* du fluide vital, dans toutes
les parties de la machine animale. Toutes les
fois que cet équilibre est rompu, il doit y avoir
de la douleur dans la partie où le fluide vital
cesse d'être en équilibre avec la masse contenue
dans toutes les parties du corps. Souffrir, c'est
faire une dépense involontaire et extraordinaire de fluide vital, et par conséquent rompre
l'équilibre qui doit exister dans la machine.
Ainsi , tout ce qui tend à rétablir cet équilibre doit être un moyen curatif. Supposons
qu'on ait éprouvé une contusion dans quelque
partie du corps, une douleur plus ou moins
vive s'y fait sentir, parce que l'équilibre du fluide
vital a été rompu dans cette partie; il s'y préci-
pite , y cause de l'inflammation par l'effort qu'il
fait pour en chasser les parties désorganisées, et
reprendre son équilbre. Qu'arrive-t-il dans cette
circonstance ? La personne qui a reçu la blessure
y porte aussitôt la main par un mouvement machinal et involontaire. « Ce mouvement est si
naturel, dit le docteur Reydellet (Art. *machinal*

du Dictionnaire des sciences médicinales), qu'il
nous est presque impossible de le réprimer. Si
nous recevons un coup violent dans une partie
du corps, nous y portons sur le champ la main
pour tâcher de la soulager.... Il est d'observation que la plupart des malades ont un pen-
chant secret à porter la main sur le siége de leur
affection. »

Quel soulagement peut apporter la main ap-
pliquée sur le siége de la douleur ? Car il est certain qu'on éprouve du soulagement ; il n'est peut-
être personne qui n'en ait fait l'expérience ; la
main portée sur le siége de la douleur rétablit,
du moins en partie, l'équilibre du fluide vital
qui avait été rompu dans la partie douloureuse et
par conséquent soulage cette partie pour quelques
instans.

Pourquoi éprouve-t-on un soulagement par
l'application de la main sur la partie douloureuse ?
parce qu'il se fait une effluve, une transmission de
fluide vital de la main qui est dans un état de
santé, dans la partie douloureuse qui rétablit
momentanément l'équilibre rompu.

Mais comme je viens de l'observer, cette opération de la main n'est qu'un mouvement machinal auquel la réflexion et la volonté n'ont presque
aucune part. La nature, ou si l'on veut l'instinct
agit en nous, et pour ainsi dire à notre insu.

Teratoscopie. 9.

Mais si cette émanation de fluide vital qui se fait naturellement sur la blessure, par l'application de la main, était en outre dirigée par la volonté avec l'intention de procurer du soulagement, ce soulagement serait beaucoup plus sensible, surtout si c'était de la part d'une main et d'une volonté étrangère affectionnée à l'individu souffrant.

Un jeune enfant tombe, sous les yeux de sa mère, il se fait une contusion au front qui a porté sur le carreau ; la mère le relève à l'instant et pour apaiser les cris de l'enfant et soulager sa douleur elle applique sa main sur la contusion, elle l'y tient un instant, baise la partie douloureuse à plusieurs reprises et le mal est presque guéri. Voilà certainement le magnétisme employé avec succès, comme moyen curatif.

Je n'ai jamais magnétisé, je n'ai même jamais vu magnétiser, mais plusieurs fois j'ai conseillé l'usage du magnétisme, et toujours avec succès. Les cures les plus surprenantes que j'aie vues, ont eu lieu sur des enfans à la mamelle, magnétisés par leurs mères, qui ne se doutaient pas même de l'existence du magnétisme, et qui n'avaient d'autre intention, d'autre volonté que de guérir leurs enfans, abandonnés des médecins.

XXIII. *Peut-on se magnétiser soi-même ?*

Je n'apprends rien aux praticiens du magnétisme ; mais ce qu'ils apprendront peut-être avec
plaisir, c'est qu'on peut se magnétiser soi-même
avec succès, surtout pour des douleurs locales.
Je pourrais citer grand nombre de faits qui en
sont autant de preuves, surtout à mes yeux. Je me
contenterai d'en rapporter un seul.

J'eus plusieurs fois occasion de m'apercevoir
qu'une femme portait un seau d'eau du bras
gauche. Je lui demandai si elle était gauchère ;
elle me répondit que depuis plus d'un an elle
éprouvait une douleur dans l'épaule droite qui
l'empêchait de se servir du bras droit aussi
facilement que du bras gauche. Je lui conseillai
de se faire des espèces de frictions depuis l'épaule
jusqu'au bout des doigts du bras droit, en lui
recommandant d'avoir l'attention et la volonté de
prendre la douleur et de la jeter loin d'elle avec
sa main gauche. Je la prévins que, d'après quelques frictions, si sa douleur de l'épaule passait
dans le coude, elle parviendrait à la faire passer
dans l'articulation du poignet, ensuite dans l'articulation des phalanges des doigts de la main ;
qu'enfin la cause de la douleur sortirait par le
bout des doigts. En moins d'un mois les choses
se passèrent comme je les avais dites, et la douleur a disparu sans retour.

Un jeune homme s'est guéri d'un ulcère scro-
fuleux en se magnétisant lui — même, d'après
mon conseil, ainsi que d'une migraine pério-
dique qui le faisait horriblement souffrir, et sans
le secours d'aucun médicament.

XXIV. *La mensambulance est un des effets du fluide vital.*

Mais comment agit-il pour procurer cet état
si extraordinaire; ou plutôt quelle modification
la volonté lui imprime-t-elle, pour qu'il produise
un tel effet? C'est ce qu'il est difficile de savoir,
et qu'il importe peu d'approfondir. Il nous suffit de savoir que le fait est constant. Quand les
savans, les physiologistes, les psychologistes s'occuperont de la mensambulance; quand ils en auront
admis les phénomènes; quand ils auront mis dans
leurs recherches et dans leurs expériences plus de
désir de s'instruire que de curiosité; quand ils
porteront dans cette science toute nouvelle cet
esprit d'impartialité qui doit présider à toute discussion scientifique; quand surtout on aura,
comme les Allemands, renoncé à cette philosophie
française qui *penche si fort vers le matérialisme,*
je ne doute point qu'on ne découvre la manière
dont le fluide vital agit pour procurer la mensambulance. En attendant, qu'il nous soit permis
d'exprimer nos doutes sur cette matière.

On verra dans la Teratoscopie de la mensambulance, que cet état est opposé à celui de la
démence; on verra que l'excès de la présence de
l'ame est la cause de la démence, et que l'excès
de la volonté doit être la cause de la mensambulance. En effet, l'excès de la présence
de l'ame, l'excès de raison, si je puis m'exprimer ainsi, ou mieux, de trop profondes réflexions ne sont-elles pas les causes ordinaires de
la démence ou de la folie (lorsqu'elle ne vient
pas du dérangement des organes.)? Dans ces profondes réflexions qui précèdent l'état de la folie,
l'ame n'agit point sur le fluide vital, elle est
concentrée en elle-même, alors le fluide vital, si
actif par lui-même, s'abandonne sans guide à l'im-
pétuosité de ses mouvemens, se confond, pour
ainsi dire, avec l'ame : incapable de réflexions,
il ne permet plus à l'ame d'en avoir de raisonnables et de suivies. Comme la volonté n'existe
plus, alors il s'accumule une surabondance de
fluide vital qui rend toutes les actions de l'homme
en démence plus animales que raisonnables. L'ac-
cumulation du principe sensitif au cerveau, dit
le docteur Virey, transporte l'ame de folie et de
frénésie; et l'excès des réflexions, ou des réflexions trop profondes, le rendent incapable d'en
faire aucune.

La raison est froide, calme et réfléchie.

Au contraire, l'excès de la volonté doit produire un effet opposé à l'excès de la raison, à l'excès des réflexions, et par conséquent doit produire la mensambulance. La volonté, surtout la volonté active, agit continuellement sur le fluide vital ; elle en fait une dépense considérable ; elle le lance avec un tel effort, qu'elle s'en sépare, et que l'ame reste seule et abandonne ses relations ordinaires avec le fluide vital (1). Nous ne sentons, dit encore le docteur Virey, le principe vital qu'en le perdant, et nous ne vivons jamais plus fortement qu'en l'épanchant avec plus de profusion au dehors.

Une volonté efficace est vive, souvent irréfléchie, et quelquefois bouillante : voilà pourquoi les poètes, les musiciens, les bouffons, paraissent approcher de la folie ; mais ils en sont plus éloignés que les personnes sérieuses et tranquilles.

La superstition, l'ambition, l'amour, la haine, la jalousie, la crainte, le chagrin, sont des passions sombres, profondes, et qui peuvent dégénérer en folie lorsqu'elles sont portées à l'excès, parce qu'elles sont plus le résultat de la réflexion qu'elles ne dépendent de la volonté.

Au contraire, les passions vives, tumultueuses,

-----

(1) Voyez la définition de la mensambulance, n.° XXVII.

qui demandent plus d'action que de méditation, tels que l'amour des plaisirs, des beaux-arts, du travail, de la guerre, des voyages, de l'agriculture, enfin les passions dans lesquelles la volonté ou l'imagination ont plus de part que la raison, sont les plus propres à former des mensambules. Locke et Galilée étaient plus près de la folie que Rabelais et Cervantes; Socrate, plus qu'Alcibiade; Montesquieu et Pascal, plus que Vadé et l'auteur des *Lunes du Cousin Jacques*; et, ce qui paraîtra peut être fort extraordinaire, les métaphysiciens, plus que les poètes et les musiciens. L'homme indolent et paresseux ne deviendra jamais ni fou ni mensambule.

Quelles sont les personnes les plus sujètes à devenir ce qu'on appelle noctambules? Ce sont des personnes très-actives, peu réfléchies, et douées d'une forte volonté pour exécuter ce qu'elles ont entrepris de faire. Les enfans, les jeunes gens sont plus souvent de ce caractère que les personnes plus avancées en âge, et par conséquent plus réfléchies. Aussi, c'est dans les enfans et les jeunes gens qu'on rencontre le plus de noctambules.

Dans l'état de veille, la crainte dans les enfans, et la raison qui commence à luire dans la jeunesse, retiennent la volonté; mais dans le sommeil, la volonté, qui a été si active dans la

veille, a pour ainsi dire, surveillé ; et, profitant
du moment où la crainte et la raison sont im-
puissantes, elle se livre à toute sa force, et
imprime au fluide vital la modification qui rend
l'individu *noctambule*. Si cette modification vient
d'une volonté étrangère, alors l'individu devient
mensambule artificiel. On conçoit que, dans cette
circonstance, plus la volonté d'un magnétiseur
a de force, plus la personne soumise à cette
opération a de l'inertie dans la volonté, et plus
aussi la mensambulance s'opère facilement. Mais
si à de profondes réflexions, à une imagination
vive et exaltée, se joint une volonté plus vive
encore, ce qui se rencontre assez rarement dans
la même personne, alors elle tombe en extase
ou en mensambulance volontaire. Nous verrons
par la suite ce qui se passait dans Cardan, lorsqu'il entrait en extase à volonté.

Quelques personnes, pour ridiculiser le fluide
magnétique animal, l'ont appelé le *fluide de la
volonté*. Ce nom lui conviendrait peut-être mieux
que tous ceux qu'on a donnés jusqu'à présent au
fluide vital, puisque la volonté a une si grande
influence sur lui ; mais comme il est également
soumis aux sens extérieurs, dont il transmet les
sensations au sens intérieur, sa dénomination de
fluide de la volonté serait insuffisante. C'est donc
de sa principale propriété qu'il doit tirer son

nom. Avant de vouloir et d'éprouver des sensations, il faut exister, il faut vivre ; et comme
c'est le fluide vital seul qui nous donne la vie,
le nom qui lui convient exclusivement est celui
de fluide vital.

TERATOSCOPIE

DU
FLUIDE VITAL
ET DE LA MENSAMBULANCE.

~~~~~~~~~~~~~~~~~~~~~~~~~~~~~~~~~~~

SECONDE PARTIE.

TERATOSCOPIE DE LA MENSAMBULANCE.

XXIV. *La mensambulance observée dans tous les tems, chez tous les peuples.*

LA mensambulance est le phénomène, ou plutôt le prodige le plus étonnant que l'homme
puisse offrir. Pendant bien des siècles, il a été
observé avec l'indifférence, on pourrait même
dire, avec la stupidité et quelquefois avec la terreur qu'inspiraient autrefois les éclipses de soleil
chez quelques nations barbares. Néanmoins, ce
prodige était rare ou rarement observé, ou tellement enveloppé de certains nuages, qu'il était
difficile de le reconnaître tel que la nature le pré-
sentait. La cause naturelle de ce prodige était absolument ignorée : on l'attribuait, même les
hommes les plus instruits, à l'influence des divinités célestes ou infernales : on ne cherchait

point à en expliquer les effets, parce qu'on les attribuait à ces mêmes causes.

Les effets de la mensambulance étaient, entre
autres, les oracles, les pythies, les sybilles, certains possédés, certaines maladies, etc., etc.;
mais on ne révoquait nullement en doute ces prodiges, parce qu'on en avait les témoignages presque
journaliers; les peuples, les nations les admet-
taient comme des faits constans.

Dans des tems plus modernes et plus éclairés,
on a douté de ces faits antiques, et on a attribué
les récits que les auteurs contemporains nous en
ont laissés à l'amour du merveilleux, à l'ignorance et à la superstition.

Aujourd'hui ces mêmes prodiges nous apparaissent également, mais sous des formes bien
différentes. Les noctambules, les somnambules
magnétiques, les guérisons opérées par le prince
Louis de Hohenlohe-Bartenstein, les révélations
faites à Ignace Martin, les faits opérés au tombeau du diacre Paris, les théosophes, les extasiés, les obsessions des environs d'Hispahan, les
exorcistes persans, les revenans, les loups-garous,
les diseurs de bonne aventure, les ventriloques,
etc., etc., toutes ces choses ne sont que la répétition des prodiges observés dans tous les tems
chez tous les peuples, mais diversement modifiés
suivant le climat, les mœurs, la religion, la superstition de ces différens peuples.

Mais aujourd'hui, dans ce siècle qu'on qualifie de *siècle de lumières*, on craint de *s'éclairer*, on nie la plupart de ces prodiges, on refuse même de les observer ; on laisse ce soin à l'ignorance, à la crédulité et à la superstition du vulgaire. Sans doute nos savans ont fait bien des découvertes depuis un siècle, mais que de choses à l'égard desquelles ils sont encore dans la plus profonde ignorance ! Sans doute, ils ne pèchent pas par trop de crédulité ; mais quand ils nient des faits attestés par des milliers de témoins oculaires dignes de foi, par des physiciens, des physiologistes, des médecins, des philosophes enfin, n'est-ce pas pousser l'incrédulité trop loin ? Dira-t-on que les prodiges attribués à ce qu'on appelle la mensambulance, sont contraires aux lois de la physique, au bon sens, à la raison ? Mais lorsqu'Hippocrate a dit *oui*, il ne le disait ni contre les règles de la physique, ni contre le bon sens et la raison, du moins à son jugement et au jugement de ses contemporains. Il en a été de même lorsque Gallien a dit *non*. Cependant, ils sont encore les deux oracles de la médecine. Avaient-ils raison l'un et l'autre ? C'est impossible ; il est même plus probable qu'ils n'avaient raison ni l'un ni l'autre. Il en est encore de même. Hippocrate dit *oui*, et Gallien dit *non* aujourd'hui plus que jamais, et peut-être aujourd'hui plus que jamais, ils n'ont raison ni l'un ni l'autre, quoiqu'ils paraissent dire *oui* et *non* avec plus de raison et de bons sens que jamais.

La raison et le bon sens, et encore moins les règles de la physique, ne sont donc pas des guides infaillibles, parce que l'homme, étant nécessairement borné dans ses facultés, prend souvent pour la raison ce qui n'en a que les apparences. Les sens peuvent nous tromper et nous trompent en effet fort souvent. La raison se forme, du moins en grande partie, par les connaissances que nous acquérons par les sens : il est donc évident que la raison peut nous tromper et qu'elle nous trompe en effet souvent d'une manière invincible. A qui, à quoi donc s'en rapporter, si la raison et le bon sens peuvent nous tromper ?

Devant des faits, quelque incroyables, quelque incompréhensibles, quelque absurdes même qu'ils nous paraissent, s'ils sont bien constatés, la raison doit se taire ; ou plutôt la souveraine raison nous dit évidemment qu'il faut les croire. On ne manquera pas de nous dire que quand les faits attribués à la mensambulance seront aussi bien constatés que les effets de l'électricité, on les croira quelque étonnans qu'ils soient, parce que toute personne pourra les répéter devant une académie des sciences. Cette objection paraît d'autant mieux fondée que nous avons comparé la machine animale à une machine électrique

(XIV). On verra effectivement que notre comparaison est aussi sensible et aussi juste qu'elle peut l'être.

Si l'homme dont la mensambulance est un des phénomènes, n'était qu'une machine composée de substances inorganiques telles que sont les instrumens de physique, l'objection serait on ne peut mieux fondée. Mais l'homme n'est pas une pure machine. On admet dans l'homme le physique et le moral ; on reconnaît que son physique et son moral agissent réciproquement l'un sur l'autre. Quand on accorderait même, ce qui est loin de notre pensée, que le moral de l'homme n'est qu'une modification de son physique, comme on a prétendu le prouver dans un ouvrage fort célèbre, on sera forcé de convenir qu'il serait impossible de manier une machine vivante et sensible comme une machine composée de matière brute et purement passive. Il y aurait autant d'absurdité d'exiger de la machine humaine des expériences purement physiques, que d'exiger d'une machine purement physique des opérations intellectuelles et volontaires. Il y a sans doute des hommes assez effrontés dans les classes peu instruites pour paraître sans timidité, et pour une première fois, devant une académie des sciences ; mais il ne faut pas compter sur cette effronterie de la part des personnes qui ont quelque pudeur.

La superstition, nous dira-t-on, éveille l'imagination, et l'imagination vous crée des illusions que vous prenez pour des réalités. Tels étaient les prétendus miracles qui s'opéraient au tombeau du diacre Paris. Ainsi ce n'est pas la raison qui vous trompe, mais la superstition.

Sans doute nos philosophes ne sont pas trop superstitieux, c'est déjà quelque chose, et ce serait beaucoup mieux s'ils ne l'étaient pas du tout. Ils n'ont pas la superstition qui vient de l'ignorance de la religion, mais ils ont celle qui vient de l'irréligion. La crédulité superstitieuse conduit au fanatisme religieux ; mais l'incrédulité philosophique conduit à un fanatisme qui n'est pas moins dangereux, nous en avons vu des exemples bien terribles. Nous pourrions peut-être mieux nous entendre si certains philosophes, sans être trop superstitieux, étaient seulement assez religieux pour reconnaître, avec le docteur Virey, que l'homme est composé de trois sortes de principes ; 1.º d'une âme immatérielle et intellectuelle ; 2.º d'une faculté de vie sensitive ; 3.º d'élémens matériels.

XXV. *Pourquoi les magnétiseurs et leurs adversaires ne se sont pas entendus jusqu'à présent.*

Quelque étonnans donc, quelque incroyables même que soient les phénomènes attribués aux mensambules; ils sont si multipliés et paraissent si bien constatés; le grand nombre de savans d'un mérite distingué, qui s'occupent depuis plus de trente ans de ce qu'on appelle le magnétisme animal, et le somnambulisme magnétique, sont de si bonne foi et animés d'intentions si pures, qu'on a bien de la peine à se persuader que ces phénomènes n'existent pas, et que les magnétiseurs aient eu intention d'en imposer ou de s'en imposer à eux-mêmes aussi grossièrement.

D'un autre côté, des savans d'un mérite également distingué, joignent à une égale bonne foi des raisonnemens si concluans; ils démontrent ou semblent démontrer d'une manière si évidente l'impossibilité, et par conséquent la non existence de ces phénomènes, qu'on ne peut s'empêcher d'être de leur avis. On croit avoir raison de part et d'autre; on rit des débats aux dépens des magnétiseurs, et néanmoins il reste encore des doutes. Il y a là-dessous une énigme que les personnes de bonne foi et sans prévention cherchent vainement à expliquer, et qui sera toujours inex-

plicable pour certains adversaires du magnétisme.
Car il est bon d'observer qu'il y a trois sortes
de personnes qui sont ou semblent être opposées
au magnétisme. Les premières sont celles qui
craignent d'être forcées d'en reconnaître la réalité : les secondes, celles qui craignent de n'en
pouvoir reconnaître l'existence, malgré le desir
qu'elles en ont ; et les troisièmes, qui sont en
plus grand nombre, celles qui s'amusent de tout
sans vouloir s'occuper de rien. Ces dernières sont
cependant les plus imposantes dans les brillantes
sociétés. On sent bien de quelles personnes nous
voulons parler quand nous supposons de la bonne
foi dans les adversaires du magnétisme, ou, pour
mieux dire, du mensambulisme.

En effet, de part et d'autre une égale bonne
foi : si d'un côté, des faits que nous supposons
constans ne peuvent détruire des raisonnemens
évidens, de l'autre, ces raisonnemens, quelque
évidens qu'ils soient, ne peuvent détruire des
faits constans.

MM. les opposans disent : *Si nos raisonnemens sont évidens* (et on convient qu'ils le
sont), *les faits sont faux, parce qu'il est plus
facile de se convaincre de l'évidence d'un raisonnement que de l'évidence d'un fait qui peut
être mal observé.* MM. les magnétiseurs disent :
Nos faits sont constans, vous pouvez vous en

*assurer; venez et voyez. Vos raisonnemens ont
donc un endroit faible que nous n'apercevons
pas, ni vous non plus.*

A considérer la chose plus attentivement, il
n'y a de contradiction que dans les mots. MM. les
magnétiseurs ne prétendent point que les raisonnemens de leurs adversaires sont faux ; seulement, ils soutiennent que leurs faits sont vrais.
Les opposans ne prétendent pas que les faits
qu'on leur oppose soient contraires à des lois
de la nature qui leur seraient inconnues, mais
seulement aux lois connues et ordinaires de la
nature.

Tel est à peu près le fond d'un procès célèbre
entre deux parties non moins célèbres, que je me
propose de concilier et d'accorder, en faisant
voir qu'on n'a point encore considéré la question sous le point de vue sous lequel elle devait
l'être. L'entreprise est difficile, téméraire et
même audacieuse de ma part ; et au lieu d'entreprendre une pareille tâche, n'aurais-je pas dû
me dire :

Non nostrûm inter vos tantas componere lites....

Il ne nous appartient pas de nous établir juge d'un si
grand différend.

Dans un sujet aussi grave que celui qui nous
occupe, je ne craindrai pas le reproche de mêler
imprudemment le sacré au profane ; et mon épi-

graphe convient si bien à la faiblesse de mes talens, que je puis dire au contraire :

Infirma mundi elegit Deus , ut confundat fortia.
Dieu a choisi les faibles pour confondre les puissans.

Je vais essayer de justifier mon épigraphe.

Pour opposer des raisonnemens à des faits, et des faits à des raisonnemens, il faut que ces faits et ces raisonnemens soient d'un même ordre : je m'explique. Supposons cette proposition avancée par nos opposans : *Il est impossible de voir l'intérieur d'un globe de marbre, parce que le marbre n'est pas diaphane.* Voilà un raisonnement, ou plutôt une vérité d'un ordre physique qui ne peut être détruite par aucun fait du même ordre. Cependant les magnétiseurs disent : *Tel somnambule voit l'intérieur d'un globe de marbre, comme si le marbre était diaphane.* On répondra d'abord : la chose est physiquement impossible, et on aura raison de le dire, parce qu'on semble ne proposer à croire qu'un fait d'un ordre physique. Cependant les magnétiseurs ont également raison dans le fond ; ils n'ont tort que dans la forme, en ce qu'ils énoncent le fait comme ils croient l'observer, tandis qu'il se passe tout autrement qu'ils ne l'observent ; mais c'est la faute de la science, plutôt que celle des savans. Les opposans ne s'expliqueraient pas autre-

ment, si , après des observations réitérées et bien
constatées, un mensambule leur rendait compte
de ce qui se passe dans l'intérieur d'un globe de
marbre. Voici donc le raisonnement qu'il y avait
à faire aux adversaires du mensambulisme :

*Les esprits dégagés de la matière peuvent
voir l'intérieur comme l'extérieur d'un globe de
marbre, mais les mensambules sont des esprits
dégagés de la matière ; ils peuvent donc voir
l'intérieur comme l'extérieur d'un globe de
marbre.*

Les opposans auraient répondu : Ce que vous
venez d'avancer ne détruit point l'évidence de
notre raisonnement, qui est d'un ordre physique : le vôtre est d'un ordre métaphysique ;
il s'agit de l'examiner. Si vos deux premières
propositions sont vraies, la conséquence est de
toute évidence, et vous avez raison ; il ne s'agit
que de s'entendre.

Je suppose démontrée la première proposition du raisonnement que je viens de prêter à
MM. les somnambulistes ; celle-ci , *Les esprits
dégagés de la matière peuvent connaître l'intérieur comme l'extérieur d'un globe de marbre.*
Il me reste à prouver cette autre : *Les somnambules* (ou mensambules) *sont des esprits dégagés de la matière*, et c'est ce que j'ai entrepris
dans cette théorie de la mensambulance. Avant

que de passer outre, voyons ce que c'est qu'un
mensambule. Il est moins facile d'en donner
une définition qu'une description. C'est donc
par celle-ci que je vais commencer, en copiant
M. le comte de Redern. C'est une autorité dont
je ne puis trop m'appuyer.

XXVI. *Description dè la mensambulance.*

« Nous allons tâcher de réunir tout ce qui pa-
» raît cractériser essentiellement la mensambu-
» lance ; mais il ne faut pas croire que ce soit un
» type commun à tous les mensambules. Il y a
» autant de différence entre les hommes dans
» l'état de mensambulance, que l'on en trouve
» entre eux dans l'état de veille.....

» Le corps est plus droit que dans l'état de
» veille ; il y une accélérationn marquée dans
» le pouls est une augmentation d'irritabilité dans
» le système nerveux ; le tact, le goût et l'odo-
» rat sont devenus plus subtils ; l'ouïe ne perçoit
« que les sons venant des corps avec lesquels
» le mensambule se trouve en raport direct ou
» indirect ; c'est-à-dire, en communication de
» fluide vital, parce que lui et son magnétiseur
» les ont touchés ; ses yeux sont fermés et ne
» voient plus, mais il une vue que l'ont peut
» appeler intérieure, celle de l'organisation de
» son corps, de celui de son magnétiseur et de

» personnes avec lesquelles on le met en rap-
» port ; il en voit les différentes parties, mais suc-
» cessivement et à mesure qu'il y porte son atten-
» tion ; il en distingue la structure, les formes et
» les couleurs : il a quelquefois la faculté d'a-
» percevoir les objets extérieurs par une vue par-
» ticulière, ils lui paraissent plus lumineux, plus
» brillans que dans l'état de veille. Il éprouve
» une réaction douloureuse des maux des per-
» sonnes avec lesquelles il est en rapport; il
» aperçoit leurs maladies, il prévoit les crises, il
» a la sensation des remèdes convenables et assez
» souvent celle des propriétés médicinales des
» substances qu'on lui présente. . . . . Son imagi-
» nation est disposée à l'exaltation : il est jaloux ,
» rempli de vanité et d'amour propre , disposé à
» user de petites jongleries pour se faire valoir....
» Sa volonté n'est pas inactive, mais elle est très-
» aisément influencée par le magnétiseur. On re-
» marque des oppositions très-frappantes entre
» ses opinions ordinaires et celles de l'état de
» mensambulance ; il condamne ses actions et
» parle quelquefois de lui-même comme d'une
» personne tierce qui lui serait tout-à-fait étran-
» gère. Il s'exprime mieux, il a plus d'esprit ,
» plus de combinaison, plus de raison, plus de
» moralité que dans l'état de veille dont toutes
» les idées lui sont présentes. . . . . Lorsque le

» mensambule revient à l'état de veille ; il oublie
» entièrement tout ce qu'il a dit, fait et entendu
» pendant l'accès de la mensambulance, etc. »

Pour rendre la description plus parfaite, il faudrait copier M. Redern tout entier ; j'aime mieux y renvoyer le lecteur. Si l'on ajoute que le mensambule est une autre personne que celle qui existait dans l'état de veille ; qu'il peut voir et entendre à des distances indéterminées ; parler et entendre toutes les langues sans les avoir apprises ; avoir sur toutes les sciences des connaissances plus profondes qu'aucuns des plus savans du monde ; etc., etc., etc., on n'en aura encore qu'une idée imparfaite, parce que nous n'avons pas encore eu occasion d'observer une infinité de phénomènes que peut offrir la mensambulance.

La mensambulance, soit spontanée, soit artificielle, soit volontaire, est un des effets du fluide vital dont nous avons parlé (XXIV.). Ce phénomène le plus curieux, le plus étonnant que la nature puisse nous offrir, le plus digne de l'admiration et des méditations du sage et du vrai philosophe, sera à jamais la pierre d'achoppement et le désespoir du matérialiste; il nous offre la possibilité de soumettre à des expériences physiques et physiologiques la spiritualité de l'âme ; sujet qui jusqu'à présent n'en avait pas paru susceptible. La science du mensambulisme nous démontre le contraire.

XXVII. *Etymologie, Définition et Effet de la mensambulance.*

J'appelle mensambulisme, la connaissance de la cause et des effets de la mensambulance, et des avantages qui peuvent en résulter. Pour me faire mieux comprendre dans la définition que je vais donner de la mensambulance, je la mets en parallèle et en opposition avec la définition de la démence ou folie, qui est un état opposé à celui de la mensambulance. (XXIV.)

DE LA DÉMENCE.	DE LA MENSAMBULANCE.

Etymologie.

Le mot démence se traduit en latin par *dementia* ou *amentia*, dont la racine est *mens*, esprit, précédé de l'*a* privatif. *A-mens* privé d'esprit, d'intelligence.	Dans la mensambulauce, l'ame, *mens*, est en quelque sorte ambalante, *ambulans*. Elle l'est en effet, puisque dans cet état elle n'est plus unie avec le corps.

Définition.

La Démence pure et complète est une *union* (1) excessive du corps avec l'a-	La mensambulance pure et complète est une *séparation* momentanée de l'ame

---

(1) On verra, par la suite, que les mots *union* et *séparation*, ne sont employés que pour nous conformer au langage ordinaire, et ce que nous entendons par union et séparation de l'ame et du corps.

me, pendant laquelle l'ame est tellement absorbée par la matière, qu'elle est privée de l'usage de ses facultés, tandis que le corps acquière un excès de force et d'activité, en conservant les habitudes de son union ordinaire avec l'ame.

d'avec le corps pendant laquelle ce dernier ne conserve que ses facultés vitales, tandis que l'ame jouit de celles des purs esprits en conservant les habitudes de son union ordinaire avec le corps.

Effets ou *Conséquences.*

1.° La démence est plutôt une maladie de l'ame que du corps; ordinairement, les fous sont assez sains de corps, et ils se porteraient nécessairement bien, s'ils n'étaient attaqués de maladies antérieures et étrangères à leur état de folie et si on prenait d'eux le soin dont ils sont incapables.

2.° L'homme en démence participe plus à la nature des bêtes qu'à celle des hommes. Il n'est plus qu'un animal privé de raison.

3.° Dans la démence, l'ame est inerte et impassible; l'animal seul est actif et passible, lui seul agit, lui seul souffre.

4.° Dans la démence l'esprit est aliéné, l'ame est comprimée, et en quelque sorte étrangère au corps;

1.° La mensambulance est plutôt une maladie du corps, si c'en est une, qu'une maladie de l'ame. Celle-ci au contraire est plus saine. Le mensambule, dit M. le comte de Redern, *s'exprime mieux, il a plus d'esprit, plus de combinaison, plus de raison, plus de moralité que dans l'état ordinaire.*

2.° Le mensambule participe plus à la nature des purs esprits, qu'à celle des hommes. Il n'est plus qu'une ame privée d'un corps.

3.° Dans la mensambulance, le corps seul est inerte et impassible; les organes de ses sens ont perdu leurs facultés, ce n'est plus qu'une masse végétale; l'ame seule est active et passible.

4.° Dans la mensambulance, le corps est comprimé, aliéné et en quelque sorte étranger à l'ame, l'animal jouit seul de toute sa liberté, dont il abuserait souvent s'il était abandonné à lui-même.

5.° Dans la démence, les forces du corps sont quelquefois portées à un excès incroyable ; la force de plusieurs hommes réunis, ne suffit plus pour contenir un insensé ; il faut des chaînes.

6.° L'homme en démence, parle sans savoir ce qu'il dit ; ses discours sont sans suite et sans liaison, comme ceux d'un perroquet ; souvent il repète pendant des jours, des mois entiers, les mêmes mots, les mêmes phrases. S'il parle quelquefois avec une certaine suite, c'est par l'habitude que le corps a contractée dans son union ordinaire avec l'ame.

7.° Le fou rendu à son état ordinaire ne conserve aucune connaissance de ce qu'il a dit ou fait, dans son état de démence ; si elle est pure et complète, il ne se souvient de rien.

qui, dégagée des biens du corps, jouit d'une bien plus grande liberté.

5.° Dans la mensambulance, les forces de l'ame sont bien plus étendues qu'elles ne l'étaient dans son union ordinaire : l'ignorance dans laquelle nous avons été sur la nature de cet état, ne nous a pas permis d'observer jusqu'où ses facultés peuvent s'étendre.

6.° Le mensambule ne parle que sensément, il ne dit rien de trop ; s'il paraît divaguer, c'est parceque notre intelligence n'est point aussi élevée que la sienne ; il syncope ses phrases, il parle à la manière des esprits, en conservant les habitudes de son union ordinaire avec le corps. D'ailleurs, il ne se sert de la parole que pour se mettre à notre portée.

7.° Le mensambule rendu à son état ordinaire, ne conserve aucune connaissance de ce qu'il a, dit où fait dans son état de mensambulance. Il ne se souvient de rien.

Il y a bien des sortes de démences et de mensambulances : elles peuvent être plus ou moins pures, plus ou moins complètes. La nature les provoque spontanément. Il paraît que la volonté avec ou sans le secours de l'art peut aussi les provoquer.

Plus on tirera de conséquences de la démence, plus on en tirera de la mensambulance, et ordinairement dans un sens opposé. La démence et ses effets nous sont assez connus ; mais la mensambulance et une grande partie de ses effets nous sont encore presque inconnus : j'ai donc dû procéder du plus connu au moins connu, si par une route opposée, la connaissance de l'une m'a aidé à acquérir et à démontrer la connaissance de l'autre et son existence.

On conçoit maintenant pourquoi j'ai substitué le mot *mensambule* à celui de *somnambule*.

XXVIII. 1.er COROLLAIRE. *Fonctions réciproques de l'ame et du corps.*

L'ame a deux fonctions principales à remplir, par rapport au corps, celle de *l'animer* et celle de le *diriger*. Si la première est la plus nécessaire, la seconde est la plus importante. L'ame anime le corps par sa présence, elle le dirige par sa volonté. Si l'ame est privée de ces deux fonctions ou facultés ; ou l'homme n'existe pas encore, comme dans le fœtus ; ou il cesse momentanément d'exister, comme dans la catalepsie ; ou il cesse d'exister pour toujours, comme après la mort.

Si l'ame perd la faculté de diriger le corps en conservant celle de l'animer, l'homme est dans le sommeil ou dans la démence.

Si enfin l'ame conserve la faculté de diriger le corps en perdant celle de l'animer, l'homme est en mensambulance.

Le corps a de même deux fonctions à remplir par rapport à l'ame. La première est de la fixer et de lui donner, en quelque sorte, des bornes matérielles; la seconde est de nous rendre l'ame sensible et d'établir entre elle et nous un moyen de communication par l'intermédiaire des organes du corps, et particulièrement par la parole qui nous rend la pensée sensible, et par conséquent l'ame.

Si le corps est privé de ces deux fonctions ou facultés; ou l'homme n'existe pas encore, comme dans le fœtus; ou il cesse momentanément d'exister, comme dans la catalepsie; ou il cesse d'exister pour toujours, comme après la mort.

Si le corps perd la faculté de nous rendre l'ame sensible, sans perdre celle de la fixer, l'homme est dans le sommeil ou la démence.

Si enfin le corps perd la faculté de fixer ou de borner l'ame, sans perdre celle de nous la rendre sensible, l'homme est en mensambulance.

Ces deux facultés respectives de l'ame et du corps se confondent à la vérité dans leurs effets; mais il peut être important de les distinguer parce qu'il peut se trouver des circonstances où il ne serait pas indifférent d'assigner la véritable cause de ces effets, quoiqu'ils aient les mêmes résultats.

XXIX. 2.ᵉ COROLLAIRE. *Deux personnes dans l'homme.*

Je distingue dans l'homme, ou dans ce qui le compose, deux substances et deux personnes : les deux substances sont l'esprit et la matière, ou bien l'ame et le corps ; les deux personnes sont l'ame et l'homme qui ne subsistent jamais simultanément. Dans l'état ordinaire, la personne qui sbusiste est l'homme, dans lequel sont réunies les deux substances. Dans la mensambulance, la personne qui subsiste c'est l'ame, les deux substances sont séparées. Dans le sommeil et la démence, il n'y a, à proprement parler, point de personnes, il n'y a que deux substances réunies.

XXX. 3.ᵉ COROLLAIRE. *Modifications du fluide vital.*

En parlant du fluide vital, je n'ai point fait mention de différentes modifications dont je le crois susceptible, parce que quelques-unes de ces modifications dépendent de l'ame. J'ai donc dû renvoyer à cette partie de mon travail le sujet de ce corollaire.

Tous les fluides ne sont pas toujours fluents, souvent ils ne sont que *fluibles*. Ainsi, l'eau contenue dans un vase en repos, est toujours un liquide, mais elle n'est pas actuellement *fluide*, puisqu'elle ne flue pas, elle n'est que *fluible* en ce sens qu'elle peut fluer en la faisant découler de ce vase. La *liquidité* n'entraîne pas nécessairement avec elle l'idée du mouvement, au lieu que la *fluidité* la suppose toujours. Je dirai la même chose de ces substances aériformes que nous appelons fluides ou gaz. Je ne crois pas qu'ils soient nécessairement fluides. La matière électrique accumulée dans la bouteille de Leide n'est pas fluide, elle ne le devient, elle ne flue qu'au moment où l'on en tire l'étincelle.

De même le fluide vital n'est pas toujours fluide, quelquefois il n'est que liquide, d'autres fois il peut être dense et acquérir une sorte de solidité, enfin il est réduit en vapeurs légères par l'évaporation ; il est certainement très-élastique, enfin il peut être effervescent, enflammé ou bouillant. Ces modifications peuvent se comparer à celle que l'eau peut éprouver. Ainsi,

L'eau est simplement liquide dans les étangs ; elle est liquide et fluide dans les rivières ; elle est effervescente et bouillante lorsqu'on l'approche d'un feu convenable ; elle se réduit en gaz ou vapeurs par l'ébullition ; enfin elle est solide dans son

état de congélation : et ces différentes modifications lui viennent du calorique plus ou moins
abondant qui se trouve combiné avec l'eau.

L'ame est en quelque sorte le calorique du
fluide vital, et lui fait éprouver une grande partie des modifications dont il est susceptible dans
l'économie animale, comme nous allons le voir.

Il faut d'abord admettre que la volonté seule
met le fluide vital en mouvement (dans les mouvemens volontaires) : nous avons déjà dit que celui-ci était entièrement soumis à l'empire de celle-
là, par conséquent la volonté présente donne au
fluide vital, sa fluidité, son élasticité et dans
un degré plus ou moins fort selon que la volonté
est plus ou moins forte. Si, au contraire la volonté est absente, le fluide vital doit se trouver
sans mouvement sans fluidité, sans élasticité.

D'un autre côté, la présence de l'ame donne
au fluide vital sa liquidité, tandis que l'absence de
l'ame le met dans une sorte de densité ou de solidité qui le prive de sa liquidité ordinaire. Ainsi,

1.º Dans l'état de veille et de santé, le fluide
vital est liquide et fluide : il est liquide par la présence de l'ame ; il est fluide par la présence de la
volonté qui le met en mouvement.

2.º Dans le sommeil ordinaire, l'ame entretient la liquidité du fluide vital ; mais il cesse d'être
fluide par l'absence de la volonté à l'impulsion de

laquelle il se refuse par le besoin de repos ou plutôt par sa trop grande raréfaction. En vain la volonté ordonne, le fluide vital n'a plus la force d'obéir, les mouvemens sont lents et sans force ; la voix ne fait plus que proférer des sons inarticulés, ou des paroles sans liaison, les sens ne reçoivent plus que des impressions imparfaites que le fluide vital n'a pas la force de transmettre au cerveau. C'est dans le sommeil que le fluide vital répare la déperdition qu'il fait dans l'état de veille par l'action continuelle de la volonté. L'insomnie n'est si funeste que parce que la volonté toujours présente dans cet état comme dans celui de veille entretient l'activité continuelle du fluide vital et le force à se consommer dans une proportion qu'il ne peut plus réparer par le défaut du sommeil.

3.° Le *délire* qu'il ne faut pas confondre avec l'état de transport et celui de folie, mais qu'on peut comparer avec l'état d'un homme qui a un extrême besoin de sommeil et qu'on force cependant à veiller ; le délire, dis-je, est l'effet de la trop grande raréfaction ou de la trop abondante déperdition du fluide vital. Celui-ci n'a plus la force d'entretenir avec le cerveau ses relations ordinaires, et l'ame qui n'est plus avertie que d'une manière très-imparfaite des impressions que les sens éprouvent, ne peut avoir que des idées im-

parfaites qu'elle rend avec la même imperfection·
C'est donc avec raison qu'on dit d'une personne en
délire qu'elle a le *cerveau vide* : effectivement elle
l'a vide de fluide vital.

4.º C'est tout le contraire dans le *transport*,
où le fluide vital est si abondant, qu'il se porte
avec excès au cerveau : l'ame en est absorbée, inon-
dée, et éprouve dans l'abondance des idées une
confusion qu'elle porte dans les actions des muscles et dans les discours. C'est cette surabondance
du fluide vital qui donne cette force extraordinaire
qu'on remarque dans le transport. Mais cette
force extraordinaire n'ayant lieu que par une dépense considérable de fluide vital, il en résulte
nécessairement une faiblesse qui suit ordinaire-
l'accès du transport.

5.º Dans la démence comme dans le sommeil,
le fluide vital est simplement liquide par la présence de l'ame ; mais il ne devrait pas être fluide
par l'absence de la volonté. Cependant l'excès de
la présence de l'ame dans la démence fait entrer
le fluide vital dans une effervescence qui lui donne
une fluidité dont il devrait être privé par l'absence
de la volonté : mais ce n'est qu'une fluidité factice ; il est plutôt agité, tourmenté qu'il n'est
mis en action ; il est effervescent comme dans le
transport. Voilà pourquoi les fous ont tant de
force et si peu de raison.

6.° Dans la mensambulance, l'ame absente ne peut procurer au fluide vital sa liquidité ordinaire ; mais la volonté, plus forte que dans l'état de veille, lui donne une liquidité factice qui entretient sa liquidité malgré l'absence de l'ame. Ainsi, la mensambulance et la démence doivent être deux états contraires ; puisque dans la mensambulance l'excès de la présence de la volonté entretient la liquidité du fluide vital dont l'absence de l'ame devrait le priver, et que dans la démence l'excès de la présence de l'ame entretient sa fluidité dont il devrait être privé par l'absence de la volonté.

7.° Dans la catalepsie, qui est l'état de mensambulance joint à celui du sommeil, l'ame est absente, comme dans la mensambulance et prive le fluide vital de sa liquidité, et la volonté est absente comme dans le sommeil, ce qui prive le fluide vital de sa fluidité. Par conséquent, le fluide vital n'étant ni liquide, ni fluide, doit se trouver dans une sorte d'état de congélation qui peut approcher de celui de la cire molle. Voilà pourquoi les membres du cataleptique conservent la position dans laquelle on les met, comme la cire molle ou le plomb.

XXXI. *Explication du phénomène de la catalepsie.*

Je pourrais à cette occasion offrir la solution d'une question faite par M. le comte de Redern.

La catalepsie, dit cet auteur, page 25, *présente un phénomène assez singulier, c'est que la volonté ne met plus le corps en mouvement. Le malade est insensible, il devient une espèce de statue articulée et reste dans la pose qu'on lui donne ; la conserve-t-il avec ou sans le secours de la volonté ? C'est une question à résoudre.*

Il me semble, par ce que je viens de dire, avoir donné la solution de cette question. Si dans la catalepsie la volonté est absente, elle ne peut point concourir à la conservation de la pose des membres du corps : et si le fluide vital est dans une sorte d'état de congélation, les membres doivent conserver cette pose sans le concours de la volonté.

D'où l'on pourrait conclure, comme l'expérience l'a confirmé, que dans cet état l'application des plus grands irritans doit être nulle pour en faire sortir. Qu'on brise la glace, qu'on la pile, on ne lui donnera jamais ni la liquidité, ni la fluidité de l'eau ; mais qu'on la mette en rapport ou en communication avec le calorique, gaz dont

elle est privée, et bientôt elle reprendra sa liquidité et sa fluidité. De même, qu'on mette en
communication un cataleptique avec un gaz qui
ait de l'analogie avec le fluide vital, dans son état
de liquidité et de fluidité, et bientôt il reprendra
ces deux propriétés, et le cataleptique sortira de
cet état. Les fluides électriques et galvaniques ne
seraient-ils pas des moyens curatifs ? On sait
qu'on emploie avec succès l'électricité dans la paralysie. Le magnétisme, administré à un cataleptique isolé, devrait être un moyen curatif, surtout en prologeant le plus possible chaque séance
magnétique. Parce que, outre l'espèce de solidité ou de congélation du fluide vital, les organes
du cataleptique peuvent être devenus idiovitaux,
par conséquent, le magnétisme prolongé, en iso-
lant le cataleptique, pourrait rendre anavitaux les
organes qui doivent l'être.

XXXII. *L'homme comparé à un instrument de musique.*

J'ai fait voir en parlant du fluide vital, l'analogie qu'il y avait entre la machine animale et la
machine électrique (XIV). Cette espèce de comparaison m'a paru d'autant plus sensible, que
j'ai trouvé plus d'analogie (s'il n'y a pas identité)
entre le fluide électrique et le fluide vital. Qu'on
me permette maintenant de comparer l'homme à

un instrument de musique, afin de faire mieux comprendre les différens rapports de l'ame avec le corps, ou plutôt avec le fluide vital.

On peut comparer, dit M. Virey, tome 2, page 33, *le corps humain en santé à une harpe bien accordée, de laquelle l'ame tire des sons mélodieux, comme le musicien de son instrument.* Et page 127 : *On peut comparer l'ame au musicien et le corps à l'instrument, dont elle tend, dispose et met en jeu les diverses pièces, comme autant de cordes par lesquelles se produit le concert de la pensée. Comme on produit des accords harmonieux par la diversité des cordes et des flûtes, de même notre esprit pense par le concours des organes du corps. Saint Grégoire de Nice attribue cette même fonction à l'ame, regardée comme un être organique par d'anciens philosophes.* Je ne craindrai donc pas, en suivant les traces de M. Virey, de me mettre au-dessous de la dignité de mon sujet en comparant l'homme à un instrument de musique.

Je considère donc :

DANS L'HOMME.

1.° L'ame sa plus noble partie, seule capable de raisonner.

DANS LE PIANO-FORTÉ.

1.° Les cordes qui sont en quelque sorte l'ame de l'instrument, puisqu'elles résonnent et font entendre la mélodie et l'harmonie.

2.° Le fluide vital, la substance la plus parfaite après l'ame et qui sert à celle-ci d'intermédiaire avec les sens.

3.° Les sens, organes de nos sensations et au moyen desquels l'ame est avertie de ce qui se passe hors d'elle.

4.° Le corps, composé d'une substance organisée et susceptible de rendre des sons par l'organe de la voix qui est plus ou moins douce, plus ou moins forte, plus ou moins agréable, suivant que l'organe de la voix est plus ou moins parfait.

5.° Les objets extérieurs qui viennent frapper nos sens, et dont les impressions sont transmises à l'ame par l'intermédiaire du cerveau et du fluide vital.

6.° L'éducation, l'instruction, le genre d'occupation, les alimens, le climat, la forme des gouvernemens, etc., qui modifient la raison, le jugement et les autres attributs de l'ame, d'une infinité de manières.

7.° Enfin, la santé, les maladies, les infirmités qui trop souvent influent sur l'exercice des facultés de l'ame.

2.° Les marteaux qui tirent les sons de l'instrument et qui servent d'intermédiaires entre les cordes et les touches.

3.° Les touches qui sont en quelque sorte les sens de l'instrument, puisque c'est par elles qu'on parvient à le faire résonner.

4.° Le corps de l'instrument organisé de manière à lui faire rendre des sons plus ou moins mélodieux, suivant qu'il est plus ou moins parfait.

5.° Les doigts du musicien, étrangers à l'instrument, qui viennent frapper les touches et dont les impressions sont transmises aux cordes par l'intermédiaire des marteaux de l'instrument.

6.° Les pédales qui modifient les sons, la mélodie et l'harmonie de l'instrument, selon que le musicien en sait faire usage, avec plus ou moins de goût, plus ou moins d'adresse.

7.° Enfin, la perfection ou les défauts de l'instrument qui influent notablement sur la perfection des sons que l'instrument fait entendre.

XXXIII. *Application de cette comparaison.*

Faisons maintenant l'application de cette comparaison à différens états dans lesquels l'homme peut se trouver, et particulièrement à la mensambulance et à la démence.

Il faut se rappeler que la démence est une union excessive du corps, ou mieux, du fluide vital avec l'ame, et que la mensambulance est une séparation de l'ame d'avec le corps. Il faut encore se rappeler que les marteaux du forté ont été comparés au fluide vital dans l'instrument animé.

Dans l'instrument de musique, si les marteaux sont trop rapprochés des cordes, ou y sont unis, celles-ci ne peuvent plus rendre aucun son, ne peuvent plus résonner. Les touches ont beau être frappées par les doigts du musicien, les marteaux ne peuvent plus recevoir le mouvement convenable pour frapper les cordes qui ne peuvent plus rendre de son par le contact des marteaux. Quelques-uns touchent tout-à-fait les cordes, d'autres n'en sont point assez distans, ce qui occasionne des sons sans liaison entre eux : par conséquent, plus de mélodie, plus d'harmonie. On a beau frapper juste, l'instrument ne répond plus à l'habileté du musicien.

De même dans l'instrument animé, si le fluide vital est trop rapproché de l'ame, s'il y a une union excessive, comme nous l'avons supposé dans la démence, l'ame ne peut plus raisonner ; les sens ont beau être frappés par les objets extérieurs, ils ne peuvent plus faire éprouver à l'ame, comprimée par le fluide vital, les sensations qu'ils éprouvent. On a beau frapper juste, c'est-à-dire parler raison à un insensé, il ne répond plus à vos raisons. Cependant s'il se trouve dans le cerveau quelques parties qui ne soient pas comprimées par le fluide vital, on obtient quelques éclairs de raison de l'insensé. Mais, comme dans l'instrument de musique, il ne faut pas s'écarter des touches qui peuvent encore rendre quelques sons.

Si, au contraire, dans l'instrument de musique, les cordes qui sont l'ame de l'instrument sont trop éloignées des marteaux, si elles en sont séparées, si elles ne sont plus accessibles aux marteaux, c'est inutilement que les touches sont frappées, c'est inutilement qu'elles transmettent leur mouvement aux marteaux, le son n'a plus lieu, parce que les cordes, seules capables de le faire entendre, sont trop élevées pour être atteintes par les marteaux.

De même dans l'instrument animé, dans le mensambule, l'ame séparée du corps est trop élevée, elle n'est plus accessible pour le fluide vital. C'est inutilement que les sens sont frap-

pés, c'est inutilement que le fluide vital transmet au cerveau les sensations, la perception n'a
plus lieu parce que l'ame seule, capable de les
éprouver, est trop élevée pour les apercevoir.

Chez les animaux qui n'ont point d'ame raisonnable, l'instrument animal est organisé à peu près
de la même manière que chez l'homme; ce sont,
chez ceux qui approchent le plus de l'homme, les
mêmes sens, le même fluide vital, les mêmes sensations : il se fait une perception ; ils ont des connaissances, mais ils ne les raisonnent pas ; leur ame en
est incapable : c'est toujours chez eux la même manière d'être, sans être susceptibles de perfectionnement. Leur ame n'est jamais plus ou moins unie,
plus ou moins séparée de leur corps ; leur fluide
vital est toujours dans le même rapport avec leur
ame : voilà pourquoi les animaux ne sont susceptibles ni de démence ni de mensambulance.

On peut comparer les animaux à un instrument
dont les cordes seraient d'une matière non sonore ;
en vain l'instrument serait bien organisé ; les
mêmes touches, les mêmes marteaux, les mêmes
pédales, le même musicien que dans le piano ;
on entend un bruit à la vérité, mais aucun son,
aucune mélodie ; toutes les touches font le
même bruit, rendent à peu près le même ton, le
même son.

Un piano bien organisé, monté de cordes bien

d'accord , touché par un musicien , *voilà
l'homme*.. Un tambour, une caisse dont on tire
des sons, *voilà la brute*. Si cette caisse est battue
par un habile tambour, c'est l'*animal domestique*.

Oui, l'homme et la brute sont bien deux animaux, comme le piano et le tambour sont deux
instrumens ; mais on n'obtiendra pas plus de
raisonnement de la brute que de mélodie du
tambour.

Votre comparaison manque de justesse, me
dira-t-on ; dans votre instrument, les cordes, plus
élevées qu'elles ne doivent l'être, séparées même du
reste de l'instrument, bien loin d'exprimer de la
mélodie, ne rendent plus aucun son. Au contraire,
selon vous, dans la mensambulance, l'ame séparée
du corps raisonne souvent plus juste que dans
son état ordinaire ; elle s'exprime mieux, ses
connaissances sont plus étendues ; enfin, la personne paraît plus parfaite, tandis que l'instrument
de musique est, en quelque sorte, détruit, du
moins il n'en existe plus que les matériaux.

J'avoue que je n'ai pas cru faire une comparaison très-juste, la chose est impossible. D'ailleurs c'est moins une comparaison que j'ai voulu
faire, qu'un moyen que j'ai employé pour faire
mieux comprendre ma pensée, et cette objection même me donne occasion de la développer
encore davantage. Les cordes, que j'ai supposées

être l'ame de l'instrument de musique, et séparées avec leur table du reste de l'instrument,
comme l'ame est séparée du corps dans la mensambulance ; les cordes, dis-je, sont devenues
un autre instrument : c'est une harpe qui n'a
plus besoin ni de touches ni de clavier pour indiquer les tons, ni de marteaux pour faire résonner les cordes; celles-ci reçoivent directement
du musicien, sans l'intermédiaire des touches et
des marteaux, l'ébranlement qui les fait résonner ; aussi, les sons de ce nouvel instrument
sont-ils plus doux, plus harmonieux que ceux
du piano, parce que ses sons ne sont plus trou-
blés par le mécanisme du clavier et le coup des
marteaux. De même aussi, dans la mensambulance, l'ame séparée du corps forme une autre
personne; l'homme, cet instrument composé,
compliqué comme le piano, n'existe plus; l'ame
n'est plus enveloppée par le corps, ni troublée
par les sens, par les différens organes du corps,
par le fluide vital, par les passions qui se trouvent souvent en contradiction avec les affections
de l'ame. Aussi, la raison du mensambule est-
elle plus juste et plus mélodieuse, si je puis m'exprimer ainsi. Comme le mensambule est un pur
esprit, il nous fait entendre une musique angélique.

XXXIV. Cardan, *extrait en mensambulance à volonté.*

Cette idée de la séparation de l'ame d'avec le corps dans la mensambulance, qui ne m'est venue que par la méditation et la réflexion, et par le désir d'expliquer la possibilité de certains phénomènes attribués au somnambulisme magnétique, m'a paru d'abord n'être que le fruit de mon imagination exaltée. Rassuré par des personnes très-instruites auxquelles j'ai fait part de cette idée, j'ai continué de m'en occuper. Un ancien philosophe, célèbre médecin, m'a complètement confirmé la réalité de ma théorie : ce philosophe la mettait en pratique à volonté. Voici comme il s'explique :

Quoties volo, extrà sensum quasi in extasim transeo..... Sentio, dùm eam ineo, ac (ut veriùs dicam) facio, juxtà cor quamdam separationem, quasi anima abscederet, totique corpori hæc res communicaretur quasi ostiolum quoddam aperiretur. Et initium hujus est à capite, maxime cerebello, diffunditur per totam dorsi spinam, vi magnà continetur; hocque solùm sentio quod sum extrà me ipsum : magnáque quádam vi paululùm me contineo.

C'est M. de Montègre qui cite ces expressions de Cardan dans le Dictionnaire des Sciences

Médicales, article *contemplatif*. Cardan était le
plus célèbre médecin de son tems : il était né
à Pavie en 1501, et se laissa mourir de faim
en 1576, parce qu'il avait prédit qu'il ne vivrait
pas au-delà de 75 ans. Voici la traduction que
j'ai essayé de faire du passage de Cardan que
je viens de citer :

Toutes les fois que le je veux, je sors de mon
corps de manière à n'éprouver aucune sensa-
tion, comme si j'étais en extase. Lorsque j'y
entre, ou, pour mieux dire, lorsque je me mets
en extase, je sens que mon ame se sépare de
mon cœur, comme si elle s'en retirait, ainsi
que de tout le reste du corps, par une petite
ouverture qui se fait d'abord à la tête, et
particulièrement au cervelet. Cette ouverture,
qui s'étend tout le long de l'épine dorsale, ne
se maintient qu'avec beaucoup d'efforts. Dans
cette situation, je ne sens rien autre chose,
si non que je suis hors de moi-même, étran-
ger à moi-même; mais c'est avec peine que je
me maintiens dans cet état pour quelques ins-
tans seulement.

Cardan se flattait d'avoir, comme Socrate, un
démon familier, qu'il nommait plus volontiers son
bon ange, qui lui donnait des conseils, comme
Socrate en recevait de son démon familier. A en
juger par la conduite de ces deux philosophes,

on pourrait dire que c'est Socrate qui était inspiré par son bon ange, et Cardan par un démon
familier; car la vie du philosophe payen fut beaucoup plus chrétienne que celle du philosophe
catholique.

Il y aurait un assez long commentaire à faire
sur le passage de Cardan que je viens de citer,
sur les démons familiers, ou bons anges, qui
ne sont que des mensambules d'une espèce particulière. J'avoue cependant que je n'explique-
rais pas facilement le phénomène de ces démons
familiers, d'après ma théorie. Voici cette difficulté :

J'ai dit que dans l'homme, ou dans ce qui
le compose, il y a nécessairement deux personnes : la personne de l'ame et la personne de
l'homme, mais que ces deux personnes ne subsistent pas simultanément; effectivement, puisque c'est l'union de l'ame avec le corps qui constitue la personne de l'homme, cette personne
ne doit plus subsister dans la mensambulance,
puisque l'ame est séparée du corps. Par conséquent, l'ame, dans ce dernier état, ne peut avoir
de relations avec l'homme qui ne subsiste plus.
Cependant le contraire paraît arriver, dans la
supposition que les démons familiers seraient
des mensambules qui s'entretiendraient avec la
personne de l'homme que nous supposons ne

plus exister, lorsque le mensambule, ou le démon familier, existe. Mais comme je n'ai pas l'orgueilleuse prétention de tout expliquer et de restreindre la nature à mes faibles connaissances, il me suffit d'indiquer ici que les démons familiers de Socrate, de Cardan, et de bien d'autres sans doute, ne sont que des mensambules d'une espèce particulière. Je reviendrai sur cet objet en parlant des songes, etc. (*Voyez aussi l'art.* LIV.)

XXXV. Réponse *aux objections qu'on peut faire contre la théorie du mensambulisme.*

1.re *objection.* La séparation de l'ame d'avec le corps, dans la mensambulance, n'est qu'une supposition. Or, une simple supposition ne peut pas servir de base à une science qui doit être certaine. La théorie du mensambulisme n'est donc qu'une chimère.

Réponse. Effectivement, c'est une supposition que je suis obligé de faire; mais c'est une thèse que j'avance et que je prouve dans cette théorie. Le système de Copernic n'est fondé que sur la supposition que le soleil est fixe au centre de notre sphère céleste. Il est impossible à l'homme de s'assurer de cette fixité autrement que par l'observation et l'explication des phénomènes de la sphère céleste. Si la découverte de Copernic n'est pas réelle, elle ne nous tient pas moins

lieu d'une vérité physique et mathématique dans
les conséquences. De même il est impossible de
nous assurer de la séparation de l'ame d'avec
le corps dans la mensambulance, autrement que
par l'observation et l'explication des phénomènes de cet état. Si ma découverte n'est pas
réelle, elle ne nous tient pas moins lieu d'une vérité
physique, physiologique et psychologique dans
les conséquences. Je ne pousse pas plus loin mes
prétentions à l'égard des matérialistes dont *le
clou est rivé*.

2.° *Objection.* Comme la mort n'est autre
chose que la séparation de l'ame d'avec le corps,
et que cette séparation fait la base de cette théorie, la mort en devrait être une suite nécessaire ;
ce qui n'est pas, car les morts ne ressuscitent pas.

Réponse. 1.° Quand il serait vrai que la mort
suit nécessairement toute séparation de l'ame
d'avec le corps, ma théorie, toute fausse qu'elle
serait dans son principe, nous tiendrait encore
lieu d'une vérité dans les conséquences, comme
je viens de le dire.

2.° Il est bien vrai que l'union de l'ame avec
le corps est ce qui fait l'homme. Sans cette
réunion, le corps n'est plus ou qu'un animal,
ou qu'un végétal, ou enfin qu'une substance
purement matérielle et souvent infecte. Mais
l'ame n'est point ce qui donne la vie au corps;

Teratoscopie.   12.

c'est uniquement le fluide vital : sans ce fluide, le corps est absolument mort, et par conséquent l'homme n'existe plus, parce que l'ame ne peut être unie qu'à un corps vivant. Au contraire, avec le fluide vital, le corps est nécessairement vivant, que l'ame y soit réunie ou non. Au reste, j'en ai dit assez sur cet objet en parlant du fluide vital.

3.ᵉ *Objection*. Si le corps du mensambule est inanimé, il ne doit plus éprouver de sensations, puisque c'est l'ame qui les perçoit; il doit également être incapable d'exécuter aucun mouvement, puisque c'est la volonté, c'est-à-dire l'ame, qui les fait exécuter. Cependant nous voyons des mensambules agir, marcher, parler et se livrer à toutes les fonctions de la veille. D'un autre côté, si l'ame est absente du corps, comment le mensambule peut-il, comme je l'ai dit, avoir plus de raison, plus de connaissance que dans l'état de veille? Puisque l'homme, dans la mensambulance, n'existe plus, comment se fait-il que le mensambule remplisse des fonctions qui n'appartiennent qu'à l'homme? N'y a-t-il pas ici une contradiction manifeste?

Réponse. Pour répondre à cette objection, j'ai besoin de considérer les deux substances dont l'homme est composé, et les rapports qu'elles peuvent avoir entre elles.

XXXVI. *Du corps de l'homme dans l'état de mensambulance.*

Dans l'état de veille et de santé, le corps et l'ame, l'esprit et la matière sont tellement unis, que les deux substances n'en font presque plus qu'une; du moins elles ne forment plus qu'un tout, qu'une seule personne; en sorte qu'on pourrait dire, ou que le corps est spiritualisé, ou que l'ame est matérialisée. En parlant de l'ame, je dirai ce qu'on doit entendre par les mots *union* de l'ame avec le corps, et *séparation* de l'ame d'avec le corps. C'est une formule dont je me sers pour exprimer ce qu'on entend ordinairement par *union* et *séparation*, lorsqu'on parle de la relation de l'ame avec le corps. C'est cette union intime qui sert de fondement au système du matérialisme. M. de Buffon semble tomber dans un excès contraire. Dans son discours sur la nature de l'homme, cet illustre auteur semble insinuer que notre corps n'est qu'une modification de notre ame, et que la matière en général n'est qu'une modification des substances spirituelles. C'est sans doute une erreur que je suis loin d'embrasser; mais en reconnaissant l'existence de la matière, ne peut-on pas dire que dans l'union de l'ame avec le corps, ce dernier a acquis certaines propriétés qui, d'après nos fait

bles lumières, semblent ne pouvoir apparte-
nir qu'aux substances spirituelles ?

En effet, quoique la matière dont le corps est
composé soit *inerte* de sa nature, il est pourtant
vrai de dire que le corps est actif par lui-même.
Le fluide vital n'est que matière ; mais comment
peut-il n'être que matière et *agir* sur l'ame toute
entière , qui n'est point composée de parties?
C'est probablement ce qui avait fait naître aux
anciens philosophes l'idée de la distinction de
l'ame et de l'esprit ; mais ce n'est que reculer la
difficulté.

Quand je parle de *l'action* de la matière sur
l'esprit, ce n'est encore qu'une formule abrégée
pour exprimer, d'après notre manière ordinaire
de penser, les relations qui existent entre le
corps et l'ame ; car on verra par la suite qu'il
est impossible que le corps *agisse* sur l'ame.

Tangere enim et tangi nisi corpus , nulla potest res.

Cependant j'adopte ici notre manière de parler pour me faire mieux comprendre. Il en est
de même du mot *union*.

Dans l'union ordinaire de l'ame avec le corps,
celui-ci n'est pas seulement mu , mais il se met
en mouvement. Il est moins mu que déterminé
à se mouvoir par la volonté de l'ame. Qu'on me
permette une comparaison qui me fera mieux
comprendre.

Un homme conduit une voiture à laquelle un cheval est attelé : le cheval agit à la volonté de l'homme qui le conduit. Cependant le cheval agit bien certainement par lui-même ; il n'est que déterminé à agir par la volonté de l'homme. Au contraire, la voiture à laquelle le cheval est attelé, n'est que passive ; elle ne se meut point ; elle est mise en mouvement ; ce n'est qu'une machine mue par un cheval qui, de son côté, est déterminé à se mouvoir par la volonté du conducteur. Dans l'état ordinaire, le corps de l'homme est réellement actif par lui-même. A la vérité, ses actions sont dirigées par la volonté de l'ame, comme le cheval par la volonté du conducteur.

Dans la mensambulance, le corps est purement passif ; ce n'est plus qu'une machine qui est mise en mouvement par la volonté immédiate de l'ame, comme la voiture est mise en mouvement par la volonté immédiate du cheval. L'expérience pourrait confirmer cette assertion. En observant les mouvemens du mensambule, on devrait y remarquer toute la précision d'une machine bien organisée, mais en même-tems toute la roideur d'une machine inanimée. On remarque qu'il est aussi adroit qu'une machine qui ne manque jamais son coup : le corps se tient plus droit, il doit paraître apporter moins d'attention à ce qu'il fait, et cependant le mieux faire. Il écrit plus promptement, mais moins correctement, parce que c'est moins de son écriture dont il est occupé, que de ce qu'il écrit. Sa marche est plus précipitée, mais moins régulière; quoique chancelant quelquefois, il ne fait jamais de faux pas. S'il marchait sur une corde tendue, il n'aurait pas besoin d'un balancier pour lui aider à tenir l'équilibre; ou, s'il le perdait, il le reprendrait sans le moindre effort. Sa voix pourrait avoir quelque chose de rauque ou de moins doux : peut-être observerait-on que le mensambule est ventriloque, parce que le mensambule n'a pas plus besoin de l'organe de la parole pour se faire entendre, que de l'ouïe et de la vue pour entendre et pour voir ; on pourrait dire qu'il est *ubiquiloque*. Je ne crois pas que ce soit par une modification dans l'organe de la voix qu'un ventriloque, qui est auprès de nous, se fasse entendre comme s'il était à cent pas ; je crois que c'est qu'il parle réellement à cent pas, et qu'il est doué d'une qualité mensambulique. Cette faculté qu'ont les ventriloques de se faire entendre d'où ils veulent, est un phénomène dont je croyais que le docteur Richerand nous aurait donné l'explication. Un ventriloque se fait entendre du haut d'un toit comme du fond d'une cave, à droite comme à gauche, du

sud comme du nord, et enfin d'aussi loin que
la voix peut se faire entendre. Ce phénomène
me persuade que le ventriloque est *ubiquiloque*,
et qu'il parle réellement dans le lieu d'où il se
fait entendre ; ce qui ne peut se faire que
par une sorte de mensambulance. *J'ai observé,*
dit M. Richerand, *qu'il n'inspire point lors-*
qu'il parle DU VENTRE. Il est bien étonnant que certains *philosophes* refusent aux animaux le don de la parole uniquement parce qu'ils
n'ont pas la bouche ou la gueule conformée
comme l'homme; et cependant ils ont *observé*
qu'on pouvait parler DU VENTRE, c'est-à-dire
par un organe qui n'est nullement conformé
comme la bouche l'est dans l'homme. Certes,
il y a bien plus de différence entre la bouche et
le ventre de l'homme, qu'il n'y en a entre la
bouche du cheval et celle de l'homme.

On devine sans peine, dit M. Richerand en
terminant cet article, *quel parti on eût pu tirer*
d'un semblable talent dans les tems des oracles.
Je dirai ailleurs (LXXXVIII) que ce talent était
connu, et que la Pythie était *ventriloque*, parce
qu'elle était dans un véritable état de mensambulance. *Dans les tems des oracles* on péchait par
trop de crédulité; nos philosophes pèchent par trop
d'incrédulité. Du moins les anciens ne niaient
pas les oracles; et, en les attribuant à leurs divi-

nités, c'était une manière d'avouer leur ignorance de les expliquer naturellement. Nos philosophes n'ont pas tant de bonne foi, mais ils
ont plus d'orgueil. Enfin, si le mensambule est
plus sensible aux charmes de la musiqne, c'est
que les sons viennent directement à la connaissance de son ame, sans passer par l'organe de
l'ouïe qui les détériore.

Les organes des sens sont dans la même inertie
que le corps. Une infinité d'expériences le prouvent,
et notre théorie le démontre. Dans l'état ordinaire, qui est-ce qui voit? qui est-ce qui entend?
C'est l'ame, par l'intermédiaire de nos organes.
Ainsi, dans la vue, les objets éclairés viennent
se peindre sur la rétine qui communique sa sensation au nerf optique, celui-ci au cerveau,
dans lequel l'ame les voit. La même opération
mécanique peut avoir lieu dans l'état de mensambulance, mais c'est inutilement que le cerveau est frappé, il ne peut communiquer sa sensation à l'ame, elle est absente : c'est une horloge
dont on a ôté le timbre ; le marteau s'agite
inutilement, il ne peut occasionner aucun son.
Un mensambule n'entendrait pas le bruit d'un
canon, dont il ne serait point prévenu, et il répon-
drait à une question qu'on lui aurait faite à voix
basse, même à une question mentale, à l'instant même de l'explosion d'un coup de canon

qu'il n'aurait pas entendu. Ses organes sont dans la plus complète inertie.

Mais comment le corps, séparé de son ame, cette matière *inerte* par elle-même, cette machine végétale, réduite aux fonctions vitales, et dont les organes sont nuls quant aux sensations et aux mouvemens ; comment, dis-je, se fait-il que le corps agit, marche, parle, entend, voit même au travers des opaques (du moins nous nous le figurons), et peut enfin se livrer à toutes les fonctions de la veille ? C'est ce que je vais tâcher de développer plus amplement ; car on a déjà dû le concevoir par ce que j'ai dit jusqu'ici. J'ai parlé du corps, je vais parler de l'ame et de ses facultés dans la mensambulance.

XXXVIII. *De la nature de l'ame, et de ses facultés.*

Nos prétendus philosophes, qui *penchent fort vers le matérialisme*, et dont la sagesse n'est que le comble de la folie, qui font un dieu de la matière, conviennent que l'homme est le plus bel ouvrage de la Divinité ; que l'homme vertueux est pour ainsi dire semblable à Dieu. Dans leur hypothèse, il n'y a point de *pour ainsi dire :* l'homme est tout à-fait semblable à Dieu, et Dieu lui-même, puisqu'il en est une portion. S'il n'est pas tout Dieu, c'est qu'il n'est pas toute la matière ; mais il a, dans toute leur plénitude, tous les attributs de leur divinité matérielle, autant qu'une aussi faible portion de matière peut les contenir.

Et nous aussi, philosophes religieux, nous croyons que l'homme est un des plus beaux ouvrages de la Divinité ; nous croyons aussi que l'homme a été créé à l'image de Dieu ; mais nous croyons en même tems que Dieu est une substance spirituelle et immatérielle. Nous croyons que l'homme ressemble à Dieu parce qu'il a reçu de lui une ame spirituelle et immatérielle.

On peut concevoir l'existence de Dieu sans l'existence de la matière ; mais on ne peut concevoir l'existence de la matière sans l'existence de Dieu. De même on peut concevoir l'existence de l'ame, sans l'existence de l'homme ; mais il est impossible de concevoir l'homme sans l'existence de l'ame. Et c'est une raison de plus qui nous fait croire que l'homme est l'image de Dieu, quand cette vérité ne nous aurait pas été révélée. *Faciamus hominem ad imaginem et similitudinem nostram.* Faisons l'homme à notre image et à notre ressemblance. (Gen. ch. 1, v. 26.) *Ad imaginem et similitudinem* : ces deux termes joints ensemble, marquent une très-grande ressemblance. L'homme composé d'un corps et d'une ame, n'est que l'image de Dieu ; mais du

côté de l'ame seulement, il en est la ressemblance, ce qui dit beaucoup plus que l'image.

Pour nous former une idée de la nature de
l'ame et de ses facultés, considérons donc, autant qu'il est en notre pouvoir, la nature de Dieu
et ses attributs, du moins ce qu'il est nécessaire
que nous en connaissions pour le sujet qui nous
occupe, et nous reconnaîtrons que les facultés de
l'ame qui doivent *ressembler* en quelque sorte
aux attributs de la Divinité, sont la source d'un
nombre prodigieux de phénomènes, ou plutôt de
merveilles qui doivent *ressembler* aussi aux merveilles du Tout-Puissant ; merveilles que nous
avons prises souvent pour des fables, des illusions
ou des miracles.

Je vais dire des choses qui scandaliseront peut-
être nos prétendus *esprits forts*, mais qui péné-
treront d'admiration et de reconnaissance envers
Dieu ceux qui le reconnaissent humblement dans
ses œuvres et dans les choses qu'il lui a plu de
nous révéler.

XXXIX. *L'ame, image de la Divinité.*

Premier principe. Dieu est un être spirituel,
immatériel, la suprême intelligence, et dont
l'existence est infinie.

L'ame est une substance spirituelle, immatérielle, intelligente, et dont l'existence est presque

infinie, puisqu'elle ne peut avoir de bornes matérielles.

Second principe. Dieu est tout-puissant : il
agit sur les substances spirituelles et matérielles.

L'ame est douée d'une puissance dont il nous
est impossible de connaître les bornes. Son pouvoir s'étend sur les substances matérielles et sur
les substances spirituelles créées.

Troisième principe. Dieu est créateur ; il a
créé tout ce qui existe : par conséquent il a créé
le monde, et il en peut créer une infinité d'autres.
Il a créé des *êtres réels* qui ne sont en quelque
sorte que des ombres, que des apparences en
comparaison de son être infini. Dieu a dit : Je
suis celui qui est, *Ego sum qui sum*; comme
s'il était le seul être existant, et comme si le reste
des créatures n'avait qu'une ombre, qu'une apparence d'existence.

L'ame faite à la ressemblance de Dieu doit
aussi être douée de la puissance de créer : mais
elle ne peut créer que des ombres, des fantômes,
des apparences, en comparaison de son *être réel*
qu'elle a reçu de Dieu.

Quatrième principe. Dieu connaît tout, le
passé, le présent et l'avenir, et les plus secrètes
pensées de toutes les intelligences créées.

L'ame peut tout connaître, jusqu'à Dieu même.
Mais tant par sa nature qui est bornée, que par

les différens états dans lesquels l'ame est destinée à se trouver, ses connaissances sont nécessairement bornées. Elle connaît aussi le passé, le présent, prévoit l'avenir, et enfin pénètre les pensées qui nous paraissent les plus secrètes.

Telles sont les quatre principales facultés de l'ame qu'il nous importe le plus de considérer et d'où résultent les phénomènes de la mensambulance, dont la véritable cause a paru jusqu'à ce jour inconnue du plus grand nombre de ceux mêmes qui semblent opérer ces phénomènes.

Dieu a sans doute d'autres attributs, d'autres perfections, telles que sa bonté infinie, sa justice, son immortalité que nous connaissons, mais sur lesquelles nous n'avons pas besoin de nous étendre pour le sujet qui nous occupe. Dieu a encore une infinité d'autres perfections que nous ne pouvons connaître dans notre état présent.

De même l'ame a d'autres facultés, telle que son immortalité qui nous est connue, et peut-être beaucoup d'autres qui nous sont inconnues, mais que nous connaîtrons lorsque nous aurons parcouru les différens périodes de notre existence.

Nous allons développer les quatre principes ou plutôt les quatre facultés de l'ame qui sont les causes des différens prodiges que nous présente l'état du mensambule.

XL. 1.ᵉʳ PRINCIPE. *Spiritualité et immatéria- lité de l'ame.*

L'ame est une substance spirituelle, immaté- rielle, intelligente, et dont l'existence ne peut avoir de bornes matérielles.

Quand nous disons que Dieu est en tous lieux, c'est une expression dont nous nous servons pour exprimer que Dieu est infini. Ce qui distingue essentiellement les substances spirituelles des sub- stances matérielles, c'est que nous ne pouvons concevoir celles-ci sans leur assigner des bornes ; nous les concevons nécessairement dans l'espace ; au lieu que nous ne pouvons assigner un espace aux substances spirituelles, et c'est pour cela que nous ne pouvons les concevoir. Ainsi, quel- que *bornée* que soit notre ame en comparaison de l'infinité de Dieu, nous ne pouvons lui assi- gner des bornes, nous ne pouvons la supposer dans un lieu, sans l'y supposer toute entière, quelque petit que soit cet espace; et cependant nous ne pourrions désigner un espace, quelqu'étendu qu'il soit, où elle ne soit pas. Elle est partout et elle n'est nulle part ; et encore ces expressions sont impropres, puisque l'espace n'existe pas pour les substances spirituelles.

Cependant j'ai dit qu'une des fonctions du corps, par rapport à l'ame, était de lui servir en

quelque sorte de bornes matérielles. On dit qu'elle
a son siège dans le cerveau : elle serait bien
bornée. Ne pourrait-on pas dire que le corps,
bien loin de servir de bornes matérielles à notre
ame, ne serait, à notre égard, que le point
central de l'immensité de son existence ? ou,
comme le dit le docteur Virey, le point central
de notre ame est partout, et sa circonférence
nulle part. En effet, notre imagination, c'est-
à-dire notre ame, ne se trouve-t-elle pas dans
le même tems à Paris, à Londres, en Europe,
en Amérique, si nous en avons la pensée ? Qui
peut assurer que notre ame n'est pas là où est
notre pensée, où est notre imagination ? Je pense
à Rome ; je vois cette ville célèbre : j'y suis donc ;
car il me semble qu'il m'est plus facile de me
transporter à Rome, que de transporter Rome
où je suis. A la vérité, je n'y suis qu'en imagination, qu'en esprit ; c'est tout ce que je veux
dire. Je me tromperais, comme je me trompe
dans mes songes, si je croyais que mon corps
m'y accompagnât ; mais l'erreur ne serait que
matérielle.

XLI. *Démonstration expérimentale de l'imma-térialité de l'ame, par M. l'abbé Faria, réfutée par le docteur Virey.*

Je rapporterai avec plaisir une démonstration expérimentale sur la spiritualité de l'ame, de M. l'abbé Faria, que M. Virey prétend avoir victorieusement réfutée dans le Journal complémentaire des sciences médicales, du mois d'avril 1820, page 120. Je ne connais l'ouvrage de M. l'abbé Faria que par la réfutation qu'en a faite le docteur Virey.

« Un objet qui est imbibé de miasmes individuels, fait connaître à ces êtres intuitifs (aux mensambules lucides) une personne qui serait aux Antipodes, comme si elle était en contact avec eux. Le corps circonscrit par l'espace se trouve en un lieu, au point qu'il lui est impossible de se trouver ailleurs en même-tems. Donc, s'il y a une substance qui se trouve en même-tems ailleurs que là où elle est, elle n'appartient pas à la nature de la matière, mais à une autre nature, qui est l'esprit. Un mensambule, par exemple, placé à Paris, voit ce qui se passe à plusieurs lieues, et s'y trouve assez présent pour rapporter la conversation des personnes sur lesquelles on l'interroge. Ce fait n'est pas commun, mais il suffit d'un seul qui soit exact. Le corps du mensambule n'est pas dans le lieu indiqué au loin : cependant, ce qui pense en lui s'y trouve témoin de ce qui s'y passe........ Il faut donc irrévocablement établir que ce qui a de l'intelligence dans l'homme ne peut être de la matière, puisqu'il peut être présent par tout l'espace. »

M. Virey répond : « Ce raisonnement ingénieux, dans l'hypothèse des spiritualistes, pèche néanmoins par sa base ; car, qui prouve que mon ame soit à la Chine quand j'y pense, étant à Paris, fussé-je mensambule très-lucide ? Pourquoi notre ame n'irait-elle pas dans des pays que nous ne connaissons nullement ? Et pourquoi Scipion, en songe, n'allait-il pas visiter l'Amérique non encore découverte ? Pourquoi l'ame ne connaît-elle pas la structure de son corps ? »

Je répondrai, à mon tour, à M. Virey, 1.° que sa réfutation n'est nullement *ingénieuse*, même dans l'hypothèse des *matérialistes*, et qu'elle pèche par sa base comme par son sommet. Il s'agit bien ici d'un raisonnement, mais d'un raisonnement appuyé sur un fait. Celui établi par M. Faria est vrai ou faux : s'il est vrai, non-seulement son raisonnement est *ingénieux*, mais il est on ne peut plus juste, et ne pèche en aucun point. Si le fait est faux, son raisonnement tombe de lui-même ; la prétendue réfutation de M. Virey ne réfute rien, et se réduit à nier un fait ; mais les phénomènes de la mensambulance ne peu-

Teratoscopie. 13.

vent plus se nier qu'en *désespoir de cause.*

2.° Pourquoi, ajoute M. Virey, notre ame n'irait-elle pas dans des pays que nous ne connaissons nullement ? et pourquoi Scipion, en songe, n'allait-il pas visiter l'Amérique non encore découverte ?....

Pourquoi ? Parce que *ignoti nulla cupido.* Peut-on faire sérieusement de pareilles questions ? Je demande à M. Virey, s'il est possible de former le désir d'aller visiter des pays dont on ne soupçonne pas même l'existence ? A-t-il oublié que *nous n'appercevons rien qu'en nous mêmes, et qu'il n'est point de corps coloré pour un aveugle de naissance* (ce sont ses propropres paroles), et qu'une choses qui nous est inconnue est, à notre égard, comme si elle n'existait pas ? Cette réfutation de M. Virey, ou plutôt ces *pourquoi*, se réduisent donc à celui-ci : *pourquoi Scipion, en songe, n'allait-il pas visiter des pays qui n'existaient pas et qui n'ont jamais existé,* du moins pour lui ?

3.° Autre pourquoi de M. Virey. *Pourquoi notre ame ne connaît-elle pas la structure de son corps ?*

Avant de faire cette question, M. Virey aurait dû distinguer dans quel état l'ame peut ou ne peut pas connaître la structure de son corps. S'il suppose l'homme dans son état ordinaire, on serait convenu avec lui que l'ame, dans cet état, ne

voyant et ne connaissant que par l'intermédiaire
des sens et le raisonnement, elle ne peut connaître la structure de son corps, parce que les
sens n'y ont aucun accès. Mais si M. Virey suppose l'ame en mensambulance, nous lui répondrons que dans cet état, elle peut non-seulement
connaître la structure intérieure de son corps,
mais encore celles d'autres personnes, que c'est
un fait que mille *pourquoi* ne peuvent détruire.

L'ingénieux raisonnement de M. Faria est donc
une *démonstration expérimentale* de la spiritualité de l'ame, puisqu'il est appuyé sur des faits
plus communs que ne pense lui-même M. Faria
et qui ne peuvent plus être contestés. Oui, un
mensambule qui serait à Paris connaît ce qui se
passe à plusieurs lieues et s'y trouve assez présent
pour rapporter la conversation des personnes sur
lesquelles ont l'interpelle, pourvu que le mensambule ait maintenant un objet imbibé des miasmes
de ces personnes, ou qu'il ait eu quelques rapports avec elles ; autrement elles seraient pour ce
mensambule comme si elles n'existaient pas. Pourquoi refuserait-on à l'ame, dans l'état de mensambulance, la possibilité d'avoir des connaissances
qu'on accorde à l'instinct des animaux. Un chien
distingue entre mille la pièce de monnaie que son
maître a touchée, parce que cette pièce de monnaie est imbibée des miasmes de son maître.

Enfin, dans l'état de mensambulance l'ame,

séparée du corps, ne peut plus l'avoir pour
bornes : elle jouit de tous ses droits naturels, elle
existe partout, en tous lieux et ce n'est pas beaucoup dire, puisque ces lieux, quelque immenses
que nous les supposions, sont nécessairement
bornés. Mais l'ame dans cet état n'a point de
bornes matérielles. Ce n'est pas que le corps serve
de bornes à l'ame, mais il semble lui en servir,
en ce que les connaissances de l'ame ne peuvent
guère s'étendre au-delà des bornes que les sens
peuvent atteindre, dans son union ordinaire avec
le corps. On conçoit maintenant comment l'ame
voit, *entend*, c'est-à-dire connaît sans l'intermédiaire des organes des sens. On conçoit aussi,
qu'étant en tous lieux, elle peut connaître tout
ce qui s'y passe. Mais comme elle n'est pas parfaite, elle ne peut connaître que les choses sur
lesquelles elle porte son attention. Ainsi, si son
attention se porte sur ce qui se passe à Rome, le
mensambule étant à Paris, elle ne pourra connaître ce qui se passe dans cette dernière ville,
sous les yeux même du mensambule. C'est par la
même raison qu'un mensambule lit au travers d'un
mur, et ne voit pas ce mur, il ne porte son attention qu'à l'objet qui est au-delà du mur par
rapport à son corps ; car par rapport à son ame,
il n'y a ni au-deçà, ni au-delà.

J'aurais pu laisser à M. Virey l'honneur de réfuter lui-même ce qu'il vient de dire contre la dé-

monstration expérimentale, sur la spiritualité de
l'ame, de M. l'abbé Faria. Voici les expressions de
M. Virey :

« L'ame n'ayant point de parties, elle est un
point universel, ou qui s'étend dans l'infini. Delà
vient qu'elle n'est pas tant en nous-mêmes que
nous ne sommes en elle ; parce que, participant
de l'immensité, elle peut se répandre partout.
Par la même raison, elle n'occupe point d'espace ; si elle était fixée quelque part, elle occuperait un lieu comme la matière, qualité contraire à un être de la nature de l'infini. Lui assigner un siége déterminé, soit au cerveau, soit au
cœur, comme aux facultés végétatives et sensitives, serait donc lui supposer une qualité corporelle ; mais un esprit intelligent n'ayant ni lieu
ni tems, rien ne le contient ou le borne ; s'il
agit principalement dans le cerveau, c'est parce
qu'il y trouve le commun réservoir des sensations
avec lesquelles il entre en communication. »
(*Art de perfectionner l'homme*, tom. 1. p. 36.)

Je demande maintenant au docteur Virey si
l'ingénieux, le savant ouvrage qui contient un
pareil raisonnement n'a d'autre fondement qu'une
simple *hypothèse?* Est-ce que l'immatérialité de
l'ame qu'il démontre d'une manière si neuve, si
convaincante, ne serait qu'une *hypothèse?* Est-ce
que ses raisonnemens *pècheraient par leur base,*
d'un bout de son ouvrage à l'autre ? Ah ! M. Vi-

rey , *Quantùm mutatus ab illo !* .... Est-ce
que les principes , les vérités éternelles sur lesquels
est fondé *l'Art de perfectionner l'homme* auraient
été stériles pour M. Virey ? Est-ce qu'une route
opposée l'aurait conduit plus sûrement à la fortune ?.... Il n'est cependant pas de ces hommes
dont on puisse dire

> .... *Quid non mortalia pectora cogis ,*
> *Auri sacra fames.*

A quels excès ne conduit pas le démon des richesses !

M. Virey avait assez de génie et de talens pour
ne devoir sa gloire et sa fortune qu'à lui. Je crois
qu'il a plus perdu en gloire qu'il n'a acquis en richesses. Il aurait mieux fait de suivre ce conseil;

> *Alterius ne sit qui suus esse potest,*

que celui de ses prétendus amis, jaloux d'avance
d'une gloire qui aurait éclipsé la leur, et d'une
fortune supérieure peut-être à celle dont il peut
jouir aujourd'hui.

XLII. Second principe. *L'ame agit sur les substances matérielles et spirituelles.*

Le premier usage que l'ame fait de sa puissance
c'est d'agir sur son corps. Cette question va nous
donner occasion d'en examiner une autre; savoir,
si les substances matérielles peuvent agir sur les
substances spirituelles, et de répondre à l'objection des matérialistes qui disent que les substances

spirituelles (si elles existaient) ne pourraient pas
agir sur les substances matérielles, et encore
moins celles-ci sur les premières.

Les physiologistes nous disent, « Qu'en vain
» les organes des sens seraient ouverts à toutes
» les impressions qu'exercent sur eux les objets
» qui nous environnent ; en vain les nerfs seraient
» disposés à les transmettre. Ces impressions
» deviendraient inutiles, elles seraient pour nous
» comme n'existant pas, si le cerveau n'exis-
» tait pas pour les ressentir (j'aurais ajouté,
» et si l'ame n'existait pas pour apercevoir les
» sensations que le cerveau éprouve,), nous n'en
» aurions aucune connaissance. » De même, la
puissance qui met les muscles en mouvement,
disent les mêmes physiologistes , part du cerveau ; mais si la volonté, cette faculté de l'ame,
et par conséquent l'ame même, n'imprimait pas le
mouvement au cerveau, les muscles seraient sans
mouvement. Je ne parle pas des mouvemens inté-
rieurs et organiques, à l'aide desquels s'exécutent
les fonctions vitales : ces mouvemens sont involontaires et instinctifs, la volonté et par conséquent l'ame n'y a point de part.

Quelques physiologistes prétendent que les
substances matérielles et les substances spirituelles ne peuvent agir mutuellement les unes sur
les autres, parce qu'elles pourraient entrer en
contact, ce qui est impossible.

Tangere enim et tangi nisi corpus nulla potest res.

(Lucrèce.)

Effectivement ces deux substances ne peuvent entrer en contact; s'ensuit-il pour cela que l'esprit ne peut agir sur la matière ? En ce cas le mouvement de la matière serait impossible, parce qu'elle est inerte par elle-même. Cependant comme elle est réellement en mouvement, il a donc fallu une cause première pour la mettre en mouvement, et cette cause ne peut être qu'une substance spirituelle, qu'une volonté dont la matière est incapable. Les théologiens conviennent de cette vérité : « Nous sentons, » disent-ils, par une conviction intime, que » notre ame agit sur notre corps ; mais ils » ajoutent, nous sentons également que notre » corps agit sur notre ame : nous ne concevons » pas comment cela se fait, faudra-t-il pour » cela nier un fait évident, parce qu'on ne » peut l'expliquer ? Il y a une infinité de ma- » nières d'agir; nous n'en connaissons que très- » peu, et celle par laquelle le corps agit sur » l'esprit, est du nombre de celles que nous » ne connaissons pas. »

Je ne suis nullement de l'avis de ces théologiens, et je trouve qu'il répugne de croire que la matière puisse agir sur l'esprit, j'admets dans toute son étendue la proposition de Lucrèce :

Tangere enim et tangi nisi corpus nulla potest res.

Non, mon corps ne peut agir sur mon ame : celle-ci voit, c'est-à-dire, elle connaît les impressions que les sensations font sur le cerveau, et ces impressions sur le cerveau ne sont que la cause occasionnelle de la connaissance que l'ame en acquiert. Je vois de loin un précipice et je m'en éloigne : ce n'est pas le précipice qui m'éloigne de lui ; il n'agit en aucune manière sur moi. La sensation qu'a éprouvée mon cerveau à la vue du précipice, n'a pas plus agi sur mon ame, que le précipice sur moi. — Si ce n'est pas, me dira-t-on, le précipice lui-même qui a agi sur vous, ce sont les rayons de lumière qui, du principe, sont venus se peindre sur votre rétine, ont produit une sensation sur le cerveau, et de-là sur votre ame. Ainsi c'est la lumière qui est matière qui a agi sur votre ame.

Comme je n'ai, dans le cas dont il s'agit, qu'à répondre à des théologiens qui reconnaissent la spiritualité et l'immatérialité de l'ame, je puis leur faire cette question : Croyez-vous que l'ame séparée du corps puisse conserver la faculté d'acquérir des connaissances et d'éprouver des sentimens, relativement aux substances matérielles, sans aucun intermédiaire naturel, sans qu'aucune matière agisse sur elle ? S'ils répondaient par la négative, je leur dirais qu'en ce cas. Dieu même ne pourrait avoir aucune

connaissance de ce qui se passe dans le monde
physique ; ce qui serait un blasphème ; et que
s'il en a connaissance , ce ne pourrait être que
parce que la matière agirait sur lui, ce qui
serait un second blasphème. Que si l'ame séparée du corps peut acquérir des connaissances
relatives aux substances matérielles, sans intermédiaire physique ou matériel, pourquoi ne
jouirait-elle pas de cette faculté dans son union
avec le corps ? Pourquoi aller chercher des
moyens impossibles et incompréhensibles, tandis
que nous en avons de si naturels, et qui sont
si faciles à comprendre ?

On dira peut-être encore qu'il existe entre
le corps et l'ame une union intime, ineffable
et si étroite, que l'ame et le corps ne font
plus qu'un ; en agissant sur le corps, on agit
donc sur l'ame. — Sans doute l'union entre le
corps et l'ame est ineffable. Nous nous servons
du terme d'*union*, pour exprimer le rapport,
l'association qui existe ordinairement entre le
corps et l'ame, mais véritablement il n'y a
point d'union proprement dite : une *union* entre
le corps et l'ame, entre l'esprit et la matière
est aussi impossible que l'action ou le contact
de la matière sur l'esprit ; il y a seulement
relation, association , et cette relation intime,
ineffable, est déja un assez grand mystère, sans
en ajouter un autre dans la manière dont l'ame

et le corps entretiennent cette relation, surtout lorsqu'on peut l'expliquer d'une manière
simple, intelligible et qui nous semble possible. L'ame voit, c'est-à-dire, connaît toutes les
sensations que le corps éprouve par les organes
des sens : rien ne me paraît plus simple, plus
intelligible. Convenons donc que la matière est
inerte de sa nature ; que bien loin de pouvoir agir sur l'esprit, elle ne peut pas même agir
d'elle-même sur la matière ; que tous les phénomènes du mouvement sont le résultat nécessaire
d'une cause étrangère qui ne peut-être qu'un
esprit, l'esprit créateur.

J'ai traité cette question parce que dans la
mensambulance qui est une séparation de l'ame
d'avec le corps, ou plutôt une cessation des
relations ordinaires de l'ame avec le corps, les
sens ne sont plus les intermédiaires au moyen
desquels l'ame acquiert ses connaissances. Les
physiologistes et les magnétistes ont recours à
un *sens interne* sur lequel se font directement
les impressions des objets externes, sans l'intermédiaire des sens externes ; mais, dit M.
le comte de Redern, « on ne fait que reculer la difficulté, la question reste la même.

« Comment expliquer la relation du mouvement des fibres nerveuses ou de l'action d'un
fluide quelconque, avec les perceptions et les
idées, la volonté et l'entendement ?

« Cette question a donné lieu à plus d'une hypothèse : la moins compréhensible de toutes, est celle qui regarde les facultés de l'homme comme un résultat de son organisation, qui naît et se détruit avec elle. » pag. 14.

Si ce sens *interne* n'est pas matériel, alors c'est l'ame, et nous sommes d'accord.

Quant à la seconde partie de ma proposition, qui est que l'ame peut agir sur les substances spirituelles, j'en parlerai en disant comment les mensambules peuvent lire dans les pensées les plus secrètes. Je dirai seulement ici qu'il est aussi impossible aux esprits d'agir par contact sur la matière qu'à celle-ci d'agir sur les esprits.

Tangere enim et tangi nisi corpus nulla potest res.

L'ame n'agit donc point sur la matière, elle commande à celle-ci, et elle est obéie. Cependant pour nous conformer à nos manières de nous exprimer, nous appellerons, si l'on veut, cette puissance de l'ame sur la matière, action de l'ame sur la matière, et nous allons d'abord l'examiner dans les mensambules. J'en ai déjà dit quelque chose en parlant du corps de l'homme dans l'état de mensambulance. (XXXVI.)

XLIII. *Puissance de l'ame sur le corps dans la mensambulance.*

Dans l'état ordinaire, nous savons à peu près jusqu'où peut s'étendre cette puissance de l'ame sur le corps ; mais nous n'en savons encore rien dans l'état de mensambulance. Nous devons supposer que, dégagée des liens du corps, elle prend sur lui une supériorité qu'elle tient de la noblesse de sa nature, et que le corps est devenu tout à fait son esclave, de son associé qu'il était. Sans les lois de la gravitation, de l'attraction et de la répulsion, et sans la résistance du milieu dans lequel nous vivons, il est incontestable que nous pourrions imprimer à notre corps un mouvement d'une vîtesse et d'une durée incalculables. Si, dans son union ordinaire avec le corps, l'ame peut surmonter en partie tous ces obstacles, nous pouvons croire qu'elle peut les vaincre avec beaucoup plus de facilité quand elle est dégagée du corps, où plutôt ces obstacles sont nuls pour l'ame, puisqu'elle ne connaît ni l'espace, ni l'attraction, ni la répulsion, ni même le tems. Lorsqu'un homme veut enlever un poids, je suppose, de 100 livres, quelle est la puissance primitive qui le lui fait enlever ? C'est l'ame qui se sert du corps comme d'une machine intermédiaire entre la puissance et la résistance de ce poids de 100 livres : machine indispensable dans l'union ordinaire de l'ame et du corps. Si le cheval et l'éléphant sont plus forts que l'homme, ce n'est pas que leur ame ait plus de puissance que la nôtre, c'est qu'elle se sert de machines in-

termédiaires capables de surmonter une plus
grande résistance. Dans la mensambulance, l'ame
n'a plus cette faible machine intermédiaire ;
elle est débarrassée de cette enveloppe grossière
qui la tenait en quelque sorte enchaînée ; elle
peut se placer à l'extrémité de son immense
levier ; tandis que le corps la retenait, pour
ainsi dire, auprès du point d'appui : elle a
recouvré toute sa puissance ; elle est placée de
manière à soulever le ciel et la terre si elle le
voulait ; elle n'a plus besoin de faire cette
demande ?

Dic ubi consistam, cœlum terramque movebo.

Si l'ame, dégagée du corps dans la mensambulance, ne fait pas usage de sa terrible
puissance, c'est qu'elle n'en a pas besoin,
qu'elle ignore qu'elle est douée d'une pareille
puissance, et que d'ailleurs elle est soumise aux
décrets et à la puissance de la suprême intelligence.

On connaît les effets de l'air comprimé dans
les cannes à vent ; ceux de la vapeur de l'eau
bouillante dans les pompes à feu ; les épouvantables et désastreux résultats de la poudre
à canon : tout le monde sait qu'un peu de
cette poudre est capable de fendre des rochers
énormes, d'ébranler des montagnes, de bouleverser, pour ainsi dire, le globe terrestre, si

l'homme était assez osé pour l'entreprendre. Ce qu'on accorde à la matière inerte par elle-même, à la matière bornée, à un peu de poussière, oserait-on le refuser à l'ame, active par elle-même, et dont l'existence n'a point de bornes ?

XLIV. *Du règne des Fées.*

Le règne des Fées n'est peut-être pas si imaginaire qu'on le croit aujourd'hui : cette idée, qui nous paraît si puérile, si extravagante, a existé dans tous les temps, dans tous les lieux. Quelle peut en être l'origine ? Serait-ce l'imagination des poètes ? Je crois bien qu'elle a dû l'exagérer, et surtout l'embellir. Mais où les poètes ont-ils puisé l'origine d'une imagination si désordonnée, si ce n'est dans l'existence de certains prodiges attribués à des êtres imaginaires nommés *Fées*, parce qu'on croyait l'homme incapable d'opérer de pareils prodiges, et que la vraie cause en était ignorée. En effet, on ne conçoit pas comment le génie de l'homme a pu élever certains monumens qui subsistent encore dans certaines parties du monde. On ne conçoit pas à l'aide de quelles machines on a pu transporter certaines masses énormes si éloignées des carrières d'où elles ont été tirées ; tous les calculs de l'art et du génie des plus grands hommes viennent échouer devant la possibilité d'exécuter de pareils prodiges : les savans en concluent que les anciens avaient inventé des machines dont on ne peut aujourd'hui se former une idée. Le peuple ignorant et crédule, mais qui conserve plus fidèlement les anciennes traditions, attribue ces prodiges au pouvoir des Fées; et cette opinion, qui nous paraît la plus ridicule, pourrait bien être la plus vraie, si à la place des Fées nous substituons les ames des mensambules, dont nous ne pouvons effectivement calculer la force et le génie.

N'a-t-on pas vu des noctambules gravir sur des toîts, s'y soutenir et y marcher avec autant d'assurance que s'ils eussent été dans une promenade publique ? Ce n'est certainement pas avec la seule force physique de leur corps qu'ils sont capables de monter sur ces toîts et d'en descendre. Il serait impossible à l'homme le plus adroit, le plus fort et le plus hardi, d'exécuter une pareille chose. Une personne infiniment respectable m'a dit avoir été témoin qu'un noctambule, chargé d'une brassée de linge, descendait dans un puits très-profond, y lavait son linge et en remontait; le tout sans échelle, sans corde, enfin sans aucun moyen physique. Une infinité de pareils faits sont racontés tous les jours, et ne sont jamais rapportés par les auteurs qui

traitent de ces matières, par les physiologistes,
parce qu'ils ne les croient pas possibles : ils
les attribuent à l'amour du merveilleux et au
plaisir de raconter des merveilles. Je connais
un fait à peu près de ce genre : ce phénomène
a duré plusieurs années, et un nombre infini
de personnes en ont été témoins ; mais aucune
d'elles (parmi celles qui sont instruites) n'oserait le raconter.

Ceux qui ne révoquent point en doute l'enlèvement en l'air de Simon le magicien dans
un char de feu, l'attribuent à la puissance des
démons dont ils supposent que cet imposteur
était accompagné ; mais le démon n'est qu'une
substance spirituelle, comme l'ame humaine,
dégagée de la matière. Les démons, depuis leur
chûte, doivent être plus dégradés, et par
conséquent avoir moins de pouvoir que notre
ame, qui est encore soutenue par l'espérance
d'une gloire et d'un pouvoir infiniment plus
grands que ceux des démons.

On a trop souvent recours aux miracles pour
expliquer certains faits, ou du moins pour se
rendre raison de ceux qu'on ne peut pas nier,
et on a aussi trop souvent recours à l'accusa-
tion d'imposture pour nier ceux qu'on ne peut
pas expliquer.

Les mages ou enchanteurs du roi Pharaon

Teratoscopie. 14.

n'eurent recours qu'à des moyens naturels pour
opérer les prodiges qu'ils opposaient aux miracles de Moïse. La grêle de pierre qui tua un
si grand nombre de Cananéens, poursuivis par
l'armée de Josué, ne fut un miracle que parce
qu'elle tomba dans ces circonstances. « Les pluies
» de pierres, dit un célèbre commentateur,
» ne sont point des effets impossibles, ni même
» surnaturels. Sans être obligé de recourir aux
» miracles et au ministère des anges pour expli-
» quer comment les pierres s'élevèrent ou se
» formèrent dans les nues, et comment elles
» furent lancées sur les Cananéens, on peut fort
» bien, dans cette occasion, employer les règles
» de la physique pour expliquer ce phénomène,
» sans toutefois nier le miracle...... Je ne puis
» me persuader que les pluies de pierres, si
» fréquentes dans l'ancienne Histoire Romaine,
» aient été produites par des causes surnatu-
» relles; et je ne vois rien qui oblige de re-
» courir à l'opération du malin esprit. »

Sans nier le miracle de la chûte des murs de
la ville de Jéricho, après que les prêtres eurent
sonné de la trompette, on peut dire que le
prodige a pu s'opérer par des causes naturelles.

Ceux qui reconnaissent la spiritualité de l'ame,
ne peuvent guère se refuser à la croire douée
d'une puissance qui doit surpasser toute espèce

de force physique, surtout lorsque l'ame est libre et dégagée de la matière. Alors, quels prodiges ne peut-on pas imaginer que l'ame ne soit capable d'opérer sans miracle ! Un général qui détruirait une armée ennemie par une grêle de pierres, qui ferait tomber les murs d'une ville qu'il assiégerait au seul son des trompettes de son armée, nous paraîtra avoir le don des miracles, tant que nous ignorerons la cause naturelle d'un pouvoir aussi extraordinaire. Les premiers cavaliers européens, avec leur artillerie, parurent aux Américains des divinités armées de la foudre.

Dieu ne permettrait pas de pareilles choses, me dira-t-on. — Je le crois. — S'il en était ainsi, l'espèce humaine serait bientôt détruite. — Je réponds : Sans doute Dieu pourrait, par un miracle, empêcher des prodiges aussi destructeurs; mais Dieu permet tout ce qui est possible à l'homme, parce qu'il l'a créé libre. Il permet des millions de meurtres comme il en permet un seul. Avant l'invention de la poudre à canon, on aurait pu dire : Dieu ne permettra pas que d'un seul trait on puisse détruire des milliers d'hommes, et renverser, sans machines de guerre et sans approcher de ses murs, le fort le plus solidement construit. Cependant Dieu a permis l'invention de la

poudre, et depuis cette invention les guerres
sont moins meurtrières.

Au reste, la puissance des esprits dégagés de
la matière sur les substances matérielles, n'est pas
une nouvelle doctrine. « Nous avons montré, dit
» le commentateur que nous avons cité plus
» haut, nous avons montré que les esprits
» dégagés de la matière agissent sur les corps.
» Il faut donc reconnaître que Dieu a voulu
» qu'à l'occasion de la volonté d'un esprit un
» corps fût mis en mouvement, de la manière
» que cet esprit le voudrait : ou plutôt Dieu
» s'est engagé à donner à la matière certains
» mouvemens à l'occasion de la volonté d'un es-
» prit, et c'est cette volonté de Dieu qui fait que
» l'action de l'esprit sur les corps est quelquefois
» une action naturelle et non pas toujours mi-
» racle...... Si les esprits paraissent agir sur
» les corps, et faire des changemens subits
» dans la matière, dans l'air, dans les élémens
» et sur nos sens, tout cela peut se faire sans
» miracle de leur part..... Tout ce qui paraît
» miracle n'est pas miracle ; le vrai miracle
» emprunte beaucoup de son autorité extérieure,
» par rapport au peuple, de la doctrine et du
» mérite de celui qui le fait. »

Les magnétiseurs ne se sont jamais donnés
pour des thaumaturges ; ils ne font donc point

de miracles, si ce n'est aux yeux des philosophes qui prennent pour miracle ou pour charlatanisme tout ce qui surpasse leur pauvre ou orgueilleuse intelligence.

XLV. *Puissance extraordinaire de l'homme.*

Nous n'avons encore attribué une si grande puissance qu'à l'ame dégagée des liens du corps; mais la mensambulance est plus ou moins complète, plus ou moins parfaite : nous allons en considérer quelques effets dans *l'homme même.*

Est-il bien constant que la plénitude des pouvoirs de l'ame lui soit ôtée par son union ordinaire avec le corps, et que cette faible enveloppe de poussière soit un obstacle insurmontable à l'entier développement de ses forces? Un grand nombre de phénomènes nous prouve le contraire : il suffit à l'homme de croire à la possibilité des choses qu'il veut exécuter, pour qu'elles lui soient possibles en effet. La possibilité ou l'impossibilité n'est pas dans l'exécution, mais dans la confiance qu'on a que la chose est possible, ou dans la certitude qu'elle est impossible. *Si potes credere, omnia possibilia sunt credenti.* Lorsque saint Paul disait aux Corinthiens que quand il aurait une foi capable de transporter les montagnes, il ne serait rien sans la charité, il supposait possibles cette *foi* et les effets qui auraient pu en être la suite, même dans l'ordre *naturel*, puisqu'il suppose une pareille foi sans la charité.

On a beaucoup plaisanté les magnétiseurs sur la *foi* qu'ils exigent de leurs néophytes, et c'est avec raison. Comment peuvent-ils exiger une foi sans objet et sans fondement ? Ils exigent de plus une *forte volonté* ; mais comment peuvent-ils en obtenir une *légère*, lorsqu'on est convaincu que même la *plus forte* serait impuissante ? Croire impossible la chose la plus facile, c'est la rendre impossible dans l'exécution, et la volonté de l'exécuter ne sera pas même une velléité.

Oui, il faut de la *foi*, ou, si l'on veut, de la confiance, comme on l'a dit ; mais il faut un fondement à cette confiance. Les magnétiseurs n'ont pas offert des motifs suffisans de confiance, particulièrement à ceux qui n'étaient pas témoins des effets qu'ils produisaient ; et, à cet égard, les raisonnemens de leurs adversaires ne sont pas sans fondement. Oui, il faut une *forte volonté* ; mais la confiance, fondée sur des motifs suffisans, doit la précéder : il faut même de l'opiniâtreté, si j'ose le dire, dans les choses difficiles, ou qui paraissent telles.

Samson était convaincu que sa force extraordinaire résidait dans ses cheveux ; il exécutait

ce qu'il voulait, parce qu'il croyait en avoir
la force; ses cheveux coupés, il a cessé de
croire; il a cessé de pouvoir.

Les Rois de France et d'Angleterre n'ont
cessé de guérir les écrouelles que lorsqu'ils ont
cessé de croire qu'ils en avaient le pouvoir.

Achille était invulnérable uniquement parce
qu'il croyait l'être. Son immersion dans les prétendues eaux du Styx n'eut d'autre effet que de
lui persuader qu'il était invulnérable, et il le fut.

Milon de Crotone se tenait sur un disque
sans que l'athlète le plus robuste pût le faire
avancer ou reculer d'un pas. Milon se croyait
inébranlable; il voulait l'être, et il le fut. Le
supplice par lequel il est mort, a moins été la
peine de son imprudence que celle de son défaut de *confiance* dans ses forces.

Il y a des millions d'actions qu'on ne peut
ni croire ni expliquer si on n'a pas recours à
la divinité, ou à la magie; ou mieux encore
à une grande ame trempée dans la *confiance* de
ses propres forces et dans une *volonté absolue*
d'en faire usage.

On parle de personnes qui ont le secret pouvoir de charmer les armes à feu, d'éteindre su-
bitement un incendie, etc.; généralement, on
ne croit pas à ces sortes de pouvoirs : c'en est
assez pour qu'on ne les possède pas; si au con-

traire on croyait la chose possible, et qu'on la
voulût, on l'exécuterait avec la plus grande facilité. Le difficile est de croire la chose possible et par conséquent de la vouloir : car on
ne peut pas vouloir efficacement une chose que
l'on croit impossible.

Le chevalier de Boufflers dit Le-Robuste,
cassait avec la plus grande facilité, le plus fort
fer de cheval. On a vu des criminels briser leurs
fers comme un fil; s'ils n'eussent employé que
leurs forces physiques, ils se seraient déchiré les
muscles, brisé les os, avant que de faire seulement fléchir leurs fers. On attribue ordinairement ce pouvoir à la vertu de certaines herbes :
mais comment ces herbes seraient-elles connues
par des criminels, ou par des personnes ignorantes, sans qu'elles soient parvenues à la connaissance des naturalistes et des botanistes ? Cette
force extraordinaire leur vient donc uniquement
de la *ferme persuasion* qu'ils viendront à bout
de leur entreprise, et d'une *forte volonté* dans
l'exécution. On a remarqué que des criminels
qui brisaient leurs fers, étaient impuissans pour
rompre de faibles cordes : on en a conclu que
ces prétendues herbes n'avaient de vertu que
contre le fer. J'explique autrement ce phénomène. Le fer, surtout lorsqu'il est aigre, se casse
net, une corde prête et ne cède qu'à la longue,

aux efforts qu'on fait pour la rompre ; il faut
par conséquent que la force de la volonté se
soutienne un certain tems, pour rompre la corde,
ou pour mieux dire pour la déchirer, et on ne
peut disconvenir que la persévérance dans une
forte volonté, est plus difficile que l'acte ins-
tantané d'une forte volonté, qui suffit pour
casser le fer qui ne déchire pas.

Les paroles mystérieuses, les signes de croix
ou autres, les attouchemens, les instrumens
mêmes dont se servent les prétendus enchanteurs ou magiciens, et auxquels ils attribuent
tout le pouvoir de leurs charmes, ne sont que
des moyens indifférens en eux-mêmes : cependant ils sont indispensables en ce qu'ils sont
des moyens d'exciter leur confiance et de forti-
fier leur volonté.

Je n'entends point absoudre les sorciers, magiciens, enchanteurs et autres des peines que
l'église prononce contr'eux. Je dirai seulement
que le mal qu'il y a dans les enchantemens,
est de les attribuer à l'influence du démon ;
c'est là ce que la religion condamne aujourd'hui
et condamnera toujours, tant que l'ignorance,
en nous cachant la cause naturelle des enchantemens et du pouvoir des enchanteurs, nous
les fera attribuer à une cause fausse, mais cri-
minelle. Je ne veux pas dire non plus qu'il n'y

ait pas eu et qu'il ne puisse pas y avoir des sorciers, magiciens et enchanteurs qui, par une permission expresse de Dieu, n'aient pas été réellement secondés par les œuvres du démon. Ils sont encore plus condamnables, et plus dignes des peines que l'église prononce contre eux.

XLVI. *Fausse opinion du docteur Cabanis sur la force extraordinaire de certains hommes.*

« Des hommes faibles et chétifs, dit le doc-
» teur Cabanis, brisent les plus forts liens,
» quelquefois de grosses chaînes qui seraient,
» dans l'état naturel, capables de déchirer tous
» leurs muscles; ce qui établit une bien grande
» différence entre les forces mécaniques de la fibre
» musculaire et divers degrés des FORCES VI-
» VANTES QUI L'ANIMENT............ Dans toutes
» les passions énergiques, l'homme trouve en
» lui-même une vigueur qu'il ne soupçonnait
» pas, et devient capable d'exécuter des mou-
» vemens dont l'idée seule l'eût effrayé dans
» des tems plus calmes, et l'on ne peut pas
» dire que l'on ne fait que reconnaître en soi,
» que mettre en action des forces existantes,
» mais assoupies. Les observations générales
» que je viens d'indiquer prouvent qu'il se pro-
» duit alors de nouvelles forces par la manière

» nouvelle dont le système nerveux est affecté. »
(Rapport du physique et du moral de l'homme,
tom. 1.ᵉʳ, pag. 199 et 200.) Voilà de belles
paroles : en les lisant, on croit avoir appris
quelque chose. Des jeunes gens surtout ne
peuvent pas s'imaginer qu'un docteur, qui jouis-
sait d'une réputation si brillante, n'a fait entendre autre chose que des paroles, des sons
sans aucun sens, *verba et voces prœtereà que
nihil.*

En effet, de quelque manière dont le système
nerveux soit affecté, la fibre musculaire ne peut
acquérir la dureté de l'acier; et quand cela serait, il faudrait encore aux muscles un levier
assez éloigné du point d'appui pour vaincre
la résistance qui leur est opposée ; mais un
pareil levier n'existe pas dans la machine animale. Le docteur Cabanis nous dit que les
forces mécaniques de la fibre sont effectivement
insuffisantes pour opérer de pareils effets; que,
dans ces cas, la fibre est *animée* par des forces
vivantes bien supérieures à celles qu'elle a dans
l'état naturel. On répond à tout, on explique
tout avec des mots qui ne signifient rien. Je
demanderai au docteur Cabanis qu'est-ce que
c'est qu'une *fibre animée par des forces vivantes?*
S'il veut dire que c'est *l'ame* qui donne à la
fibre vivante des forces qu'elle ne peut avoir

en elle-même, nous serons à peu près d'accord.

Telle est la force de la vérité, qu'on l'embrasse souvent dans les expressions, lors même que les sentimens la rejètent.

J'ai dit que j'étais à peu près d'accord avec le docteur Cabanis, si, par sa phrase insignifiante, il veut dire que l'ame immatérielle donne à la fibre vivante des forces qu'elle ne peut avoir en elle-même; car s'il reconnaît une ame immatérielle et essentiellement distincte du corps, la fibre vivante n'a pas besoin d'un surcroît de forces qu'elle est physiquement incapable de recevoir et d'exercer. Dans ces circonstances, c'est l'ame qui supplée à la faiblesse de la fibre. La fibre, toute *vivante* qu'elle soit, n'est rien en elle-même; elle ne sert pas plus que les paroles, les signes, les attouchemens dont se servent les enchanteurs pour opérer leurs charmes; c'est-à-dire que la fibre ne sert qu'à inspirer la confiance sans laquelle l'ame ne peut agir, parce qu'elle ne serait pas douée d'une volonté assez forte.

On sait que des mensambules naturels (noctambules) montent sur des toîts très-élevés. On en a vu descendre dans des puits très-profonds sans échelles, sans cordes et sans aucun moyen physique. On conviendra que, quelque *affecté que soit le système nerveux*, on ne peut pas dire qu'il produit de *nouvelles forces* qui, dans ces occasions, ne serviraient à rien. Il est vrai qu'on nie de pareils faits; on ne veut pas même en entendre parler, parce qu'on ne peut découvrir aucun moyen physique pour en expliquer la possibilité.

XLVII. *Faux miracles, fausses obsessions, effets de la puissance de l'ame.*

On nie encore que des possédés se soient élevés et soutenus à la voûte des églises dans lesquelles on les exorcisait. Dans une lettre écrite à M. Winslow, docteur en médecine à Paris, M. Delacour assure avoir vu un énergumène transporté dans un clin-d'œil à la voûte de l'église, les pieds les premiers; Saint Paulin atteste avoir vu de ses yeux un possédé marcher la tête en bas contre la voûte d'une église, sans que ses habits fussent dérangés; Sulpice Sévère dit avoir vu un homme qui fut élevé en l'air, y demeura suspendu les mains étendues, de manière que ses pieds ne touchaient point à la terre; une abbesse d'Agreda, ville d'Espagne, se tenait aussi élevée de terre pendant ses extases, dans le chœur de l'église de son monastère, en présence de toutes ses religieuses : un souffle suffisait pour la transporter d'une extrémité du chœur à l'autre.

On a recours aux miracles et aux obsessions du démon pour expliquer ces faits. — Je
ne nie point la possibilité des véritables obsessions du démon, encore moins la possibilité
des miracles; mais je suis bien persuadé que la
plupart de ceux qui passent pour possédés, et, en
particulier, ceux dont je viens de parler, ne sont
que des mensambules auxquels il suffit d'être persuadés qu'ils sont possédés du démon pour commettre des extravagances dont ils croient le démon
capable : il en est de même de l'abbesse d'A-
greda, citée tout à l'heure, et des théosophes
dont parle M. Deleuse, qui se croient possédés
des anges; leurs extravagances sont moins ridicules et moins dangereuses : ces sortes de possédés ont même un caractère de moralité et
de sagesse qui tient à la nature de leur mensambulance, tout à fait opposée à celle des prétendus possédés du démon; mais les uns et les
autres sont capables d'opérer, et opèrent réellement des prodiges qu'on chercherait vainement à expliquer sans la connaissance de la
teratoscopie de la mensambulance. Je sais bien
qu'avec le secours du mot *imagination*, qu'on
ne comprend pas, on croit expliquer bien des
choses : la vérité est qu'on n'explique rien.

C'est par l'imagination, par exemple, qu'on
explique les prodiges qui s'opèrent au Kaba,

ou temple de la Mecque, et au tombeau de
Mahomet, à Médine, comme ceux qui avaient
lieu au tombeau du diacre Pâris, à Saint-
Médard de Paris, et aux baquets de Mesmer,
ou bien on nie tous ces prodiges, ce qui est
encore plus court. Combien de chapelles, de
grottes, de fontaines, de tombeaux, de statues,
de châsses, d'images, etc., où il s'opère réellement des prodiges ! On sait que beaucoup de gens
particulièrement dans les campagnes, par dévo-
tion, par superstition, par curiosité, ou enfin
par partie de plaisir, sont très-portés à entreprendre des voyages ou pélerinages à certains
lieux très-célèbres parmi eux. J'ai peine à croire
qu'il s'y opère de vrais miracles, mais je suis
très-certain qu'il s'y opère quelquefois des prodiges étonnans par la foi, ou plutôt par la
confiance que certains pélerins ont dans les
Saints qu'ils vont invoquer. Ce qui prouve que
ce ne sont pas des miracles, c'est qu'ordinairement la confiance que ces pélerins ont dans
le Saint qu'ils invoquent surpasse de beaucoup
celle qu'ils devraient avoir en Dieu, et que
ces mêmes pélerins vont consulter les devins
avec la même confiance qu'ils vont invoquer
les Saints.

On attache beaucoup plus de vertu aux cha-
pelets, aux scapulaires, aux chemises et autres

linges qu'on fait bénir ou seulement toucher
aux tombeaux, aux châsses ou aux statues des
Saints, qu'à la vertu des sacremens. On en rapporte de l'huile, de l'eau, de la terre, des
bras, des jambes, des têtes moulées en cire,
etc., auxquels on attache également de grandes
vertus. Toutes ces choses pourraient être des
sacramentaux utiles à la piété éclairée des fidèles;
mais ce ne sont réellement, pour la plupart
du tems, que des amulettes, des talismans ou
des philactètes, ou autres objets aussi ridicules
qui ne servent qu'à entretenir la superstition
des simples et des ignorans : ou il faudrait les
éclairer et les instruire, ou il faudrait briser
ces *serpens d'airain* auxquels ils ont recours
plutôt qu'au Seigneur.

Cependant il s'opère réellement des prodiges
étonnans : on les nie; on accuse les prêtres de
fourberie, tandis qu'ils ne sont, pour la plupart,
que dupes de leur simplicité et de leur piété;
mais on dédaigne d'observer, de vérifier les
faits; ou si on observe, c'est sans constance,
avec prévention, quelquefois avec mauvaise foi,
dans la crainte de reconnaître des miracles, ou du
moins des prodiges, qu'on prendrait, comme
la foule ignorante, pour de vrais miracles.

Nous aurons encore occasion de revenir sur
les obsessions ou possessions.

Avant de terminer cet article, je ne puis m'empêcher de parler d'un fait tout récent, et dont tous les journaux retentissent : ce sont les guérisons opérées par le prince Louis de Hohenlohe-Bartenstein. On prétend que, depuis quelque tems, le prince a beaucoup perdu de sa vertu; que depuis qu'il est plus scrupuleusement observé, et surtout depuis qu'il est surveillé par la police, qui lui a fait défendre de faire des tentatives de guérison, il en opère effectivement beaucoup moins. On va même jusqu'à dire qu'il n'en a opéré aucune. Tout cela n'est point suprenant; car si on en avouait une seule bien constatée, pourquoi n'en pourrait-il pas opérer un cent, et cent mille ? Mais si on en reconnaissait une seule, il faudrait reconnaître un prodige inexplicable, incompréhensible, ou un miracle. Or, il serait bien humiliant pour la philosophie de reconnaître un prodige et de ne pouvoir en donner l'explication. Il serait encore bien plus humiliant d'admettre un miracle pour ceux qui disent qu'*en thèse générale, il ne peut y avoir de miracle en ce monde.*

La défense faite par l'autorité suprême au prince Louis de Hohenlohe de faire aucune tentative de guérison, nous rappelle la fermeture de l'église de Saint-Médard, à Paris, à

Teratoscopie.   15.

l'occasion des guérisons qui s'opéraient au tombeau du diacre Pâris. Le lendemain de la fermeture de l'église, on lisait à la porte cette affiche :

De par le Roi, défense à Dieu
De faire miracle en ce lieu.

Cependant cette fermeture de l'église fut sagement ordonnée, et on en peut dire autant de la défense faite au prince Louis de faire *publiquement* des tentatives de guérison. On en peut conclure que les guérisons du prince Louis de Hohenlohe ne sont pas plus miraculeuses que celles opérées au tombeau du diacre Pâris, pas plus miraculeuses que ne l'étaient celles qu'un gentilhomme irlandais, nommé *Gréatrakes*, opéra à Londres, à Oxford, et dans plusieurs autres villes de l'Angleterre et de l'Irlande; mais on ne pourrait pas non plus en conclure que des guérisons étonnantes et nombreuses n'ont pas réellement été opérées, et au tombeau du diacre Pâris, et par Gréatrakes, et par le prince Louis de Hohenlohe, *parce que la science de la médecine ne fournit pas de moyens d'expliquer de pareils phénomènes....* Nous en avons dit assez pour faire comprendre qu'une confiance assez vive et une volonté assez forte, aidées du fluide vital, sont les seuls moyens

d'expliquer ces phénomènes ; mais n'est pas doué
qui veut par la nature d'une pareille confiance
et d'une pareille volonté ; ne brise pas qui veut
de grosses chaînes qui seraient capables de déchirer tous les muscles ; et cependant, de l'aveu
du docteur Cabanis, des hommes faibles et
chétifs brisent de grosses chaînes sans se déchirer les muscles. (XLVI.)

Autre prodige, ou, si l'on veut, autre miracle que la science de la médecine n'a pas le
moyen d'expliquer ; extrait d'un imprimé qui
se distribue au monastère de Saint-Hubert des
Ardennes. Or donc, Saint-Hubert guérit de la
rage, et voici comment :

Lorsqu'on a été mordu par un animal attaqué de la rage, un religieux de Saint-Hubert
insère dans le front de la personne mordue
une parcelle de l'étole miraculeuse dudit Saint-
Hubert : il faut en outre faire une neuvaine
pendant laquelle on observe certaines pratiques
religieuses et autres qui paraissent assez indifférentes. Celui à qui on a inséré dans le front une
parcelle de la sainte étole, reçoit en même tems
le pouvoir de donner *répit* ou délai de quarante jours à quarante jours à toute personne
qui est blessée ou mordue à sang, ou autrement, par quelques animaux enragés.

Manière de donner le répit.

La personne qui le demande doit se mettre à genoux et dire : Je vous demande *répit* au nom de Dieu, de la bienheureuse vierge Marie et du glorieux Saint-Hubert. Là-dessus, l'autre dit : Je vous donne *répit* pour quarante jours, au nom de Dieu, de la glorieuse vierge Marie et du glorieux Saint-Hubert, y ajoutant à la fin le signe de la croix.

En transcrivant ceci, ce que j'ai réellement craint le plus, c'est d'offenser certaines oreilles pieuses. Cependant une expérience de près de mille ans atteste que ceux qui ont été mordus par des animaux attaqués de la rage, et qui se soumettent à ces pratiques, sont préservés de cette horrible maladie. Le fait est-il bien constant ? Il passe pour tel dans le pays, et je connais des personnes éclairées et prudentes qui en sont persuadées. Est-il miraculeux ? Je n'en crois rien du tout : je dirai même qu'il y a évidemment *superstition*, précisément parce que le préservatif de la rage, ou le *répit*, est attribué aux pratiques ordonnées au nom de Dieu, de la bienheureuse vierge Marie et du glorieux Saint-Hubert, tandis qu'il ne peut être que l'effet de la ferme confiance qu'on obtiendra l'effet desiré ; effet naturel, qui aurait également lieu quand on aurait inséré dans le front une parcelle de matière étrangère à l'étole soi-disant miraculeuse de Saint-Hubert.

Le jugement de l'évêque de Liège, qui déclare, d'après les sentimens des docteurs en théologie et en médecine de l'université de Louvain, qu'il n'y a pas *superstition*, prouve seulement le peu de *jugement* de l'évêque et des docteurs.

XLVIII. 3.me PRINCIPE. *L'ame a la faculté de créer.*

Dire que l'ame a été créée à la ressemblance de Dieu, ce n'est pas trop dire, en comparaison des anciens et des nouveaux philosophes, qui disent que l'homme est une portion de la divinité même. Le corps subsiste essentiellement par le fluide vital; et on peut dire avec vérité, quant au corps, *in ipso vivimus, movemur et sumus.* Qaant à l'ame, dit le docteur Virey (1), « on a reconnu qu'elle avait en Dieu la vie, » le mouvement et l'être *in ipso vivimus, mo-* » *vemur et sumus.* Il n'en faudrait pas con-

---

(1) Je me plais à citer le docteur Virey, parce que c'est une autorité imposante aux yeux de certains docteurs, ses corédacteurs du *Dictionnaire des Sciences Médicales.*

» clure que notre ame fût une portion même
» de la divinité, selon le sentiment même de
» plusieurs anciens philosophes........ Notre ame
» immatérielle, intellectuelle, raisonnable,
» émane de Dieu, et participe à ses attri-
» buts...... Elle est même si inférieure à ce
» grand Être, que les Pères de l'église, Saint-
» Basile, Saint-Jérôme, Saint-Athanase, Da-
» mascène, Métodius ont dit qu'elle était
» comme corporelle par rapport à Dieu, mais
» un pur esprit par rapport au corps. »

Puisque notre ame a été créée à la ressemblance de Dieu, puisqu'elle participe aux attributs de la divinité, puisqu'enfin Dieu est
créateur, l'ame doit avoir été créée avec la
faculté de créer; mais comme Dieu n'a créé
que des ombres, que des apparences en comparaison de son être ineffable, notre ame ne
peut créer que des ombres, que des apparences, en comparaison de son être réel qu'elle
a reçu de Dieu.

Cette éminente prérogative, dira-t-on peut-
être, ne peut convenir qu'à Dieu, seul créateur.
Ne serait-ce pas un blasphême que de l'attribuer à l'ame? Le docteur V ey répondra que,
« comme notre volonté a le pouvoir de faire
» agir les membres, l'imagination a de même
» la faculté de *créer* de la douleur ou du plaisir,

» ou une action quelconque en toute région
» de notre corps. » Mais en outre, puisque
les plantes et les animaux jouissent de la faculté
de produire des *êtres réels*, pourquoi l'ame,
qui leur est infiniment supérieure, n'aurait-elle
pas le pouvoir de créer de *simples apparences?*
Créer, dira-t-on encore, c'est faire quelque
chose de rien ; au lieu que les plantes et les
animaux produisent de leur propre substance;
ils portent eux-mêmes le germe de leurs pro-
ductions. — Il y a aussi une grande différence
entre la faculté de l'ame qui ne crée que des
apparences, et celle des plantes et des animaux
qui produisent des *êtres réels*. La reproduction
des plantes et des animaux nous paraît toute
naturelle : elle n'en est pas moins aussi incompréhensible que la reproduction d'une montre
par une autre montre.

Il n'y a donc rien d'étonnant qu'une ame
puisse créer de simples apparences : c'est d'ailleurs un fait constant ; car, dans le sommeil,
l'ame crée bien certainement des apparences de
tout ce qui fait l'objet de nos songes. On pourrait même dire que l'ame étant essentiellement
active, il est de son essence de créer, et que
toutes ses actions sont des créations.

En effet, nous allons voir que, dans quelqu'état
que l'ame se trouve, soit qu'elle soit unie au

corps comme dans l'état de veille et dans le sommeil, soit qu'elle en soit séparée comme dans l'extase et dans la mensambulance, elle a la faculté de créer : 1.° Dans l'état de veille, elle crée par l'imagination; 2.° dans le sommeil, elle crée par des songes; 3.° dans l'extase ou la mensambulance, elle crée par les visions, les révélations, les fantômes, qui sont les résultats de son imagination, ou exaltée, ou égarée, ou perfectionnée.

XLIX. — 1.° *L'ame, dans son union ordinaire et dans l'état de veille, crée par* L'IMA-GINATION.

Avant que de parler de l'imagination, j'ai consulté l'article *imagination* du Dictionnaire des Sciences médicales. M. Virey, qui l'a rédigé, n'avait sûrement pas l'imagination bien montée : elle aurait dû être tout de feu, je la trouve tout de glace; on dirait qu'il a travaillé comme un manœuvre à la *journée* ou à la *tâche* : du moins il est évident qu'il travaillait *à tant la page.* Bien loin de trouver dans cet article, comme on devait s'y attendre de la part de l'auteur de *l'Art de perfectionner l'homme,* une magicienne exerçant l'art de ses enchantemens, on n'y reconnaît pas même cette *folle de la maison.*

D'après M. Virey, *l'imagination n'est que la*

représentation d'images à l'esprit, soit volon-
tairement, soit spontanément.

Je demanderai au docteur Virey qui est-ce
qui fait cette *représentation à l'esprit* ? où sont
les originaux que ces *images* représentent ? Ces
questions auxquelles nous avons inutilement
cherché la réponse dans l'article imagination,
démontrent suffisamment que la définition du
docteur Virey ne définit rien. J'ai observé seulement qu'il mettait trop de distinction entre
l'imagination active et l'imagination *passive*,
et qu'il confond l'imagination avec le *génie* qu'il
aurait dû soigneusement distinguer.

Commençons par l'étymologie de l'imagination. Le mot latin *imaginatio* a pour
racines *imago* et *genita*, image créée ; mais
ce n'est pas la définition ; la voici, si je ne
me trompe :

L'IMAGINATION *est une faculté de* L'AME *par*
laqu'elle elle crée des apparences de choses
réelles, ou de ce qu'elle croit être des réalités.

Il ne faut point confondre l'imagination avec
le génie.

Le GÉNIE *est une faculté de* L'HOMME *par*
laquelle il exprime ou peint plus ou moins
fidèlement les choses réelles, ou les créations
de l'imagination. Le génie suppose presque
toujours de l'imagination ; mais on peut avoir

beaucoup d'imagination sans génie. Ainsi, un
peintre qui représente un paysage qu'il a sous
les yeux, le fait avec plus ou moins de génie;
mais s'il ne fait que le représenter fidèlement,
l'imagination n'y est pour rien. Au contraire,
s'il peint une bataille qu'il n'a point vue, il faut
que son imagination ait créé l'apparence d'une
bataille avant que son génie en ait exécuté le
tableau. Dáns le *Paradis perdu*, il y a plus
d'imagination que de génie; dans l'*Enéïde*, il
y a plus de génie que d'imagination; dans le
Télémaque, il y a autant d'imagination que de
génie. C'est ma manière de penser sur ces différens chefs-d'œuvre : on peut en juger tout
autrement, et sans doute on jugera mieux;
mais je crois que c'est parce qu'il y a autant
d'imagination que de génie dans le Télémaque,
que bien des connaisseurs ont mis cette prose
épique au-dessus de plusieurs poëmes épiques
très-estimés.

Quoique l'imagination crée des merveilles,
nous lui préférons cependant, avec raison, le
génie qui ne fait que nous peindre les merveilles créées par l'imagination. C'est que l'imagination sans génie ressemble à une femme qui
concevrait facilement, mais qui n'enfanterait
jamais; c'est une belle fleur double qui ne produit aucun fruit. Au contraire, le génie seul ne

crée pas, mais il enfante; c'est une fleur simple
à la vérité, mais qui produit des fruits merveilleux. Tous les hommes ont de l'imagination,
surtout les fous; mais les hommes de génie
sont rares.

Dans l'état de veille, l'imagination crée difficilement; l'ame, captive dans les liens du corps,
ne jouit pas de toute la plénitude de son pouvoir; elle est distraite par les sens; il faut qu'elle
se concentre en elle-même avec un certain effort
qui lui rend ses créations plus pénibles, par
conséquent moins parfaites; elle est obligée de
retoucher sans cesse son ouvrage, quelquefois
même de l'abandonner, ou du moins elle ne crée
que pièce par pièce, de manière que souvent
le résultat de son travail n'a pas d'ensemble :
on voit que la statue qu'elle a voulu élever
n'est pas fondue d'un seul jet. Aussi, quoique
tous les hommes aient de l'imagination, il y
en a peu qui soient capables de bien imaginer.

Les résultats de l'imagination dans l'état de
veille, nous sont assez connus; examinons ses
effets dans les songes. Comme nous n'avons des
songes que dans le sommeil, nous allons d'abord
examiner ce que c'est que le sommeil.

L. — 2.° *L'ame crée dans le sommeil par les*
songes.

M. Richerand commence ainsi son article
Sommeil et veille :

Les causes d'excitation auxquelles nos or-
ganes sont soumis durant la veille, tendent
à en accroître successivement l'action ; les
battemens du cœur, par exemple, sont bien
plus fréquens le soir que le matin........ Le
sommeil de la nuit rabaisse les forces trop
exaltées (1).

Voilà de singulières erreurs pour un profes-
seur de physiologie. Les causes d'excitation auxquelles nos organes sont soumis durant la veille,
tendent au contraire à en diminuer successivement l'action , ainsi que je le prouverai tout
à l'heure. Les battemens du cœur, plus fréquens
le soir que le matin, que le docteur apporte
pour preuve de sa fausse assertion , sont une
preuve contre lui. S'il avait bien observé les
battemens du cœur, il se serait aperçu que si
effectivement ils sont plus fréquens le soir
que le matin, ils sont aussi plus faibles. Le
cœur cherche à réparer cette faiblesse par la
fréquence de ses battemens ; il se hâte de répa-

_____

(1) Elém. de Phys., cinquième édition. T. 2, p. 187.

rer la déperdition de fluide vital que nous faisons par les actions de la journée, qui ont
affaibli toute la machine. Comme c'est le cœur
qui donne la première impulsion à la circulation
du sang, et que c'est cette circulation qui produit le fluide vital, qui fait toute notre force,
il bat plus fréquemment, pour tâcher de faire
par la vîtesse ce qu'il peut ne faire par la force.

*Le sommeil de la nuit rabaisse les forces
exaltées.*

Voilà, par exemple, un miracle qui ne s'o-
père sans doute qu'en faveur du docteur Richerand ; car tout le monde sait que quand on a travaillé toute une journée, on ne se sent pas les
forces trop exaltées, et qu'on a besoin du repos
de la nuit pour réparer les forces rabaissées
pendant le jour.

Le docteur Richerand se réfute lui-même
deux pages plus loin. *La veille*, dit-il, *peut
être considérée comme un état d'effort et de
dépense considérable du principe sensitif et
moteur, par les organes de nos sens et de nos
mouvemens.* Comment, après une *dépense considérable de nos forces*, pendant le jour, peut-on
se trouver le soir si riche en *forces*, au point
que nous avons besoin du sommeil de la nuit
pour *rabaisser ces forces trop exaltées?* Après
cette manière de parler du docteur Richerand,

il ne faut pas s'attendre à l'entendre mieux
raisonner sur les songes, comme nous le verrons
par la suite.

LI. *Du Sommeil.*

M. Richerand a fort bien défini le sommeil :
c'est le *repos des organes des sens et des
mouvemens volontaires.*

M. Richeraud aurait dû faire sentir que le
sens interne, aussi bien que les sens externes,
est en repos dans le sommeil. Il aurait dû nous
dire aussi quelle est la cause de ce repos, qui
est sans doute la lassitude. Et d'où vient la
lassitude? de l'exercice trop long-tems prolongé des organes des sens. Maintenant, je
demanderai pourquoi un exercice trop long-
tems prolongé occasionne-t-il la lassitude ; la
lassitude, le besoin du repos ; et le repos, le
besoin du sommeil ? Il aurait dû aussi nous
dire pourquoi les autres organes, tels que le
cœur, le poumon, etc., ne se reposent jamais,
ou du moins n'ont pas besoin de repos, et
pourquoi ces organes sont-ils la *lampe veilleuse* ?

Pour juger de la première cause du som-
meil *ordinaire* (1), il faut considérer les fonctions

_____

(1) Le sommeil *ordinaire* a une toute autre cause

de la *veille*. Pendant la veille, la volonté fait
une dépense considérable de fluide vital par
l'organe des sens ; ce que nous en acquérons
par la respiration, la nutrition et la circulation
du sang, ne suffit pas pour réparer les pertes
que nous en faisons pendant la veille par la
volonté. Le fluide vital se trouve dans un état
de raréfaction qui lui ôte la possibilité de remplir les fonctions que pourrait lui faire exécuter
la volonté, s'il se trouvait dans l'état de veille :
il n'a plus assez de force à la fin de la journée
pour transmettre au sens interne les impressions reçues par les sens externes. Ce n'est point
la volonté qui a besoin du sommeil ; nous
voyons au contraire qu'on s'endort malgré les
efforts réitérés de la volonté pour nous main-
tenir dans la veille. Nous voyons souvent la
volonté commander des mouvemens que nous
ne pouvons plus exécuter ; les paroles sont inar-

---

que celle d'un sommeil extraordinaire ; ainsi le sommeil qu'on procure par l'opium, à un homme bien portant, qui n'a éprouvé aucune lassitude, qui n'a besoin
d'aucune espèce de repos, la cause, dis-je, de ce sommeil extraordinaire, n'est nullement la même que celle
du sommeil ordinaire (j'en parlerai ailleurs) ; c'est
l'engourdissement des sens, ou plutôt, c'est que les
organes des sens sont devenus *idiovitaux* ou *non conducteurs du fluide vital.*

ticulées, on commence des phrases, des mots qu'on ne peut achever, parce que le fluide vital ne donne plus assez de force aux organes des mouvemens et de la parole : ces organes font bien quelques efforts, mais impuissans.

M. Richerand, remarque avec raison, que ceux qui disent que les végétaux dorment sans cesse, se servent d'expressions qui manquent de justesse et d'exactitude ; mais il ajoute, comment les plantes, qui n'ont ni cerveau ni nerf, qui manquent des organes, des sens, des mouvemens et de la voix, *peuvent-elles jouir du sommeil, qui n'est autre chose que le repos d'organes dont elles sont complètement privées?* Tom. 1.ᵉʳ, pag. 192.

Je crois que cette dernière phrase n'est pas exacte non plus. Les plantes ont des organes, puisqu'elles font partie de la matière organisée comme les animaux : elles sont pénétrées de leur fluide vital comme les animaux ; et comme la première cause du sommeil est la raréfaction du fluide vital dans les animaux, cette même raréfaction dans les plantes doit les faire jouir du sommeil. Les plantes dorment donc, et même elles dorment autant que l'homme, du moins dans nos climats tempérés : elles dorment trois mois, qui sont le quart de l'année; et l'homme dort six heures, qui sont le quart de la journée, et le quart de l'année, suivant cette aphorisme : *Sex dormire sat est.* Les trois mois de l'hiver sont la nuit des plantes : pendant les neuf autres mois, elles ont absorbé la plus grande partie de leur fluide vital par l'action de la végétation.

Dire, contre l'avis du docteur Richerand, que le sommeil est l'image de la mort dans les plantes, c'est s'exprimer à leur égard avec toute la justesse et l'exactitude qu'on peut desirer. En effet, un arbre dont la sève est engourdie et n'est plus en activité, un arbre dépouillé de ses fruits, de ses feuilles, ne ressemble-t-il pas assez parfaitement à un arbre mort? Le sommeil est d'autant mieux l'image de la mort dans les animaux comme dans les plantes, que la mort et le sommeil ont, pour ainsi dire, une même cause. Quelle est la cause de la mort? C'est la privation absolue de fluide vital, tant dans les animaux que dans les plantes. Quelle est la cause du sommeil? C'est la raréfaction, et par conséquent, le peu d'abondance du fluide vital, tant dans les animaux que dans les plantes. Plus la raréfaction du fluide vital est considérable, plus nous approchons de la mort. J'observe que je ne parle que de la mort naturelle et que du sommeil ordinaire : ainsi, un arbre coupé ou arraché en pleine sève, n'est point mort ; il ne l'est que quand il a perdu tout

Teratoscopie.   16.

son fluide vital qu'il ne peut plus réparer. Un homme décapité en pleine santé, n'est point mort (quoique cette opération doive nécessairement être suivie de la mort); il ne le sera que quand les deux parties seront tout-à-fait privées du fluide vital, dont la déperdition ne peut plus être réparée.

Ce qu'il importe le plus de considérer dans le sommeil, c'est la raréfaction du fluide vital, puisqu'il en est la première et la principale cause. Les organes des sens et des mouvemens n'ayant plus la force d'exécuter leurs fonctions, le corps est forcé au repos, pendant lequel il répare les forces dissipées dans la veille.

Il n'en est pas de l'ame comme du corps : l'ame impassible, inaltérable, ne fait aucune déperdition de substance, n'a par conséquent pas besoin de repos pour en acquérir de nouvelle. Essentiellement active, le repos serait sa destruction ; elle agit donc dans le sommeil comme dans la veille, et c'est cette action dans le sommeil que nous appelons songes ou rêves, et qui sont de la part de l'ame de véritables créations.

LII. *Des Songes.*

Je n'ai parlé du sommeil que parce qu'il est la cause ou plutôt l'occasion des songes ; et je vais parler des songes, parce qu'ils sont des *créations* de l'imagination, c'est-à-dire de l'ame.

Dans la définition du sommeil, le docteur Richerand suppose que si tous les organes des sens et des mouvemens étaient parfaitement endormis, nous ne rêverions pas : il suppose que nous ne rêvons que parce que quelques-uns de nos organes persistent dans leur activité. Le docteur Virey est du même avis. *Des hommes, dit-il, ne rêvent jamais, ou croient ne jamais rêver, parce que, ne conservant que de légères traces dans leur cerveau, leur songe est si superficiel, qu'ils ne s'en ressouviennent pas.* Je suis bien fâché de le dire, mais ces deux grands hommes se trompent. Les hommes rêvent toujours; mais souvent ils ne se ressouviennent nullement de leurs songes, et alors ils croient n'avoir pas rêvé. L'erreur de nos docteurs vient de ce qu'ils prennent la cause du souvenir des songes, pour la cause des songes eux-mêmes. Effectivement, si la perception, les idées, les pensées, l'intelligence, l'entendement et le cerveau sont une même chose, comme le prétendent les docteurs Cabanis et Richerand, la cause des songes doit être l'action du cerveau, lorsqu'il n'est pas endormi; et lorsqu'il se livre au sommeil, nous ne devons nullement rêver; mais,

Le SONGE *est une action de l'ame pendant le sommeil.*

L'ame, comme je l'ai déjà dit, est essentiellement active ; la réduire à l'inaction, ce serait l'anéantir ; elle agit donc pendant le sommeil comme pendant la veille. L'ame agit plus particulièrement sur le cerveau ; mais lorsque le cerveau qui est le sens interne, le centre d'où partent les impressions qu'il communique aux organes du mouvement, lorsque, dis-je, le cerveau est livré au sommeil, nous n'avons aucune connaissance des actions de l'ame pendant le sommeil ; nous ne pouvons, par conséquent, nous souvenir de nos songes. La même chose arrive dans la mensambulance, parce que l'ame, dans cet état, n'agit sur aucun de nos organes (1).

Mais *le sommeil ne suppose pas toujours le repos parfait des organes, des sensations et des mouvemens ; quelques-uns de ces organes peuvent persister dans leur activité* (2) : c'est alors que nous nous rappelons nos songes, et d'autant plus fidèlement que le cerveau était moins endormi (3).

―――――――――――――――――

(1) J'ai déjà expliqué cette apparente contradiction.

(2) Le docteur Richerand.

(3) M. Virey est aussi dans l'erreur lorsqu'il dit ; « Notre esprit a trois principaux états, 1.° celui de

LIII. *Rêves des bêtes et des plantes.*

L'espèce humaine n'est pas la seule qui, pendant le sommeil, éprouve ces genres d'agitations que l'on comprend en général sous le nom de RÊVES ; *ces phénomènes s'observent aussi chez les animaux.* Le physiologiste qui s'exprime ainsi, n'a suffisamment considéré ni le rêve de l'espèce humaine, ni celui des bêtes, et encore moins celui des plantes. S'il parle des rêves des animaux, c'est seulement pour faire sentir que l'homme est parfaitement semblable aux autres animaux qui, n'ayant pas plus d'ame que l'homme, doivent rêver également ; d'où il conclut que ce n'est pas l'ame qui agit dans les rêves, mais seulement le sens interne ou le cerveau, et quelquefois une partie des autres organes.

» la vie ordinaire qui emploie l'ame et le corps, 2.°
» celui du rêve ou du délire qui occupe principale-
» ment les facultés sensitives du corps ; 3.° l'état de
» méditation extatique dans lequel l'ame agit presque
.» seule (*Art de perf. l'homme.* T. 2. p. 212.).

Le docteur Virey n'a pas été si libéral dans son examen du Magnétisme animal ; cependant le rêve occupe moins les facultés sensitives que les facultés intellectuelles, puisqu'il n'y a que l'esprit qui agit dans la plupart des rêves. Dans l'état de méditation extatique, connu dans la mensambulance, l'ame n'agit pas presque seule, elle agit absolument seule.

J'ai déjà démontré que tous les êtres *organisés* et *vivans* étaient soumis à la loi du sommeil ; je l'ai fait observer dans les plantes qui, dans nos climats tempérés, dorment autant que l'homme. J'ai maintenant à prouver que tous les êtres soumis à la loi du sommeil peuvent rêver. 1.° L'homme rêve nécessairement, soit comme animal, soit comme homme : comme animal, ses songes ou rêves ne diffèrent point de celui des autres animaux ; mais, comme homme, doué d'une ame spirituelle, ses songes diffèrent autant de ceux des animaux que l'homme diffère de la bête.

2.° Les animaux n'ont que des songes relatifs à ce qui peut les intéresser ; leurs intérêts se bornent à ce qui concerne leur conservation, leur accroissement et leur reproduction : dans leur sommeil, comme dans leur veille, l'instinct seul agit chez eux. L'estomac d'un loup pressé par la faim, lui fait rêver qu'il guette une proie, ou qu'il la dévore, parce que l'estomac fait sentir ses besoins aussi bien dans le sommeil que dans la veille. Le chien aboie pour sa conservation ; le cheval hennit dans ses songes érotiques, mais tous ces songes ne sont produits que par l'instinct.

Dans l'homme, au contraire, « les facultés intellectuelles, exercées pendant les songes, peuvent nous conduire à certains ordres d'idées, auxquels nous n'avions pu atteindre pendant

» la veille. C'est ainsi que des mathématiciens ont
» achevé, pendant leur sommeil, les calculs les
» plus compliqués, et résolu les problêmes les
» plus difficiles; » (*Nouveaux Élémens de Phy-*
siologie) difficultés auxquelles ils n'auraient pu atteindre pendant la veille, parce que l'ame, distraite par les sens, n'était pas capable d'y apporter
la même attention que dans le sommeil, pendant
lequel les sens sont dans le repos. Comme on voit,
M. Richerand nous aide lui-même à démontrer
la différence essentielle des songes de l'homme,
comme homme, d'avec les rêves des autres
animaux.

3.º Les plantes ont un mouvement naturel de
végétation, qui remplace l'*instinct* dans les animaux ; elles ont des organes par lesquels elles
veillent, comme les animaux, à leur conservation,
à leur accroissement ou à leur perfectionnement,
et à leur reproduction. Ces organes, cet *instinct* (1) des plantes qui ne sont point organisées

---

(1) Lorsque je donnerai la définition de *l'instinct*,
on verra que la végétation dans les plantes est un véritable instinct qui ressemble à celui des animaux,
et que la cause première et la fin dernière de l'instinct est la même dans les animaux et dans les plantes.
L'abeille ne met pas plus d'instinct à former un rayon
de miel, que le cep de vigne à former une grappe
de raisin.

avec autant de perfection que les animaux, rendent leurs songes plus rares et moins frappans. Les plantes ne rêvent ordinairement qu'au commencement ou à la fin de leur sommeil; celui-ci commence, dans nos climats, à la fin de l'automne, et finit à la fin de l'hiver. Lorsque l'instinct, ou si l'on veut , la végétation des plantes se fait apercevoir dans les momens de leur sommeil, c'est un rêve de leur part : on voit quelquefois des arbres pousser de secondes fleurs , lorsque déjà leurs feuilles commencent à tomber ; on voit encore plus souvent des fleurs si précoces que l'arbre n'étant pas encore éveillé, ces fleurs s'évanouissent comme nos songes. Pourquoi d'ailleurs les plantes n'auraient-elles pas des songes, puisqu'*elles sont,* comme le dit Buffon, « du même ordre que les » animaux ; qu'ils ont entr'eux des ressemblances » essentielles et générales, et qu'ils n'ont aucune » différence qu'on puisse regarder comme telle. » Enfin, ce que la végétation des plantes peut faire dans leurs veilles, elle peut, dans certaines circonstances, le faire dans leur sommeil; ce que l'instinct des animaux peut faire dans leurs veilles , il peut le faire dans le sommeil : le docteur Richerand nous a montré que, dans le sommeil, l'homme peut quelquefois mieux que dans la veille.

En effet, les créations de l'imagination, dans les songes, sont plus merveilleuses que dans la veille. Le tableau d'un peintre le plus habile qu'on puisse supposer, fût-il un Appelle; une description faite par un poète du plus grand génie, fût-il un Homère, ne feront jamais l'effet d'un songe. Un tableau n'est toujours qu'un tableau, dans lequel on admire l'art; mais on n'y reconnaît jamais la nature; dans les songes, c'est une véritable création, et il n'y a que le réveil qui anéantit cette création, et qui nous persuade que ce n'était pas la nature; du moins c'en étaient complètement toutes les apparences; tous les sens semblaient la connaître. On voit les personnes, on les entend, on leur parle, on les touche; le goût, l'odorat sont également frappés.—Cependant ce n'est rien. —Ce n'est rien pour l'homme éveillé, et c'est tout pour l'homme livré au sommeil. Les objets réels qui nous frappent pendant la veille, n'existent pour nous que dans les sensations qu'ils nous font éprouver; les couleurs ne sont réellement rien pour un aveugle, les sons n'existent pas pour un sourd. Les choses que nous appelons réelles pendant la veille, n'existent donc réellement que dans nos sensations. Si dans le sommeil nous éprouvons des sensations semblables à celles que nous éprouvons dans la veille, ces sensations sont aussi réelles que celles de la veille, et par conséquent les objets qui nous les font éprouver, sont aussi réels dans le sommeil que dans la veille.

« Si l'on fait attention, dit Buffon, que
» notre ame est souvent, pendant le sommeil et
» l'absence des objets, affectée de sensations ;
» que ces sensations sont quelquefois fort diffé-
» rentes de celles qu'elle a éprouvées par la
» présence de ces mêmes objets en faisant usage
» des sens, ne reviendra-t-on pas à penser que
» cette présence des objets n'est pas nécessaire
» à l'existence de ces sensations...... La ma-
» tière pourrait bien n'être qu'un mode de
» notre ame, une de ses façons de voir ;
» notre ame voit d'une façon, quand nous
» veillons ; elle voit d'une autre façon pendant
» le sommeil (1) ; » et ces différentes façons
de voir ne font rien à la réalité des objets vus
par notre ame. Les objets que nous voyons dans
la veille, ceux que nous voyons dans le sommeil, ne sont pas moins réels, ou du moins
des apparences réelles créées par notre ame ;
car de simples apparences sont quelque chose.
Notre ame, formée à la ressemblance de Dieu
créateur, a donc été douée de la faculté de créer.

Telle est la conclusion de cette espèce d'épi-
sode sur les songes, tant des hommes que des
animaux et des plantes.

---

(1) Le docteur Cabanis dit quelque part, avec une
certaine prudence, *qu'il faut se défier de Buffon*. Sans
doute, ceux qui craignent de s'éclairer sur la spiri-

LIV. — 3.° *L'ame, dans la mensambulance et dans l'extase, crée des fantômes.*

Je crois avoir démontré que l'esprit agit sur la matière, c'est-à-dire que l'esprit commande à la matière, et que celle-ci obéit. J'ai fait voir que si l'ame, dans son union ordinaire avec le corps, avait une si grande puissance sur le corps, elle en avait une incomparablement plus grande dans la mensambulance : c'est déjà avoir prouvé sa puissance sur les élémens, puisque ceux-ci ne sont que matériels. Cependant, comme la puissance d'agir sur les élémens, tels que le feu, l'air, la lumière, nous paraît une chose encore plus extraordinaire que d'agir sur la matière brute, telle que la terre, la pierre, le bois, etc., je vais tâcher de développer les raisons qui nous engagent à croire que l'esprit, dégagé de la matière, est doué de la puissance d'agir directement sur les élémens.

Nous avons déjà vu que l'ame, dans son union

---

tualité et de l'immatérialité de l'ame, doivent non seulement s'en défier, mais doivent le craindre comme le plus redoutable de leurs adversaires, Mais ceux qui pourraient craindre de trouver *identité dans le physique et le moral de l'homme,* doivent encore plus se défier du docteur Cabanis.

ordinaire avec le corps, n'agit sur la matière brute que par l'intermédiaire du fluide vital sur lequel elle agit immédiatement; mais le fluide vital est l'élément le plus subtil que nous connaissions : l'air, le feu, la lumière elle-même, ne sont que des élémens grossiers en comparaison du fluide vital ; il n'y a donc que le préjugé qni peut nous faire croire que l'ame peut agir plus facilement sur la matière grossière que sur les élémens, qui ne sont réellement que matière.

Nous n'examinerons point les différentes manières dont l'ame, dégagée de la matière, peut agir sur les élémens que nous connaissons, d'abord parce qu'elle peut y agir d'une infinité de manières que nous ne connaissons pas ; et en second lieu, parce qu'il y a probablement un grand nombre d'élémens de matière que nous ne connaissons pas non plus.

1.° Sa puissance sur *l'air* doit au moins égaler celle de l'homme ; nous le comprimons d'une infinité de manières ; nous le dilatons par la chaleur et dans nos machines pneumatiques, etc. L'ame, dira-t-on, n'a point à sa disposition les instrumens avec lesquels nous comprimons l'air, nous le dilatons, nous l'enflammons ; mais elle n'en a pas besoin. Que faisons-nous avec nos instrumens ? Nous ne faisons que modifier l'air; et si l'ame, dégagée de la matière, n'avait pas la puissance de modifier les élémens sans l'intermédiaire de nos instrumens, il vaudrait autant dire qu'elle ne pourrait, en aucune manière, agir sur la matière. Car agir sur la matière, ce n'est que la modifier : l'homme même ne peut toucher un grain de poussière sans le modifier. Le seul changement de lieu est une modification. Ce que la peau d'un tambour, les cordes d'un instrument, le larinx, instrument de la voix, peuvent faire, pourquoi l'ame ne pourrait-elle pas le faire? De quoi s'agit-il? de modifier d'une certaine manière le fluide qui nous transmet le bruit, le son, les tons; et cette modification, qui nous est si facile avec d'aussi faibles moyens, serait hors de la portée de l'ame douée d'une puissance infinie, et qui a mille moyens à sa disposition? Il faudrait dire que l'ame est inerte, ou plutôt lui refuser l'existence, si on lui refusait le pouvoir de modifier l'air, ou le fluide qui nous transmet les sons, de manière à nous les faire entendre. C'est en modifiant les sons, comme l'organe de la voix les modifie, que le mensambule fait entendre des voix, des cris, du bruit, dont on ignore la cause.

2.° Il en de même de la *lumière* : la lumière

n'est autre chose, comme je l'ai déjà dit, qu'une modification d'un fluide que j'ai appelé *luminescible*. Sans des conséquences absurdes, nous ne pouvons pas refuser à l'ame un pouvoir que nous accordons sans difficulté à la plus légère portion de matière, à une feuille de papier, par exemple. Ayons une feuille de papier blanche d'un côté, noire de l'autre; c'en est assez pour faire éprouver à la lumière une modification qui diffère, comme on dit, du blanc au noir. Comment supposer, sans absurdité, que l'ame ne pourrait pas opérer sur la lumière une modification que lui fait éprouver une simple feuille de papier? C'est également en modifiant la substance *luminescible* que le mensambule crée des fantômes, des apparitions tels que son imagination les veut créer; tels qu'elle les crée dans les songes ou rêves, avec cette différence que l'ame, dans les songes, crée de rien les apparences des choses qu'elle voit seule, et que dans la mensambulance l'ame crée des fantômes avec la lumière qu'elle modifie; et que ces fantômes, étant formés de substances qui peuvent tomber sous les sens, peuvent être vus par d'autres personnes que les mensambules. C'est sans doute de cette manière que nous apparaissent les démons familiers. (V. les art. LXXXIV, XCII, XCIV et XCV.)

3.º L'homme crée en quelque sorte le *feu* à
volonté, il le tire des substances qui paraissent
le moins susceptibles d'en contenir, d'un caillou ;
nous rendons le feu plus ou moins ardent, plus
ou moins vif ; nous l'éteignons à volonté,
etc. Toutes ces opérations ne sont que des
modifications que l'ame peut faire subir à cet
élément avec beaucoup plus de facilité que nous
ne le faisons avec nos instrumens et nos machines.

On voit que je ne fais qu'énoncer un très-
petit nombre de modifications dont le feu,
l'air et la lumière sont susceptibles. Je laisse au
physicien, à l'opticien et au chimiste à parler
d'une infinité d'autres qui lui sont connues et
que j'ignore. Je le répète : refuser à l'ame dégagée de la matière la puissance de modifier les
élémens, c'est nier qu'elle puisse agir sur les
substances matérielles, c'est nier qu'elle est
essentiellement active de sa nature, c'est enfin
nier son existence.

LV. Quatrième principe. *Connaissances de
l'ame.*

Dieu connaît tout ; le passé, le présent et
l'avenir, et les plus secrètes pensées de toutes les
intelligences créées.

L'ame peut tout connaître, jusqu'à Dieu même,
et ce sera dans l'éternité son suprême bonheur ;

mais tant par sa nature qui est bornée, que par les différens états dans lesquels l'ame est destinée à se trouver, ses connaissances sont nécessairement bornées. Comme Dieu, elle connaît, mais imparfaitement, le présent, le passé, prévoit l'avenir, et enfin peut lire dans les pensées qui nous paraissent les plus secrètes.

Les connaissances des mensambules vont nous paraître encore plus étendues et, par conséquent, plus étonnantes que sa force et sa puissance; cette dernière ne s'exerce que sur les substances matérielles, au lieu que ses connaissances peuvent s'étendre sur les esprits, sur la pensée.

Dans l'état ordinaire, les connaissances de l'homme ne s'étendent pas au-delà de celles qu'il peut acquérir par l'instinct, par les sens, par l'expérience, par le raisonnement, par l'attention, etc., à moins qu'on admette des idées innées.

Dans la séparation qui a lieu à la mort, l'ame entre dans une nouvelle existence et, par conséquent, dans une sphère de connaissances dont nous ne pouvons nous former une idée. Il doit nous paraître certain qu'elles seront fort étendues et qu'elles auront plus ou moins d'analogie avec nos connaissances actuelles.

Dans la mensambulance spontanée, c'est-à-dire, dans l'état de noctambule, l'ame ne se doutant

pas de sa nouvelle situation, ne peut guère acquérir de nouvelles connaissances.

Enfin, dans la mensambulance artificielle, (ou
magnétique,) l'ame jouit d'abord parfaitement de
toutes les connaissances qu'elle a acquises dans
son union ordinaire avec le corps, mais elle peut
en acquérir une infinité d'autres dans l'ordre physique et métaphysique, dont il est presque impossible de nous faire une idée. Cependant l'ame
a besoin d'être avertie de sa nouvelle existence
qui lui paraît ordinairement tout à fait étrangère;
il faut qu'elle observe, qu'elle étudie, qu'elle s'es-
saye, qu'elle s'exerce et qu'elle ait un but principal et des occasions ou des motifs de nous faire
part de ses connaissances.

« Le commencement de la mensambulance,
» dit M. le comte de Redern, est une espèce d'en-
» fance qui exige une véritable éducation. Les
» mensambules se trouvent dans un état singulier
» dont les uns ne paraissent point frappés parti-
» culièrement, et qui cause à d'autres une espèce
» de surprise et même de l'épouvante. Il se passe
» quelquefois un tems assez long avant qu'ils
» manifestent ce qui les occupe. C'est le moment
» qui exige toute la sagacité, tout le jugement,
» toute la raison du magnétiseur : rien de plus
» fâcheux pour un mensambule que de tomber

» entre les mains d'un magnétiseur extra-
» vagant. (1) »

LVI. *Du seul sens de l'ame*, l'ATTENTION.

L'homme est borné dans ses facultés, dans les
objets de ses connaissances, et dans les moyens
de les acquérir. Au contraire, l'ame du mensambule, et ses facultés sont, pour ainsi dire, immenses ;
le mensambule a une infinité de sens pour les acquérir, ou plutôt, il n'en a qu'un qui équivaut à
une infinité d'autres, et ce sens est l'ATTENTION :
sans l'attention le mensambule serait dans le
chaos, et n'éprouverait aucune sensation pour en
éprouver trop.

Comme l'ame n'a point de bornes matérielles,
elle est partout ; aucun obstacle physique ne peut
s'opposer à la perception d'aucun objet matériel ;
elle voit une infinité de choses qui ne peuvent
tomber sous nos sens, soit par leur trop grand
éloignement, soit par leur trop peu de volume ;
elle n'a besoin ni du *raisonnement*, ni de l'analyse pour s'assurer de ses connaissances, tandis que
ces deux opérations de l'esprit retardent beaucoup, dans l'homme, les progrès de ses connaissances ; enfin, la mémoire du mensambule est si
parfaite qu'elle se rappelle des choses qu'elle avait
totalement oubliées dans son union ordinaire
avec le corps.

------

(1) **Des modes accid. de nos percept.** p. 38.

La plupart des magnétistes ont attribué à l'*instinct* des mensambules et aux habitudes con-
tractées dans leur état ordinaire, les connaissances
extraordinaires que nous remarquons en eux.
Voyons donc si leurs conjectures sont fondées.

LVII. *De l'Instinct.*

M. de Montravel dit : « Demander à un men-
» sambule la théorie de son état, c'est n'avoir
» qu'une idée fausse de la mensambulance. L'in-
» stinct du mensambule est développé sans doute ;
» il est élevé, pour ainsi dire, au-dessus de lui-
» même, mais il est toujours instinct ; or, l'instinct
» SENT, il AGIT, mais il ne raisonne pas. »

M. Deleuse dit : « On a tort de nier que
» l'homme soit doué de l'instinct, comme les ani-
» maux, et que cette faculté qui est sans exercice
» dans notre état habituel, ne se développe pas
» dans certaines circonstances, (*particulièrement*
» *dans la mensambulance ;*) au contraire, il
» nous donne des lumières plus sûres que celles
» que nous pouvons acquérir par les sens et
» l'expérience. »

M. Virey dit : « Nous pouvons montrer que
» notre AME a des mouvemens spontanés, plus
» prompts que la pensée, et qu'elle tend à la con-
» servation du corps. Entre les déterminations
» involontaires de l'INSTINCT, qui ne connaît
» toutes les actions des mensambules ? »

Ailleurs (1), le même auteur dit que « l'in-
» stinct des mensambules découvre la eause des
» maladies, et indique les remèdes d'une ma-
» nière plus clairvoyante que ne peut le deviner
» le médecin le plus instruit. »

Quelque respectables que soient les autorités
que je viens de citer, je ne puis partager leurs
opinions : avant d'en montrer la fausseté, voyons
ce que c'est que l'*instinct* et la *raison*.

*Qu'est-ce que l'on appelle instinct dans les
animaux*, se demande M. Duméril, dans son
Traité élémentaire d'histoire naturelle?

Réponse. « Presque tous les animaux, par un
» pressentiment, pour ainsi dire, inné, exercent,
» au moment de leur naissance, des mouvemens
» utiles pour subvenir à leurs besoins, et conser-
» ver leur existence. » Après en avoir donné
plusieurs exemples, il ajoute : « Toutes ces opé-
» rations sont admirables ; mais elles ne sont pas
» raisonnées : il semble même que plus les ani-
» maux montrent de prévoyance innée, moins ils
» sont doués de raisonnement. »

D. *L'homme a-t-il beaucoup d'instinct?*

R. « L'enfant n'a que très-peu d'instinct dans
» son premier âge; il n'en manifeste même presque
» plus, lorsqu'il peut parler ou transmettre ses
» sensations, » c'est-à-dire, lorsqu'il commence

---

(1) Art de perf. l'homme. T. 2. p. 324.

à devenir homme et à se servir du raisonnement.

Quelque succinctes que soient ces notions de M. Duméril, elles sont exactes. Nous allons donner la définition de l'instinct avant de réfuter les auteurs que nous venons de citer.

L'INSTINCT *peut donc se définir le résultat d'un mouvement imprimé, par une cause première, à la matière organisée ; lequel mouvement se modifie suivant la nature et la forme des organes dans lesquels il est imprimé.*

Ainsi, dans les plantes, comme dans les animaux, sans en excepter l'homme, l'instinct est de la même nature. Il n'y a pas plus d'instinct dans la formation d'un rayon de cire et de miel par les abeilles, que dans la formation d'une grappe de raisin par un cep de vigne. Ces deux opérations ne diffèrent que par la différence des organes des abeilles et des ceps de vigne. Si certaines opérations des animaux nous paraissent raisonnées, c'est que nous ne sommes pas doués du même instinct. Tout ce qui exige du raisonnement, ne peut être imité par les bêtes qui n'ont que de l'instinct, et avec toute la raison, toute l'adresse et tout l'art possibles, nous ne pouvons imiter l'instinct de certains animaux, et encore moins celui des végétaux.

Naturæ solertiam nulla ars, nulla manus, nullus artifex consequi potest, imitando. Cic.

L'imitation, la *sympathie*, l'*antipathie*, le *certain je ne sais quoi* sont des opérations purement instinctives, dont on ne peut se rendre raison, parce que, en effet, la raison, l'esprit, l'ame enfin n'y ont aucune part : ce ne sont que différens mouvemens de la matière organisée.

Les hommes d'esprit sont quelquefois tout étonnés de ne pouvoir exécuter, ou du moins que très-difficilement, certaines choses que les sots font avec la plus grande facilité ; c'est qu'ils ne réfléchissent pas qu'il ne faut que de l'instinct pour exécuter ces sortes de choses, et que les sots ont nécessairement plus d'instinct que les gens d'esprit. Voilà pourquoi les mimes, les musiciens, les danseurs étaient de professions viles chez les anciens ; et en effet, il ne faut que de l'instinct aux oiseaux pour apprendre à chanter, et aux singes pour apprendre à danser et à faire des grimaces.

LVIII. *De la Raison.*

L'un nous dit : Ecoutez la raison, c'est un guide que la Providence nous a donné pour nous conduire à la vérité ; l'autre nous dit : N'écoutez pas la faible raison, c'est une aveugle et orgueilleuse conductrice qui nous égare et qui souvent nous conduit à l'erreur. Les uns et les autres nous disent la vérité, particulièrement les derniers. Car, qu'est-ce que la raison ?

LA RAISON *est le résultat réfléchi de nos connaissances.*

La raison par excellence est le résultat le mieux réfléchi du plus grand nombre de connaissances que l'homme puisse acquérir. Il y a des personnes qui ont une raison bien saine et peu de connaissances ; c'est qu'elles ont bien réfléchi sur le peu de connaissances qu'elles ont acquises. Qu'un profond mathématicien, sans connaissances sur la médecine, veuille parler sur cette dernière science, il déraisonnera ; mais entendez-le parler sur les mathématiques, c'est la raison même. Ces personnes ne raisonnent nullement sur ce qu'elles ignorent. Il y en a qui ont beaucoup de connaissances et peu de raison ; c'est que ceux-là ont peu ou point réfléchi sur leurs connaissances. Ceux qui n'ont point de connaissances, ou qui ne réfléchissent nullement sur celles qu'ils peuvent acquérir, sont sans raison.

Puisque la raison est le résultat réfléchi de nos connaissances, et que nous n'acquérons nos connaissances que par les sens, soit internes, soit externes, il s'ensuit que les êtres qui sont incapables de réflexion, ou qui n'ont point de sens, sont également incapables de raison. Ainsi, les animaux qui ont des sens, mais qui sont incapables de réflexion, sont dépourvus de raison (1). Les esprits dégagés des sens, quoique susceptibles de réflexion, ne peuvent non plus être doués de la raison.

Dans l'ivresse, dans le délire ou la folie, il n'y a plus de raison, parce qu'il n'y a plus de réflexion : dans le sommeil, dans l'extase, dans la mensambulance, il n'y a plus de raison, parce

---

(1) Le docteur Virey, dans son *Histoire des mœurs et de l'instinct des animaux*, qui vient de paraître, établit un principe tout-à-fait contraire à ceux qu'il a adoptés dans son *Art de perfectionner l'homme*. Dans ce dernier il trace une ligne de démarcation bien sensible entre l'homme et la brute. L'homme seul est doué d'intelligence et de raison ; l'homme seul agit avec liberté, peut mériter et démériter. Dans son *Histoire des mœurs et de l'instinct des animaux*, les *brutes vertébrées* sont douées d'intelligence, de raison, de volonté, de liberté; capables de réflexions, de vertus, de crimes, etc., etc., enfin il doit y avoir un paradis et un enfer pour les bêtes brutes comme pour les hommes; les plantes et les brutes invertébrées qui n'ont que de l'instinct, doivent en être exclues parce qu'elles n'ont point d'intelligence.

Cependant l'auteur établit comme conclusion de sa XIII.ᵐᵉ leçon, une proposition qui me paraît assez évidente et qui néanmoins semble être en contradiction avec les principes de cette XIII.ᵐᵉ leçon.

L'intelligence connaît qu'elle ignore, et l'instinct ignore qu'il connaît.

que nous ne pouvons plus, dans ces situations, faire usage de nos sens, quoique nous soyons susceptibles de réflexion.

La souveraine perfection dans l'homme serait l'usage de la souveraine raison ; ce serait au contraire une souveraine imperfection dans les pures intelligences, parce que l'usage de la raison suppose nécessairement la liberté, et que les pures intelligences créées sont privées de la liberté ; elles font le bien ou le mal nécessairement, mais volon-

---

Je conviens que l'instinct des brutes, même *vertébrées*, leur laisse ignorer qu'elles connaissent : mais que l'auteur me montre une bête brute *vertébrée* qui connaît qu'elle ïgnore, alors j'avouerai que son *Art de perfectionner l'homme* n'a pas le sens commun.

Au reste, un style boursoufflé, des phrases redondantes, des portraits mal enluminés, on pourrait dire barbouillés, une profusion d'épithétes incongrues dégoûtent le lecteur et l'empêchent d'apprécier ce que cette *histoire* peut contenir de vrai et de bon. M. Virey dans cet écrit paraît avoir voulu flatter l'oreille de ses lecteurs dans le désir de leur communiquer l'enthousiasme que lui inspire la sublimité de son sujet ; il n'a produit qu'un bourdonnement monotone plus capable de fatiguer le lecteur que de l'enthousiasmer. J'aurai peut-être occasion de réfuter directement et par lui-même les erreurs de M. Virey, sur *l'intelligence* des bêtes brutes *vertébrées*.

tairement. Les anges, les saints, qui sont de pures intelligences, ne raisonnent pas : le raisonnement est incompatible avec les perfections de Dieu même. La raison suppose un être mixte composé d'un corps et d'une ame.

Il faut nous rappeler que, dans la mensambulance, l'ame est dégagée des liens du corps; que seule elle agit, et que le corps ne conserve plus que ses facultés vitales.

LIX. *Erreurs de MM. de Montravel, Deleuse et Virey, sur l'instinct et la raison des mensambules.*

Maintenant il est facile de démontrer que les opérations des mensambules ne procèdent ni de la raison, ni de l'instinct. Je répondrai donc,

1.° A M. de Montravel, que je conviens avec lui, que je soutiens même, que le mensambule ne raisonne pas, mais par une raison toute opposée à la sienne. Selon lui, le mensambule ne raisonne pas, parce qu'il n'a que de l'instinct; et, à mon avis, c'est parce qu'il n'a ni instinct ni raison. Dire que le mensambule n'a que de l'instinct, c'est n'avoir qu'une fausse idée de la mensambulance.

2.° Je répondrai à M. Deleuse que ce n'est pas sans raison qu'on a nié que l'homme soit doué de l'instinct comme les autres animaux, puisque lui-même convient que cette faculté est sans exercice dans notre état habituel ; et s'il y a des circonstances où l'instinct nous donne des lumières plus sûres que celles que nous pouvons acquérir par les sens et l'expérience ; c'est moins dans l'état de mensambulance que dans tout autre. Quelque *élevé*, quelque *développé*, quelque *perfectionné* même que l'on suppose l'instinct, il ne peut toujours être qu'un mouvement involontaire qui ne peut convenir qu'à la matière organisée ; car à peine est-ce un mouvement animal : il ne peut donc être le partage de l'homme moral, et moins encore du mensambule qui n'est qu'esprit. Certes, on ne peut pas dire que l'esprit, la raison, la moralité, la combinaison, soient des attributs de l'instinct ; et cependant, M. le comte de Redern (que M. Deleuse ne refusera pas pour juge) nous dit : « Le mensambule s'exprime mieux ; » il a plus d'esprit, plus de combinaisons, plus » de raison (1), plus de moralité que dans » l'état de veille. »

---

(1) Je dirai plus bas ce qu'on doit entendre ou ce qu'a voulu dire M. le comte de Redern, quand il s'est exprimé ainsi , puisque j'ai dit que le mensambule n'avait ni instinct ni raison.

Certes, il faut juger avec une prévention bien extraordinaire, ou avoir bien oublié ce que c'est que l'instinct pour attribuer à cette faculté un fait tel que celui que je vais citer : je le puise dans **M. Deleuse** lui-même; j'en ai déjà parlé.

« Des gens dignes de foi, qui ont été à
» même de vérifier le fait, m'en ont con-
» firmé l'exactitude. La mensambule était
» une fille de 23 ans, extrêmement honnête,
» mais n'ayant eu d'autre instruction que celle
» qui était nécessaire à une jeune personne
» destinée à gagner sa vie par le travail de ses
» mains. L'écrit qu'elle a dicté est divisé en
» quatre parties.

» La première traite de la nature de l'homme,
» de son organisation physique, de ses facultés
» intellectuelles, de son état actuel, de ses
» devoirs et de sa destinée future.

» La seconde est un traité du magnétisme
» dans lequel on explique sa nature, les moyens
» de le mettre en action, le but qu'on doit se
» proposer en l'employant, et les effets qu'on
» peut en obtenir.

» La troisième est une description du som-
» meil magnétique considéré dans ses divers
» degrés et dans les variétés qu'il présente....

» Cette troisième partie est un morceau que

» les magnétiseurs ne sauraient trop lire, et
» qui est rempli de sagesse et de vérité. »
(*Histoire critique du magnétisme animal,*
tom. 2, pag. 167 et 168.)

Je ne doute pas plus de ce fait que si j'eusse
moi-même écrit ces différens traités sous la
dictée de la mensambule ; mais je crois aussi
qu'ils ont encore été moins inspirés par son
instinct que par sa raison. Comment des traités
lui paraissant si raisonnés, si profondément
pensés, pourraient-ils être le résultat d'un mouvement matériel, puisque l'instinct n'est qu'un
mouvement imprimé à la matière organisée ? Je
ferai voir, je démontrerai comment une fille
sans instruction peut avoir dicté de pareils
traités ; ce que MM. les magnétiseurs n'ont pas
même soupçonné jusqu'à présent. M. Deleuse
dit ailleurs : *On n'a proprement de science que
celle qu'on a acquise à force d'étude, de recherches et d'expérience.* Quelle étude, quelles
recherches, quelle expérience pouvait avoir une
fille de 23 ans, qui n'avait reçu d'autre instruction que celle qui lui était nécessaire pour
gagner sa vie par le travail de ses mains ? Et
cependant elle a dicté des traités qui supposent
beaucoup d'étude, de recherches et d'expérience.

3.º Enfin, pour mettre le lecteur mieux à

même de juger de ma réponse à **M. Virey**, je vais transcrire de nouveau la citation que j'ai faite : *Nous pouvons montrer que notre ame a des* MOUVEMENS *spontanés plus prompts que la pensée, et qu'elle tend à la conservation du corps. Entre les déterminations involontaires de* L'INSTINCT, *qui ne connaît toutes les actions des somnambules ?*

Il est étonnant que **M.** le docteur **Virey** (dans son *Art de perfectionner l'homme*) ait confondu les opérations de l'ame, qui sont toujours volontaires, avec les mouvemens de l'instinct, qui sont toujours involontaires. L'ame n'a point de mouvemens ; elle agit, sans doute, mais ce n'est point par le *mouvement*, comme la matière, qui ne peut agir que par le mouvement, encore faut-il qu'il lui soit communiqué par une puissance étrangère. Les déterminations involontaires de l'instinct ne peuvent être du ressort de l'ame, qui agit toujours volontairement. **M. Virey** a sans doute voulu dire que les actions des mensambules n'étaient pas *raisonnées* ; cela ne veut pas dire qu'elles sont des déterminations de l'instinct, parce que, si elles ne sont pas raisonnées, elles sont toujours volontaires.

N'oublions pas que l'instinct *agit, sent,* mais qu'*il ne raisonne pas* ; que *cette faculté est sans exercice dans notre état habituel.* S'il est dans la vie un autre état ou l'instinct se *développe, s'exalte, se perfectionne et nous donne des lumières plus sures que celles que nous pouvons acquérir par les sens et l'expérience,* certes ce n'est pas dans l'état de mensambulance. Supposons qu'on engage un mensambule à boire un verre d'eau-de-vie ; il le boira sans que son instinct l'ait averti qu'on ne lui a donné que de l'eau. S'il se croit en hiver, il tremble, il allume du feu, il se chauffe, et son instinct, si perfectionné, ne lui dit pas que nous sommes en été, et qu'il fait une chaleur excessive. Le feu est dans sa maison, il passe au milieu des flammes, ses vêtemens sont embrâsés avant que son instinct lui ait fait soupçonner même le moindre danger. Assurément, l'instinct de l'animal le plus stupide serait préférable à l'instinct prétendu *élevé, exalté, perfectionné* de ce mensambule.

Nihil est in intellectu, quod non priùs fuerit in sensu.

A l'occasion de ce cet examen d'Aristote, le docteur Richerand dit que « ceux qui admettent encore l'hypothèse des idées innées, s'appuient d'une observation de Galien, visiblement altérée et embellie par l'imagination de ce médecin : il tira un chevreau du ventre de sa mère, et lui ayant offert des herbages, il préférait le cytise. Si un tel fait, continue le docteur Richerand, a quelque chose de réel, on sera bien forcé d'admettre qu'un animal peut avoir la connaissance anticipée de ce qui lui convient, et qu'indépendamment des impressions qu'il pourra dans la suite recevoir par les sens, il sait, dès sa naissance, *choisir*, c'est-à-dire comparer et juger ce qu'on lui présente ; mais ce n'est que long-tems après avoir vu le jour, ce n'est qu'après avoir exercé ses sens, qu'un chevreau est capable de brouter des herbes et de choisir celles qui lui plaisent davantage........ Il ne recherche et ne peut digérer que le lait au moment de sa naissance. »

Je ne conçois pas comment un homme aussi instruit peut raisonner ainsi. Si je me permets les observations suivantes, c'est seulement pour faire sentir qu'il ne faut pas juger de la doctrine des professeurs par leur mérite, et que tout en parlant *ex cathedrá*, ils peuvent se tromper.

1.° Le fait cité par Galien ne me paraît ni altéré ni embelli : je le crois réel, parce qu'il est possible, et que Galien l'a dit ; car Galien était incapable d'un pareil mensonge. D'ailleurs, je ne sais si Galien dit que le chevreau *mangea* du cytise ; M. Richerand dit seulement qu'il *préférait* le cytise, ce qui est bien différent.

2.° Si le fait est réel, je ne vois pas qu'il

faille convenir pour cela qu'un animal a la *con-naissance anticipée* de ce qui lui convient ; et qu'indépendamment des impressions qu'il pourra dans la suite recevoir par les sens, il *sait choi-sir*, *comparer*, *juger* ce qui lui convient. Le chevreau, au moment de sa naissance, agit par instinct, comme dans le reste de son existence : or, l'instinct ne *sait* rien, ne *choisit* rien, ne *com-pare* rien, ne *juge* rien.

3.° Si la préférence que le chevreau a donnée au cytise supposait un *jugement*, et par consé-quent une *idée innée*, comment pourrait-il *rechercher* de préférence le lait de sa mère, en trouver le mamelon et le sucer, sans sup-poser ainsi un *jugement* encore plus compliqué, et par conséquent sans supposer au chevreau une connaissance anticipée de ce qui lui convient le mieux, enfin une idée *innée ?* Un poulet sortant de la coque a-t-il du *jugement*, parce qu'il choisit un grain de mil entre cent grains de sable ? Peut-on dire qu'il a une connaissance anticipée, que ce grain de mil lui convient plutôt qu'un grain de sable ?

4.° Les partisans de l'hypothèse des idées innées ne peuvent donc pas plus s'appuyer de cette observation de Galien, que les matéria-listes ne peuvent s'appuyer du prétendu *choix* ou *jugement* des brutes, pour les comparer aux

Teratoscopie.		18.

opérations de l'homme qui *choisit* et qui *juge* avec connaissance de cause, parce que dans les uns c'est l'instinct qui agit, et dans l'autre c'est la raison, l'intelligence qui jugent.

Si les actions du mensambule ne sont point un effet de l'instinct, leurs lumières ne sont point non plus un effet du raisonnement.

Le RAISONNEMENT est une opération de l'esprit par laquelle nous cherchons à découvrir une vérité moins connue par une autre plus connue. Mais, dans les connaissances des mensambules, il n'y a point de vérités plus ou moins connues, de connaissances plus ou moins difficiles à acquérir ; il suffit au mensambule de fixer son attention sur un objet pour le connaître dans l'instant et sans l'aide du raisonnement. Les animaux ne raisonnent pas, parce qu'ils n'ont point de connaissances plus ou moins profondes, plus ou moins difficiles à acquérir. L'homme raisonne, parce qu'il a une ame réunie à la matière, et que cette matière est un nuage plus ou moins épais, qui l'empêche d'apercevoir facilement toutes sortes de vérités ; le mensambule ne raisonne pas, parce que ce nuage est dissipé et qu'il voit facilement toutes les vérités qui se présentent à son attention. Les hommes qui ont le plus d'esprit et de génie, sont ceux qui raisonnent le moins ; ceux qui n'ont ni esprit, ni génie, ne raisonnent point du tout ;

ils n'ont, pour ainsi dire, que de l'instinct, et souvent cet instinct est préférable à une trop faible dose d'esprit et de génie, qui fait qu'il y a un si grand nombre d'hommes qui *déraisonnent.*

Les plantes ont de l'instinct sans sensations, sans connaissances et sans raison.

Les animaux ont de l'instinct, des sensations sans connaissances et sans raison.

Les hommes ont des sensations, des connaissances et de la raison sans instinct.

Les pures intelligences ont des connaissances sans instinct, sans sensations et sans raison.

Les mensambules sont du nombre de ces dernières; s'ils ne raisonnent pas, c'est plutôt par excès que par défaut de raison.

Cependant, si le mensambule ne se sert pas du raisonnement pour acquérir des connaissances, il est obligé de s'en servir pour nous les communiquer, afin de se mettre à notre portée, comme il est obligé de se servir de la parole pour se faire entendre de nous, tandis qu'il n'a pas besoin que nous lui parlions pour connaître ce que nous voulons lui dire, car il lit dans la pensée. Mais avant de nous occuper de ce phénomène qui nous paraît si extraordinaire, voyons jusqu'à quel point le mensambule connaît le présent, le passé et l'avenir.

LX. *De quelle manière le mensambule acquiert ses connaissances.*

Le mensambule ne peut donc acquérir ses connaissances, ni par l'instinct, ni par le raisonnement ; ce ne peut pas être non plus par les sens externes, puisque, dans cet état, ils sont en quelque sorte paralysés ; du moins nous sommes certains qu'ils ne transportent point au sens interne (au cerveau) les impressions qu'ils reçoivent des objets extérieurs. *Le mensambule*, dit M. Deleuse, *ne voit pas par les yeux, il n'entend pas par les oreilles, mais il voit et entend mieux que l'homme éveillé*, et voici comment M. Deleuse explique ce phénomène :

« Dans l'état de veille, l'impression reçue à
» l'extrémité de nos organes est transmise au
» CERVEAU, dans lequel s'opère le phénomène
» de la sensation. La lumière frappe nos yeux, et
» les nerfs dont la rétine est tapissée, en propa-
» geant jusqu'au cerveau l'ébranlement qu'ils ont
» reçu, y font naître la sensation de clarté. Dans
» l'état de mensambulance, l'impression est com-
» muniquée au cerveau par le fluide magnétique ;
» ce fluide, d'une extrême ténuité, pénètre tous
» les corps, lorsqu'il est poussé par une force
» suffisante, et il n'a pas besoin de passer par
» le canal des nerfs pour parvenir au cerveau.

» Ainsi le mensambule, au lieu de recevoir la

» sensation des objets visibles par l'action de la
» lumière sur les yeux, la reçoit immédiatement
» par celle du fluide magnétique qui agit sur
» l'ORGANE INTERNE DE LA VISION. » (*Hist.*
crit. du magnét. animal, T. I, p. 178 et 179.)

M. Deleuse ne donne pas cette explication pour
fort exacte; il la donne en attendant mieux.

En effet, j'admets que le fluide magnétique
soit d'une ténuité infiniment plus grande que celle
de la lumière; j'admets même qu'il ait la propriété
de se revêtir de toutes les couleurs de la lumière;
mais quelle est la puissance qui le fera agir sur
l'organe interne de la vision? Serait-ce la volonté
du mensambule? Je conviens bien que la volonté
a un empire absolu sur le fluide vital (fluide
magnétique); mais dans la supposition de M. Deleuse il n'existe pas de volonté, dans les objets
extérieurs, qui puisse transmettre le fluide vital à
l'organe intérieur de la vision. S'il s'agissait d'une
action de la volonté, je consentirais encore à ce
que le fluide vital fût poussé avec assez de force
pour agir à distance, cette distance fût-elle de
cent lieues; mais il s'agit d'une action des objets
extérieurs sur l'organe interne de la vision. La lumière agit bien, dira M. Deleuse, à des millions
de lieues sur nos organes; pourquoi le fluide vital
n'aurait-il pas la même propriété, la même force
que la lumière?

La lumière et le fluide vital, quelque ténuité que nous leur supposions, ne sont que des substances matérielles qui ne peuvent agir qu'aveuglément et d'après des lois qui leur sont prescrites; elles ne peuvent jamais agir avec discernement : cependant il faudrait nécessairement supposer du discernement dans l'objet que la volonté voudrait apercevoir, pour qu'il vînt seul agir sur l'organe interne de la vision. Si le fluide magnétique pénètre tous les corps, tous les corps extérieurs agissant autant les uns que les autres sur le fluide magnétique, viendront également frapper l'organe intérieur de la vision. Si tous les objets éclairés par la lumière étaient parfaitement diaphanes, nous n'en apercevrions aucun ; de même, si tous les objets extérieurs agissent sur l'organe interne de la vision par le fluide magnétique, on ne pourra en distinguer aucun. Il faudrait donc supposer du discernement dans l'objet qui viendrait seul agir sur l'organe interne de la vision, et que le mensambule voudrait seul connaître.

Je vais essayer de me faire mieux comprendre. Supposons dix objets différens, placés sur une même ligne qui correspond à la rétine B et au cerveau, au sens interne, A, dans la figure suivante :

10..9..8...7...6..5..4..3..2..1...B...A.

Dans l'état ordinaire de l'homme, il n'y aura que les rayons de lumière de l'objet 1, qui frapperont la rétine B, et transmettront la sensation qu'elle reçoit, au cerveau A, à moins que l'objet 1 ne soit diaphane; alors les rayons de l'objet 2, passant au travers de l'objet 1, iront frapper la rétine B et le sens interne A; mais les objets 3, 4, 5, etc. ne produiront aucune sensation sur la rétine B et le sens interne A.

Maintenant supposons l'homme en état de mensambulance; supposons le sens de la vue B supprimé; supposons que le fluide magnétique, d'une ténuité extrême et poussé par une force suffisante des objets 1, 2, 3, etc., vienne frapper directement le cerveau A, je demanderai alors d'où part cette force suffisante? Elle part, sans doute, de l'objet aperçu par le sens interne. J'admets volontiers cette supposition pour l'objet 1, et même pour l'objet 2, si le premier est diaphane, et même pour l'objet 10, si les neuf autres sont diaphanes. M. Deleuse répondra : que les objets soient diaphanes ou opaques, peu importe, puisque le fluide magnétique pénètre tous les corps, il arrive également de chacun d'eux à l'organe interne de la vision A. — Dans cette supposition, le fluide magnétique sera poussé également des objets 10, 9, 8, etc., comme de l'objet 1, et il y aurait cent mille objets dans la même direction, qu'ils viendraient, tous à la fois, frapper le sens interné A qui alors n'éprouverait aucune sensation pour en éprouver un trop grand nombre.

Cependant le mensambule ne voit que l'objet qu'il veut, et le seul sur lequel son attention se porte. Si M. Deleuse attribue au *cerveau*, à *l'organe interne de la vision*, assez de discernement pour ne porter son attention que sur l'objet qu'il désire considérer, je lui ferai cette observation : ou le *cerveau*, *l'organe interne de la vision*, est matériel, ou il est spirituel; s'il est matériel, il est incapable d'aucun discernement, et il n'est pas plus susceptible d'être frappé par le fluide magnétique, que l'organe externe de la vision; si, au contraire, l'organe interne de la vision est spirituel, ce n'est donc plus le cerveau qui est aussi matériel que l'œil, organe externe de la vision : enfin, si l'organe interne est spirituel, il n'est pas nécessaire de faire intervenir le fluide magnétique, et de lui faire traverser tous les corps opaques ou diaphanes pour arriver jusqu'à l'ame qui est inaccessible à la matière, quelque subtile qu'on la suppose. Il suffit à l'ame de porter son attention sur le seul objet qu'elle desire connaître; que cet objet soit le premier, le dixième, le cent millième, par rapport à l'organe interne de la vision, peu importe, puisqu'il n'en est pas plus frappé que le sens externe.

Supposons encore un livre composé de cinq cents pages; on le présente fermé à un mensambule, et on l'invite à lire, sans l'ouvrir, la page 500, je suppose; comment concevoir que le fluide magnétique des 299 pages qui précèdent la 500.ᵐᵉ, ne viendra pas également frapper le sens interne? Cependant le mensambule lira la page 500 sans ouvrir le livre, et n'apercevra pas même une seule lettre des 299 autres pages qui couvriront la page 500.

LXI. *Supposition de quelques phénomènes possibles.*

Je vais supposer des phénomènes qui, sans doute, n'ont point encore été observés, mais qui pourront l'être par ceux qui ont des mensambules à leur disposition, lorsqu'ils voudront essayer ces expériences.

Qu'on enferme dans une boîte un corps dur ou mou; qu'on demande à un mensambule si le corps renfermé dans la boîte est dur ou mou, et il le dira sans hésiter et sans savoir de quelle nature est le corps, à moins qu'il ne porte son attention sur la nature de ce corps; car deux bouteilles bien bouchées, dont l'une serait pleine d'eau-de-vie, et l'autre pleine d'eau ordinaire, placées à une grande distance du mensambule, et même dans une autre chambre que celle où il se trouverait, il les distinguera sans se tromper.

Voilà des phénomènes que je suppose, que je crois même possibles, mais qu'il est impossible d'expliquer par le fluide magnétique, et qui s'expliquent naturellement par ma théorie : dans le premier cas, la page 300 est la seule sur laquelle le mensambule porte son attention ; c'est, par conséquent, la seule qu'il voit. Les autres pages, ainsi que l'enveloppe, n'existent pas pour lui, et ne peuvent, par conséquent, faire un obstacle à ce qu'il voie la page indiquée. La lumière n'existe pas pour les aveugles, et, quelque éblouissante qu'elle soit pour nos yeux, elle n'empêche pas l'aveugle de juger des qualités qui tombent sous ses sens ; dans le second cas, la dureté ou la mollesse du corps contenu dans la boîte est tout ce qui fixe l'attention du mensambule ; la boîte dans laquelle ce corps est renfermé, n'existe pas pour lui, non plus que les bouteilles dans lesquelles l'eau ou l'eau-de-vie est renfermée.

Voilà pourquoi les mensambules ne voient souvent que les maladies des personnes pour lesquelles on les consulte, sans voir les personnes mêmes. Une mensambule qui était à Paris, étant consultée sur la maladie d'une dame qui demeurait à trente lieues de Paris, rendait compte de l'état de la malade dans le moment même où on la consultait ; je demandai à cette mensambule si elle voyait cette dame ; elle me répondit que non, qu'elle ne voyait que sa maladie : mais, lui dis-je, verriez-vous cette dame, si vous le vouliez ? Oui, me répondit-elle ; mais cela me forcerait inutilement à porter mon attention sur la personne, lorsqu'il me suffit de la porter sur sa maladie.

C'est la seule somnambule que j'aie jamais vue, et cette fois-là seulement.

Mais, me dira-t-on, si l'attention est le seul sens du mensambule, comment peut-il la porter sur des choses qui n'existent pas, et qui n'ont jamais existé ; il connaît le passé qui n'existe plus ; il connaît l'avenir qui n'a jamais existé ? Je dirai comment le passé et l'avenir peuvent fixer l'attention du mensambule, lorsque j'aurai parlé des choses présentes qui peuvent faire l'objet de ses connaissances.

LXII. *Le mensambule connaît le présent.*

Dans la mensambulance, l'ame est, comme nous l'avons dit, dégagée de la matière ; mais elle n'est pas complètement dégagée des liens du corps, elle a encore avec lui certaines relations ; autrement elle serait dans l'état où elle se trouvera après la mort ; alors ses connaissances seraient d'une nouvelle nature, et ses relations avec les hommes étant totalement interrompues, elle ne pourrait nous en faire part. Mais nous avons dit que, malgré la séparation de l'ame d'avec le corps, qui constitue la mensambulance, le corps et l'ame avaient néanmoins des fonctions réciproques à remplir, l'un à l'égard de l'autre (*Vide* XXVIII.). Ils ont encore des relations qui consistent, de la part du corps, à nous rendre l'ame sensible en établissant entre elle et nous un moyen de communication par l'intermédiaire des organes du corps, et particulièrement par la parole qui nous rend en quelque sorte l'ame sensible ; de la part de l'ame, elle conserve la faculté de diriger le corps, de le faire agir par sa volonté. Si donc l'ame, dans la mensambulance, ne tient plus à la matière, elle tient encore à la nature humaine ; par conséquent ses connaissances ne peuvent s'étendre au-delà de celles que l'homme peut se procurer par tous les moyens qui sont en son pouvoir.

M. le baron d'Henin n'aurait pas fait une supposition ridicule s'il avait fait voyager en Amérique pour savoir ce qui s'y passe actuellement, un mensambule qui se trouverait en même-tems à Paris ; parce qu'un voyage d'un Parisien en Amérique n'est pas au-delà des facultés de la nature humaine. Mais qu'il suppose que les magnétiseurs ont fait voyager un mensambule dans la lune, c'est une supposition dont le ridicule ne peut retomber que sur celui qui a pu la faire. A la vérité je conviens que les mensambules sont plus sujets aux illusions que dans leur état ordinaire ; mais si l'on prend les illusions des mensambules pour des réalités, nous aurons bientôt des relations de voyages au troisième ciel, et des relations d'entretien avec les anges, comme prétendent en avoir les théosophes.

L'homme ne peut acquérir des connaissances que par les sens.

Nihil est in intellectu quod non priùs fuerit in sensu.

Le mensambule ne peut acquérir des connaissances que par l'attention qui est, en quelque sorte, le seul sens du mensambule ; par conséquent il ne peut acquérir de connaissances que sur les choses sur lesquelles peut se porter son attention. Ainsi, quelque sensibles que soient les choses présentes, elles ne peuvent être connues du mensambule, s'il n'y porte pas son attention ; un coup de canon tiré à ses oreilles fera moins d'impression sur lui que sur un sourd de naissance, si son sens, son attention n'en est pas frappée, c'est-à-dire, si son attention est dirigée sur un autre objet. Au contraire, le mensambule voit, entend, touche, goûte et sent toutes les choses sur lesquelles se porte son attention, quelque éloignées qu'elles soient de lui, parce que c'est l'ame seule qui éprouve les sensations, et que, pour l'ame dégagée de la matière, il n'y a ni *loin*, ni *près*, puisque l'espace n'existe pas pour elle.

Il en est de même de la grandeur, de la grosseur et de la petitesse ou ténuité des objets. Ces qualités ne sont que relatives ; il n'y a point de grandeur absolue. L'immensité de l'univers, dans laquelle notre imagination se confond et s'anéantit, n'est qu'un atôme, comparée à l'*infinité absolue*, auprès de laquelle ce que nous appelons un atôme, est aussi grand que l'univers entier. Ce que nous appelons l'univers et ce que nous appelons un atôme sont donc une même chose, quant à leur grandeur, aux yeux de l'ame dégagée de la matière. Il n'est pas étonnant qu'une pareille réflexion ait persuadé au génie de M. de Buffon que la matière ne pourrait bien être qu'une modification des substances spirituelles. En effet, si l'espace n'existe pas pour les substances spirituelles (ce qui est incontestable), la matière contenue nécessairement dans l'espace ne doit pas exister non plus, du moins pour les substances spirituelles : donc ce que nous appelons matière ne peut être qu'une manière de voir, qu'une modification des substances spirituelles. Mais concluons comme M. de Buffon, et disons que la matière existe quoique son existence ne nous soit pas démontrée, et qu'elle existe telle que nous la voyons. Nous

en conclurons encore que la grandeur ou la
petitesse des objets étant une même chose aux
yeux des mensambules, ils doivent les voir avec
la même facilité, par conséquent qu'ils peuvent
apercevoir et distinguer les vaisseaux capillaires
et les fibres les plus déliées des nerfs aussi facilement qu'un anatomiste distingue le rectum
du plus petit vaisseau. Voilà ce qui donne aux
mensambules cette faculté qu'ils ont de connaître les causes des maladies internes et la
connaissance des médicamens les plus propres
à leur guérison.

Entre des milliers de phénomènes que les
facultés dont nous venons de parler peuvent
permettre d'observer dans les mensambules, je
n'en citerai qu'un, *ab uno disce omnes*.

On présente à un mensambule deux essais,
l'un de vin, l'autre d'alcool, et on lui demande
combien cent litres de ce vin peuvent produire
de litres d'alcool au même degré que celui qui
lui est présenté. Après un moment d'attention,
il répondra juste à la question ; l'expérience par
la distillation prouvera la justesse de sa réponse,
déduction faite de l'évaporation qui a nécessairement lieu par l'appareil de la distillation,
plus ou moins bien soignée.

LXIII. *Le Mensambule connaît le passé.*

Nous avons dit que les dimensions en longueur, largeur et profondeur, c'est-à-dire l'espace n'existe pas pour les substances spirituelles :
il en est de même du *tems*. Le tems a eu un
commencement, qui est celui de la création de
la matière; et quand la matière ne devrait
jamais être détruite, et par conséquent le tems
prolongé à l'infini, il ne formerait jamais l'éternité. Nous concevons le tems comme nous
concevons l'espace : nous concevons le passé,
le présent et l'avenir, mais nous ne pouvons
concevoir l'éternité dans laquelle il n'y a ni
passé, ni présent, ni avenir. Nos ames n'ont pas
plus été créées dans le tems que dans l'espace,
parce que le tems et l'espace sont des choses qui
n'appartiennent qu'à la matière.

Où notre ame a-t-elle été créée? Certainement
ce n'est pas dans l'espace! Notre ame a donc
été créée hors de l'espace, c'est-à-dire dans l'infini ou pour mieux dire dans l'éternité, c'est-
à-dire, qu'elle n'a été créée ni dans le passé,
ni dans le présent, ni dans l'avenir, parce que
ces tems ne conviennent qu'à la matière. Si notre
ame a été créée dans l'éternité, elle est donc
éternelle? Elle n'est pas plus éternelle qu'elle
n'est infinie; or nous venons de voir qu'elle n'a

pas pu être créée dans l'espace ; elle l'a donc
été dans l'infini. Est-elle pour cela infinie ? Non :
elle n'est pas plus infinie qu'elle n'est éternelle ;
par conséquent, il n'y a pour elle ni passé, ni présent, ni avenir : voilà sans doute un mystère pour
notre faible raison. Cependant notre raison , toute
faible qu'elle est , suffit pour nous démontrer l'e-
xistence de ce mystère : notre existence elle-même
n'est-elle pas un mystère moins difficile à croire
que l'orgueilleuse philosophie de ceux qui ne
veulent reconnaitre aucun mystère ?

Si j'ai bien compris la haute métaphysique
de M. le comte de Redern, ces réflexions ne
sont-elles pas le résultat de sa pensée, lorsqu'il
nous a dit que la vie présente pourrait bien
n'être qu'une des phases successives de notre
existence , qu'une des modifications de notre
mode de perception primitif.

Les expressions de M. le comte de Redern,
proportionnées à la sublimité de ses pensées ,
laissent entrevoir une sorte de système de mé-
tempsycose , qui, cependant, ne me paraît pas
opposé à la religion, et encore moins à la raison.
Il suppose que des êtres intelligens et sensibles,
(que l'homme par conséquent) pourraient bien
être destinés à habiter successivement des planètes, et ces mondes innombrables qui composent l'univers entier; que notre ame pourrait

Teratoscopie.   19.

bien avoir déjà parcouru plusieurs de ces mondes sous des enveloppes de matière diversement organisées; que la mémoire de ces vies passées nous est refusée, pour que notre vie présente ne soit pas troublée de mille manières; que cette privation de la mémoire n'en peut être qu'une suspension passagère; que l'ame conserve en dépôt toutes les connaissances des différentes périodes de son existence, dont le souvenir lui sera rendu dans la dernière vie qui lui est destinée; qu'enfin, pour en revenir à notre sujet, l'état du mensambule pourrait bien être ce mode primitif de perception indépendant des organes des sens des différentes phases de notre existence, et que dans cet état, la mémoire de certains événemens pourrait bien être rendue au mensambule, selon qu'il croirait en avoir besoin.

Je pousse à l'extrême les conséquences de ce système que j'ai peut-être mal compris; mais il suffirait qu'un magnétiseur en fût pénétré, pour qu'un mensambule, qu'il aurait à sa disposition, et qu'il abandonnerait aux illusions de son imagination, nous donnât une histoire de ses vies passées dans la Lune, dans Vénus, dans Saturne, et même dans le Soleil.

Ce système a au moins l'avantage de satisfaire notre faible raison, en lui laissant entrevoir le but de l'Etre suprême dans la création d'un si

grand nombre d'astres, au nombre desquels
notre planète occupe un rang si inférieur. Mais
ne cherchons point à pénétrer les décrets impé-
nétrables de la Providence ; adorons ses grandeurs dans la grandeur de ses œuvres. Si nous
sommes humiliés de l'espace imperceptible que
nous occupons dans l'immensité de la création,
nous avons assez à nous glorifier d'avoir été
doués d'une ame intelligente dont l'existence
n'a point de bornes, et de ce que le plus beau,
le plus précieux des astres n'est rien en comparaison de la beauté et du prix infini d'une
ame vertueuse.

Mais revenons à la faculté que possède le
mensambule, de connaître le passé beaucoup
plus facilement que dans son état ordinaire.
Le passé et le présent se lient dans une infinité
de choses : l'histoire, les monumens histo-
riques nous rendent présens une infinité de faits
passés depuis un très-grand nombre d'années.
Lorsque nous apercevons sur le visage d'un
vieux guerrier une longue cicatrice, nous connaissons qu'elle est l'effet d'une glorieuse blessure
reçue en combattant pour la patrie ; mais un
mensambule pourra dire à quelle époque ce
militaire aura reçu sa blessure ; car il y a une
différence entre une cicatrice d'un mois et une
cicatrice d'une année, et de celle-ci avec une

autre de dix ans. C'est par la nature de cette cicatrice, par l'inspection de ses parties internes et
externes qu'il calculera combien de tems elle
aura employé pour parvenir au degré où elle
se trouve présentement ; et en supposant ce
militaire en rapport avec le mensambule, il dira
le jour, l'heure et la bataille dans laquelle la
blessure a été reçue et par qui elle a été pansée,
parce qu'il lira toutes les circonstances dans la
mémoire du militaire blessé. (V. le § LXV.)

Au reste, le mensambule ne connaît le passé
que par les traces qui en subsistent *présentement*, ou dans la mémoire des hommes, ou
dans l'histoire, ou dans quelques monumens,
ou enfin dans certains rapports des choses ou
des événemens qui échappent à notre plus
grande attention, et que celle du mensambule
est seule capable de saisir. Par exemple, dans
la supposition que l'Angleterre ait été, dans
des tems très-reculés, unie au continent par
un isthme qui aurait été coupé par le détroit
du Pas-de-Calais, si aucun monument histo-
rique, aucune tradition ne nous en a conservé
le souvenir, le mensambule n'en aura pas plus de
connaissance que nous ; mais s'il découvre dans le
fond du détroit des vestiges d'une terre ancienne-
ment habitée, ils lui donneront la certitude que
l'Angleterre a été autrefois unie au continent.

C'est déjà beaucoup trop, dira-t-on, que de lire dans la mémoire des autres, des événemens passés, qui ont existé à la vérité ; mais comment connaître des événemens qui n'ont jamais existé, et prédire l'avenir ? car c'est encore une faculté qu'on attribue aux mensambules.

LXIV. *Le Mensambule prévoit l'avenir.*

Les mensambules, les anges même ne peuvent faire aucune prédiction proprement dite ; les plus grands prophètes n'ont pu rien prédire que ce qui leur a été inspiré par Dieu. Mais l'avenir est comme le passé, lié au présent d'une infinité de manières : c'est cette liaison, ce rapport du présent à l'avenir que nous ne pouvons pas toujours apercevoir, qui fait que nous prenons pour des *prédictions* les simples *prévisions* des mensambules. Les hommes de génie, qui sont doués d'une grande sagacité, qui ont beaucoup vu les hommes, qui les ont fréquentés dans les grandes sociétés composées d'hommes instruits qui ont réfléchi sur la nature du cœur de l'homme et sur les effets des passions, peuvent prédire, ou pour mieux dire, prévoir, même de fort loin, une infinité d'événemens qui ne paraissent cependant dépendre que de la volonté libre d'un petit nombre de personnes. Ces prédictions ne sont donc qu'un aperçu de certains

effets de causes qui sont inconnues au commun
des hommes. *Démosthène*, dit M. Rollin, *était
doué d'une sagacité merveilleuse qui le faisait percer dans l'avenir et lui montrait les
événemens futurs et éloignés, comme s'ils
eussent été présens : il paraissait informé de
tous les desseins de Philippe, comme s'il eût
été admis à son conseil* (1).

Si, dans l'état ordinaire, l'homme est capable
d'une pareille sagacité, quelle pénétration ne
doit-il pas avoir dans l'état de mensambulance?
Ses conjectures doivent nous paraître des prédictions. « Il est peut-être un assez grand
» nombre de prédictions des mensambules, dit
» M. le comte de Redern, dont on trouverait
» l'explication dans la combinaison des causes
» et des effets que l'esprit, exalté par cet état
» particulier, aurait la faculté de saisir avec
» un degré de finesse et de pénétration fort
» au-dessus de la portée de l'homme dans son
» état ordinaire. »

---

(1) Le grand art de la politique est renfermé dans
ce peu de paroles, et elles nous démontrent que le
gouvernement des états ne peut convenir à une assem-
blée délibérante, quelque bien choisis que soient les
hommes qui la composent. Si Démosthène avait été
roi de sa patrie, jamais Philippe ni Alexandre-le-Grand
n'eussent subjugué la Grèce.

Dans le Journal des Débats du 13 décembre 1814, on rapporte une prédiction contenue dans *une lettre, aussi bien écrite que bien pensée, d'un homme de beaucoup d'esprit. Un mensambule a prédit toutes les horreurs de la révolution française, et même les quatre Etats politiques par où elle a passé.* Louis XV l'avait aussi prédite, assez long-tems avant cette révolution; j'ai entendu raconter cette prédiction par un de ses ministres. Quoique la prédiction du mensambule dont il est parlé dans la lettre que je viens de citer soit plus circonstanciée, elle ne me paraît pas incroyable, surtout si la prédiction des quatre Etats politiques a eu lieu à quatre époques différentes, qui auraient précédé immédiatement les quatre Etats politiques par où la révolution avait passé alors. Il y a sans doute plus d'un politique qui prévoit l'issue de la guerre des Grecs contre les Turcs; et pour la prédire avec une sorte de certitude, il suffirait de mettre un mensambule, grand politique par lui-même, en rapport avec M. le comte de M***. Au reste, si les mensambules étaient réellement doués du don de prophétie, la loterie royale de France, ainsi que toutes les autres, seraient bientôt ruinées; et ce serait un grand fardeau de moins que l'espèce humaine aurait à supporter.

Au reste, le don de prophétie n'appartient qu'à ceux qui l'ont reçu de Dieu d'une manière surnaturelle. Les Saints, les Anges même, ne peuvent faire de prédictions proprement dites. Les prétendues prédictions des oracles, des pythies, des mensambules, de Mademoiselle Lenormand, etc., ne sont que des prévisions d'événemens plus ou moins certains; prévisions qui peuvent n'être suivies d'aucun événement prévu.

LXV. *Le Mensambule lit dans la pensée des personnes avec lesquelles il est en rapport.*

« Il est des mensambules, dit M. le comte de Redern, qui connaissent la pensée de leurs magnétiseurs et des personnes avec lesquelles ils sont en rapport. » Cet étonnant phénomène, nouvellement observé, n'est pas nouveau; il est au contraire une suite si naturelle de la mensambulance artificielle, qu'il a toujours lieu toutes les fois qu'un magnétiseur fait entrer quelqu'un en mensambulance Non seulement ce phénomène existe, mais il doit exister; c'est le vœu de la nature.

Nous avons dit que la mensambulance est la séparation de l'ame d'avec le corps. Après cette séparation, l'homme n'existe plus, puisque c'est l'union de l'ame et du corps qui constitue la personne de l'homme. La personne de l'ame existerait-elle seule dans l'univers ? Car étant privée des sens du corps par le secours desquels elle pouvait communiquer avec tout l'univers, elle s'en trouve entièrement séparée, et forcée en quelque sorte d'être seule au monde ; mais cela est impossible, ou du moins est contre le vœu de la nature. Par la même raison qu'il n'est pas bon que l'homme soit seul, *non est bonum esse hominem solum*, de même il n'est pas bon que l'ame soit seule. Aucun être vivant, dans les plantes même comme dans les animaux, n'est seul de son espèce dans la nature ; il n'aurait aucune fin, il serait hors d'œuvre, et n'aurait pu entrer dans le plan général de la création.

L'ame séparée du corps, privée des sens par lesquels elle s'unissait à d'autres êtres semblables au sien, cherche et trouve dans l'ame de son magnétiseur un aide qui lui ressemble, *adjutorium simile sibi*, et sans lequel l'existence eût été un fardeau pour elle. Si l'homme avait été créé seul, sans la femme, il ne constituerait point une espèce, il serait par conséquent un être contre nature. Il a donc été nécessaire qu'il lui fût adjoint un être, un aide semblable à lui avec lequel il pût s'unir, et cependant ne faire qu'une chair, qu'une *espèce*, *erunt duo in carne uná* ; mais si cette union

eût été stérile, l'*espèce* eût été encore imparfaite et sans but.

J'avoue que je ne fais cette dernière réflexion
que pour faire remarquer que ce n'est pas seulement l'homme qui a été créé à l'image de
Dieu, mais que c'est encore plus particulièrement L'ESPÈCE HUMAINE. S'il n'y avait qu'une
seule personne en Dieu, la nature de Dieu ne
serait-elle pas moins parfaite? Une *seconde* personne ajoute donc aux perfections de la divinité ;
mais si l'union, l'amour de ces deux personnes
divines eût été stérile, certainement il eût
encore manqué quelque chose aux perfections
de la nature divine : *une troisième personne*,
fruit de cette union, de cet amour, a donc
comblé les perfections infinies de la divinité ;
il n'y a donc qu'un seul Dieu, et cependant
il y a trois personnes en Dieu : de même il n'y
a qu'une seule espèce humaine, et cependant
l'espèce humaine ne peut exister sans trois personnes. Cette réflexion, quelqu'élevée qu'elle
soit, ne m'a cependant pas paru tout-à-fait
étrangère à mon sujet, auquel je reviens.

L'ame du mensambule, séparée de son corps,
s'unit donc à un être semblable à elle, à l'ame
de son magnétiseur : ces deux ames, ainsi réunies,
doivent se connaître intimement. Hippocrate,
cet observateur si attentif de la nature, avait

déjà reconnu cette union intime de deux ames,
puisqu'il dit que ce serait être insensé que de
nier qu'une ame ne peut se mêler, se confondre
avec une autre ame. *Si quis animam animœ
misceri non credit, ille desipit.* Deux ames ainsi
unies, ainsi confondues, doivent se connaître
et par conséquent connaître leurs pensées.

Pour que deux substances spirituelles puissent
se connaître intimement, la volonté réciproque
de ces deux substances doit suffire; autrement,
elles seraient de pire condition que l'homme.
Deux hommes peuvent être intimement unis,
c'est-à-dire se connaître aussi parfaitement que
leurs facultés peuvent le permettre. Mais y-a-t-il
un homme qui se connaisse parfaitement lui-
même? Non : l'homme ne peut donc se faire
connaître que comme il se connaît lui-même. Il
n'en est pas de même des substances spirituelles :
elles doivent se connaître telles qu'elles sont,
et par conséquent pouvoir se faire connaître
comme elles se connaissent elles-mêmes; il suffit
de leur volonté.

Puisque le mensambule est une substance
spirituelle, il peut donc se connaître aussi parfaitement que les relations qu'il conserve avec
son corps (V. XXVIII.) peuvent le lui permettre; et pour cela, il lui suffit de porter
son attention sur lui-même; mais peut-il se

faire connaître des personnes avec lesquelles il est en rapport? Sans doute, s'il en a la volonté; mais cette connaissance du mensambule, par les personnes avec lesquelles il est en rapport, ne serait que très-imparfaite, parce qu'elles ne pourraient l'acquérir que par les sens. Au contraire, pour que le mensambule acquière la connaissance des personnes avec lesquelles il est en rapport, il lui suffit de porter son attention sur ces personnes; alors le mensambule s'identifie en quelque sorte avec leurs ames, il les pénètre tout entières, il les connaît enfin de la même manière que les esprits se connaissent.

LXVI. *Le Mensambule parle toutes les langues sans les avoir apprises.*

Puisque le mensambule est identifié avec l'ame des personnes avec lesquelles il est en rapport, non seulement il doit connaître leurs pensées présentes, mais il doit avoir la faculté de s'approprier toutes leurs connaissances : il réunit la mémoire de ce qui lui est arrivé avec la mémoire de ce qui est arrivé aux personnes avec lesquelles il est en rapport. Ainsi, un mensambule qui saurait à peine sa langue maternelle, pourrait parler toutes les langues vivantes ou mortes, selon qu'il serait en rapport

avec des personnes qui sauraient ces langues.
On a vu une femme mélancolique parler latin,
et étant guérie, redevenir illettrée comme aupa-
ravant; un homme, incommodé de vers, s'a-
gitait comme un démoniaque et parlait alle-
mand, ce qu'il n'avait jamais fait de sa vie.
(Dict. des Sciences médic., tom. 29.) Fernel
et Ambroise Paré, médecins fameux, rapportent
qu'un possédé parlait grec et latin, sans jamais
avoir appris ces deux langues. M. Delacour,
dans une lettre à Winslow, docteur en médecine, à Paris, assure avoir vu un Cochinchinois,
qui n'avait jamais appris que la Cochinchi-
noise, répondre très-correctement aux demandes
que M. Delacour lui faisait dans toutes les
langues qu'il avait apprises; à la vérité, ces
mensambules passaient pour des énergumènes.
Par conséquent le mensambule pourrait lire sans
jamais l'avoir appris; il pourrait faire un traité
d'algèbre, sans avoir appris la première règle
de l'arithmétique, distinguer les couleurs quoiqu'aveugle de naissance, etc. etc., aussi bien et
peut-être plus parfaitement que les personnes
avec lesquelles il serait en rapport.

Ce qu'il y a de singulier, c'est que la plupart des magnétiseurs qui ont vu des mensambules ont été témoins de presque tous ces phénomènes, sans s'en douter : ils en ont observé les

résultats matériels, sans en considérer la nature ;
ils en ont été chercher la cause fort loin pendant qu'elle était dans eux-mêmes. En effet on
met en mensambulance une jeune fille de 16
ans ; une simple villageoise qui n'a reçu d'autre
instruction que celle qui est nécessaire à une
jeune personne destinée à gagner sa vie par le
travail de ses mains : on la consulte sur la maladie d'une personne qui lui est présentée ;
cette jeune fille, sans instruction, fait en termes
techniques, la description de la maladie, parle
des symptômes qui l'ont précédée, annonce
les crises qui suivront, prescrit le régime,
dicte les formules ; le tout dans les termes
usités en médecine, en chimie, en pharmacie,
en botanique, et *mieux que ne le ferait le médecin le plus instruit.* Cette mensambule fait
des dissertations de métaphysique et de psychologie, parle avec une élocution facile et brillante, sans avoir jamais lu de livres de médecine (elle ne sait pas lire). Elle dicte des
traité sur plusieurs maladies, répond avec clarté
et précision à des questions auxquelles elle ne
pouvait s'attendre, dicte des traités sur la nature
de l'homme et sur le mystère de la Trinité,
qui offrent des traits d'une métaphysique ingénieuse et d'une théologie élevée. Elle saisit
la volonté de son magnétiseur, elle exécute une

chose qui lui est demandée mentalement et sans proférer de paroles, etc., etc.

M. Deleuse qui a été témoin de tous ces phénomènes et qui les rapporte dans son *Histoire critique*, dit d'un côté, que le mensambule n'a de connaissances que celles qu'il a acquises par les *sens* et la *réflexion*; qu'il n'a proprement de science que celle qu'il a acquise à force d'*étude*, de *recherches* et *d'expériences*; qu'un mensambule ne parlera sûrement jamais une *langue qu'il ne comprend pas*. Mais jamais les mots techniques des sciences dont nous venons de parler, ont-ils frappé les oreilles de cette jeune villageoise ? Quelles réflexions a-t-elle pu faire sur des sciences dont elle n'avait jamais entendu parler ? Enfin comment a-t-elle pu parler des langues qu'elles n'avait jamais apprises, en se servant de mots techniques qui lui étaient aussi étrangers que le grec ou l'hébreu ? Dans quelle science a-t-elle appris l'art de lire dans la pensée et de répondre à une demande qu'on lui fait sans proférer une seule parole et sans aucun signe extérieur.

M. Deleuse explique toutes ces choses en physicien, il compare la pensée du magnétiseur et celle de son mensambule, à deux cordes d'un instrument qui sont tendues à l'unisson : on pince une des deux cordes, l'autre rend le même son

sans y toucher. C'est ainsi que le mensambule
rend la pensée du magnétiseur. Cette explication vaut bien celle de la digestion des sensations par le cerveau, qui produit le chyle de
la pensée, de MM. Cabanis et Richerand.

Mais, qu'on se rappèle que M. Deleuse lui-
même nous dit *que le mensambule fait partie
de son magnétiseur*, qu'Hippocrate nous enseigne *qu'il faut être insensé pour ne pas croire
que deux ames peuvent se réunir* et s'identi-
fier en quelque sorte; on trouvera naturellement l'explication de tous les phénomènes dont
nous venons de parler, et on découvrira la possibilité d'une infinité d'autres qui peut-être n'ont
point encore été observés, ou qui ont été attribués à des causes imaginaires ou surnaturelles.

Ainsi donc toute la science des mensambules
se compose premièrement de celle qu'ils ont acquise par eux-mêmes; secondement de celle
de leurs magnétiseurs; troisièmement des connaissances qu'eux et leurs magnétiseurs avaient
oubliées, mais que leurs mémoires tenaient en
dépôt, et dont elles rendent un fidèle compte
au mensambule; quatrièmement enfin, des connaissances nouvelles que le mensambule a la facilité d'acquérir dans cet état extraordinaire.

LXVII. *Les Mensambules ne sont point des divinités.*

En ce cas, dira-t-on, les mensambules sont des divinités qui pénètrent le fond des cœurs, et qui lisent malgré nous dans nos pensées les plus secrètes. Je réponds :

1.° Il est incontestable que les substances purement spirituelles ont la faculté de se connaître mutuellement. Nous ne pouvons savoir de quelle nature est cette connaissance. Pour en faire une comparaison fort imparfaite, je dirai que cette connaissance ressemble à celle que nous avons de ces globes de verre remplis d'eau, dans lesquels des curieux conservent certains petits poissons dorés. Nous n'avons pas besoin d'ouvrir le vase, d'en vider l'eau et de considérer en particulier chaque objet qu'il renferme, nous voyons parfaitement tout l'ensemble, et d'un seul coup d'œil. C'est, pour ainsi dire, de cette manière, que les substances spirituelles se connaissent, se pénètrent d'un seul acte de leur volonté ; mais cette connaissance, cette pénétration doit être subordonnée à leurs volontés réciproques, de sorte que leurs connaissances ne doivent pas s'étendre au-delà des choses qu'elles veulent bien se faire connaître réciproquement, c'est-à-dire, qu'elles peuvent faire connaître tout ou partie de leurs connaissances.

Teratoscopie. 20.

En effet; la pensée est une opération actuelle de l'ame, et les connaissances sont les résultats permanens de nos pensées successives. Une seule pensée, une seule connaissance ne sont point divisibles; mais plusieurs pensées ou plusieurs connaissances sont divisibles, parce qu'elles sont distinctes et qu'elles ont lieu successivement. On peut donc connaître une ou plusieurs pensées, une ou plusieurs connaissances, sans les connaître toutes, selon la volonté de l'ame qui veut les communiquer et de celle qui veut les connaître. Ainsi les mensambules ne peuvent lire dans la pensée de leurs magnétiseurs sans leur consentement, et ils ne peuvent y lire que les choses consenties par les magnétiseurs.

2.° Comment se fait-il que le mensambule lit dans la pensée de son magnétiseur et que celui-ci ne peut lire dans celle du mensambule? Le voici : d'homme à homme, outre la volonté, nous avons besoin de signes extérieurs pour nous communiquer nos pensées, parce que nous ne pouvons ni les acquérir ni les communiquer que par les sens.

De purs esprits à purs esprits, ces signes extérieurs sont inutiles parce qu'ils n'ont point de sens; leur volonté suffit, tant pour acquérir que pour communiquer leurs connaissances.

De purs esprits à hommes, les communica-

tions se font de la manière suivante. Les purs
esprits ont besoin de se servir de signes extérieurs pour nous communiquer leurs pensées,
parce que nous ne pouvons les acquérir que par
les sens ; et notre volonté leur suffit pour acquérir les nôtres puisqu'ils n'ont point de sens
qui aient besoin d'être frappés par des signes
extérieurs.

Concluons donc que les connaissances si étonnantes que nous remarquons dans un mensambule qui n'en a, pour ainsi dire, acquis aucune,
sont les connaissances de son magnétiseur ; *que
l'individu magnétisé faisant partie de son magnétiseur, nous ne devons pas être étonnés que
la volonté de celui-ci agisse sur lui et détermine ses mouvemens* (M. Deleuse); que le
mensambule parlera toutes les langues que son
magnétiseur saura. Si le mensambule est aveugle
de naissance, il distinguera les couleurs ; quoique sourd de naissance, il entendra, parce que
le magnétiseur aura l'idée des couleurs et des
sons, et que le mensambule verra et entendra
par les sens du magnétiseur dont *il fait partie.*
Que si le mensambule est en rapport avec un
magnétiseur ignorant, et s'il est ignorant lui-
même il ne pourra presque rien nous apprendre ; et plus l'un et l'autre seront instruits, plus
ils nous instruiront. *Il est très-remarquable*

que les mensambules de l'école des magnéti-
seurs qui nient l'existence du fluide magné-
tique, ne se doutent pas du tout de son exis-
tence (M. le comte de Redern.).

Qu'on me mette en rapport avec la mensambule de 23 ans, dont il est parlé dans l'ouvrage de M. Deleuse (tom. 2, p. 167); elle
était sans instruction, et cependant elle a dicté
un traité sur le magnétisme, et une description
du sommeil magnétique : qu'on me mette, dis-je,
en rapport avec cette mensambule, et elle dic-
tera une théorie du mensambulisme dans tous
les principes que j'ai adoptés, mais beaucoup
mieux rédigée, mieux raisonnée, plus métho-
dique, dont les expressions seront mieux choi-
sies et le style beaucoup plus supportable ; telle
enfin que j'aurais désiré l'avoir faite. Il y aurait
sans doute dans son travail des idées exagérées
dont je n'ai point été exempt, mais que cependant je me suis efforcé d'éloigner de mon
imagination.

On a dit que les mensambules craignaient
les savans, les personnes éclairées, et que cependant ils n'étaient point exempts de vanité; qu'ils
redoutaient la présence des curieux, des rail-
leurs, des incrédules. La chose est toute naturelle. Les savans, les hommes éclairés en im-
posent, non aux mensambules qui ne les voient

ni ne les entendent, mais à leurs magnétiseurs, surtout si ces magnétiseurs sont des personnes prudentes, modestes, qui se défient toujours de leur science et de leur talent, et craignent de soumettre leurs mensambules à des expériences que cette crainte seule est capable de faire manquer. Pour opérer devant des savans, il faut avoir la même assurance, la même tranquillité d'esprit; le même sang-froid que si l'on était seul; et à défaut de ces qualités, il faut, un grand fonds d'amour-propre, de présomption, je dirais presque d'audace : dans ce cas, comment le mensambule, qui partage les sentimens de son magnétiseur, n'aurait-il pas de la vanité? il a, comme on voit, quelque chose de plus. Mais je suppose que ce soit un magnétiseur d'une modestie semblable à celle qui caractérise M. Deleuse; son amour-propre ne serait-il pas encore flatté? Sa charité et son désintéressement ne s'applaudi-raient-ils pas encore d'avoir été utiles à l'huma-nité, d'avoir soulagé et guéri des malheureux : voilà toute la vanité des mensambules traités par M. Deleuse et ses semblables. Enfin, un magnétiseur instruit, prudent, religieux, ne peut pas voir avec indifférence des curieux, des espions même, des incrédules assister à ses séances magnétiques; par conséquent le men-sambule doit les sentir avec quelque chose de plus que de l'indifférence : il doit se sentir de là répugnance, et même du mépris et de l'indignation. Les mensambules ne sont pas des m chines, des instrumens de physique ou de chimie, ou des jouets de grands enfans ; ce sont des substances spirituelles. *J'en suis fâché pour la matière et pour ceux qui s'en contentent,* dit fort spirituellement M. Colnet, dans la Gazette de France.

LXVIII. *Des erreurs des Mensambules.*

Si le mensambule jouit d'aussi grandes prérogatives que celles dont nous venons de parler, il est aussi susceptible de grands inconvéniens : s'il possède toutes les sciences dans un si haut degré, il est également susceptible de tomber dans des erreurs pires que l'ignorance la plus profonde.

La cause de ses erreurs a sa source dans le nombre presque infini de ses sens et dans son défaut de liberté. Si je dis que le mensambule a un nombre infini de sens, je veux dire qu'il a une infinité de moyens d'acquérir des connaissances, tandis que nous sommes bornés à nos cinq sens pour acquérir les nôtres. En effet, l'ame du mensambule n'étant point dans l'espace, les obstacles physiques et matériels étant nuls pour lui, on conçoit que tous les sujets de nos connaissances, et une infinité d'autres, doivent se présenter en foule à sa perception. Outre les objets qui tombent sous nos sens, il en voit une infinité d'autres qui ne nous font aucune impression, tels que les émanations qui sortent de toutes les substances matérielles, la transpiration insensible, la matière des odeurs, les fluides magnétiques, électriques, galvaniques, une infinité d'autres gaz qui nous sont inconnus, les animaux microscopiques, un monde entier sur une feuille de chêne, dans un grain de sable, etc. etc.

Parmi tant de sensations que l'ame éprouve à la fois, elle est forcée à une attention toute particulière pour n'en éprouver qu'une seule. Autant nous éprouvons de peine à fixer notre attention sur un seul et même objet, autant l'ame en éprouve à détourner son attention de l'objet qu'elle considère. C'est notre défaut d'attention qui nous fait commettre tant d'erreurs, et c'est la trop grande attention du mensambule qui est la cause des siennes. Si nous n'avions qu'un sens, il nous serait impossible d'avoir des distractions ; nous serions nécessairement et continuellement occupés de l'objet que nous apercevrions par ce seul sens : de même l'ame n'ayant, pour ainsi dire, que le sens de l'attention, elle ne peut que difficile-

ment le détourner de l'objet sur lequel elle se
porte. Ainsi, on présente à un mensambule un
jeune homme déguisé en femme, et on lui demande ce qu'il pense de la maladie de la prétendue femme : sans soupçonner le mensonge,
persuadé que c'est une femme, il porte exclusivement son attention sur la maladie, sans
considérer le sexe, il répond naïvement aux
questions qu'on lui fait ; mais si ensuite on
l'invite à porter son attention sur le sexe de la
personne, il cesse de la considérer ; et indigné
du mensonge, il ne répondra rien. Par la même
raison, qu'on fasse boire à un mensambule de
l'eau pour du vin, il ne s'en apercevra pas ; les
sens de la vue et du goût étant nuls pour lui,
ne peuvent donner au mensambule aucune idée
de ce qu'il boit ; il prend la liqueur pour ce
qu'on lui dit qu'elle est. Ainsi, ce n'est pas lui
qui se trompe, c'est nous qui le trompons.

LXIX. *De la liberté chez les Mensambules.*

Le défaut de liberté est encore une des causes
des erreurs des mensambules. Il en est de la
liberté comme de la raison. J'ai démontré que
celle-ci ne pouvait être le partage des substances
spirituelles. La liberté suppose un choix, par
conséquent un raisonnement qui nous porté de

préférence à telle chose plutôt qu'à telle autre.
(V. l'art. LVIII.) Le mensambule n'est pas
plus libre que celui qui est ou dans le sommeil, ou dans la démence, ou dans la catalepsie,
ou dans l'ivresse, ou enfin dans le délire ou le
transport. Il a une volonté à la vérité, mais elle
est entièrement subordonnée à celle de son
magnétiseur. Je ne puis trop m'appuyer des autorités de MM. le comte de Redern et Deleuse.
« La volonté du mensambule, dit le premier,
» n'est pas inactive, mais elle est très-aisément
» influencée par le magnétiseur. — Considérez, dit
» le second, l'individu magnétisé comme faisant
» partie de son magnétiseur, et vous ne serez
» plus étonné que LA VOLONTÉ de celui-ci
» agisse sur lui et détermine ses mouvemens. »
 Les substances spirituelles, créées, ne sont
pas plus libres l'une que l'autre; leurs actions
sont indifférentes en elles-mêmes, en ce sens
qu'elles ne peuvent mériter ni démériter, parce
qu'elles ne sont pas libres. Les personnes en
extase, les Anges même et les Saints ne jouissent
d'aucune liberté. Cependant, on ne peut pas
dire qu'elles soient forcées, parce que les actions
forcées sont contre la volonté; or, leurs actions
sont toujours conformes à leurs volontés.
L'homme agit volontairement; mais il agit aussi
librement, et souvent il néglige le bien que son

ame approuve, et préfère le mal auquel ses sens l'entraînent.

> *Video bona, deteriora sequor :*
> *Quod odi malum, illud facio.*

On fait le mal qu'on déteste, mais on le fait toujours librement. Le repentir qui suit n'a point empêché la liberté qui a présidé à la mauvaise action. Le mensambule *en rapport*, ne commet donc aucune erreur, aucune faute; ou s'il en commet, elles sont pour le compte de son magnétiseur; mais le mensambule qui n'est point *en rapport*, peut commettre bien des erreurs, sans commettre de fautes ni de crimes.

J'entends par mensambules qui ne sont point *en rapport*, les noctambules, les théosophes ou illuminés, les personnes en extase, les obsédés, etc (1). Ces sortes de mensambules n'étant en rapport avec personne, n'étant point unis à une autre ame, étant par conséquent abandonnés à eux-mêmes, ne suivent pour guide que leur imagination et s'abandonnent ordinairement

---

(1) Je dirai dans un des articles suivans ce que les personnes sensées et les religieuses doivent penser des obsédés ou possédés, qui sont de deux sortes et dont l'une a beaucoup de rapport aux illuminés.

à l'objet qui les a frappés le plus dans l'état ordinaire, le poussent à une telle extrémité, qu'il va quelquefois jusqu'à la folie, la frénésie et la fureur, comme chez les obsédés; ou bien à la contemplation des choses célestes, aux visions et aux révélations faites par des anges comme dans les personnes en extase, chez les théosophes ou illuminés. Je ne m'étendrai pas davantage sur ces sortes de mensambules non plus que sur les phénomènes qu'ils sont susceptibles de présenter à nos observations et à nos réflexions; je sens mon incapacité de traiter un sujet aussi étendu.

LXX. *De la suspension de la mémoire chez les Mensambules.*

Un phénomène qui à peine a fixé l'attention des magnétiseurs, ou du moins sur lequel je ne vois pas qu'ils aient fait la moindre réflexion, non plus que les physiologistes, c'est la suspension de la mémoire du mensambule rendu à son état ordinaire. Ce phénomène a été constamment observé, personne ne le conteste; mais personne non plus n'a cherché à l'expliquer; on le regarde avec une sorte d'indifférence, et cependant il est des plus importans et un de ceux qui jète le plus grand jour sur la théorie du mensambulisme. Je ne vois que M. le comte

de Redern, qui a fait à l'occasion de ce phénomène la réflexion la plus juste et la plus sensée :
il semble indiquer seulement ce qu'il pourrait
bien n'avoir pas osé dire.

« La mémoire, dit ce profond auteur, a été
» complètement suspendue, mais elle n'a rien
» suspendu de sa fidélité : c'est un des phéno-
» mènes les plus remarquables de cet état, qui
» donne des indications très-précieuses comme
» considérations psychologiques, et qui aide à
» éclaircir une des difficultés principales sur
» lesquelles le matérialiste s'appuie. »

On se rappelle que j'ai distingué, dans un
second corollaire de la définition de la mensambulance (Art. XXIX), j'ai distingué, dis-je,
dans l'homme, ou, pour mieux dire, dans ce
qui le compose, deux substances et deux personnes : les deux substances sont l'esprit et la
matière ; les deux personnes sont l'ame et
l'homme ; mais elles ne subsistent ordinairement
pas simultanément. Quand la personne de
l'homme existe, la personne de l'ame ne peut
pas exister, puisqu'elle fait partie de la personne
de l'homme. Quand, au contraire, la personne
de l'ame existe, celle de l'homme ne peut plus
exister, puisque l'ame et le corps sont séparés,
et que c'est leur réunion qui forme l'homme.
Tant que l'ame est en mensambulance, elle

a connaissance de ce qui se passe dans sa personne, et elle en conserve le souvenir ; elle conserve en outre le souvenir de ce qui s'est passé dans la personne de l'homme, lorsque cette dernière subsistait, puisqu'elle en faisait partie.

Mais pourquoi la personne de l'ame se souvient-elle de ce qui s'est passé dans la personne de l'homme, tandis que cette dernière ne se rappelle pas ce qui s'est passé dans la personne de l'ame ? C'est que celle-ci a toujours fait partie de la personne de l'homme ; au lieu que la personne de l'homme ne fait jamais partie de la personne de l'ame. C'est par cette même raison qu'un mort qui ressusciterait, ne pourrait rien nous apprendre de ce qui lui serait arrivé dans une autre vie, parce qu'il n'en sait rien lui-même, n'étant pas la personne qui aurait existé dans cette autre vie.

Essayons de rendre cette vérité plus sensible par une comparaison. Supposons une réunion de deux personnes : tant que ces deux personnes sont réunies, elles peuvent avoir connaissance de ce qui se passe dans leur réunion, et en conserver la mémoire, réunies ou non. Mais la réunion ne peut avoir connaissance de ce qui arrive de particulier, hors la réunion, à chacun des deux membres de cette réunion ; parce que chaque membre de la réunion en fait partie, mais la réunion ne peut jamais faire partie de l'un ou de l'autre de ses membres ; autrement, la partie serait aussi grande que le tout.

On m'a fait cette objection :

Si l'ame, après la mort, est une autre personne bien distincte de celle de l'homme pendant sa vie, l'homme, après sa mort, ne pourra être ni récompensé ni puni des bonnes ou des mauvaises actions qu'il aura faites pendant sa vie : ce n'est pas la personne de l'ame (qui survit à l'homme) qui a bien ou mal fait, c'est la personne de l'homme; mais comme après la mort cette personne n'existe plus, elle n'est susceptible ni de récompense, ni de punition. Voilà donc l'homme sans espérance et sans crainte dans un avenir qui n'existe pas pour lui.

1.° J'avoue que si l'homme ne devait point ressusciter à la fin des siècles, il ne pourrait être ni récompensé, ni puni dans une vie future qui n'aurait jamais lieu pour lui ; et si cela était ainsi, Dieu serait injuste, puisqu'il laisserait les bons sans récompense, et les méchans sans punition. La résurrection générale de tous les hommes est donc de toute justice ; aussi, est-elle un dogme de notre religion. A la vérité, l'homme restera jusqu'à sa résurrection sans être ni récompensé ni puni. Mais qu'est-ce que c'est que des milliers d'années aux yeux de Dieu, devant qui un jour est comme mille ans, et mille ans comme un jour? Dieu ne laisse-t-il pas souvent toute leur vie les bons sans récompense, et les méchans sans punition? Et n'a-t-il pas l'éternité pour traiter chacun selon ses œuvres?

2.° Si la personne de l'homme reste jusqu'à sa résurrection sans récompense ou sans punition, d'un autre côté, il n'en sera pas ainsi de la personne de l'ame, qui a pris la plus grande part aux bonnes ou aux mauvaises actions de la personne de l'homme, dont elle a fait la plus noble partie pendant son union avec le corps. A la vérité, une société dissoute, qui n'existe plus, ne peut pas être punie d'un crime qu'elle aurait commis pendant son existence; mais cela n'empêche pas que les membres de cette société défunte ne soient punis selon la part qu'ils ont eue au crime commis par la société. Dieu rendra donc justice à la personne de l'ame aussitôt après la mort de la personne de l'homme, et à ce dernier, dans le tems marqué par sa justice.

LXXI. *La suspension de la mémoire est une preuve que le Mensambule est une personne différente de celle qu'elle était dans son état ordinaire.*

Un des plus célèbres magnétiseurs de la capitale, et sans doute aussi un des plus instruits, aux lumières duquel j'ai soumis quelques fragmens de cet ouvrage, ne m'a point dissimulé qu'il regardait ma distinction de deux personnes comme un paradoxe insoutenable ; que quelques magnétiseurs enthousiastes avaient aussi vu dans la mensambulance l'action de l'ame dégagée des liens du corps. Je ne connaissais alors ni l'ouvrage de M. le comte de Redern, ni celui de M. Deleuse; mais aujourd'hui je suis tout glorieux de pouvoir répondre à cette objection par deux autorités aussi respectables que ces deux auteurs.

M. le comte de Redern, p. 43, dit : « On re- » marque dans le mensambule des oppositions » très-fréquentes entre ses opinions ordinaires et » celles de l'état de mensambulance; il condamne » ses actions et parle quelquefois de lui-même » comme d'une personne tierce, qui lui serait tout » à fait étrangère, » C'est qu'effectivement la personne du mensambule est tout à fait étrangère à la personne de l'homme qui n'existe plus.

M. Deleuse est encore plus précis : il établit cette discussion de deux personnes, 1.º par le fait et le témoignage des mensambules ; 2.º par le raisonnement : et d'abord par le fait. « Lors- » qu'il (le mensambule) rentre dans l'état » naturel, il perd absolument le souvenir de » toutes les sensations et de toutes les idées qu'il » a eues dans l'état de mensambulance, telle- » ment que ces deux états sont aussi étrangers » l'un à l'autre que si le mensambule et l'homme » éveillé étaient DEUX ÊTRES DIFFÉRENS...... » Jusqu'à présent on n'en a pas observé un seul » qui, étant éveillé, conservât le souvenir de ce » qu'il avait éprouvé dans l'état de mensam- » bulance......... Je dois, à cette occasion, faire » mention d'un phénomène psychologique fort » extraordinaire : c'est qu'on a vu quelquefois » des mensambules parler d'eux-mêmes, comme » si leur individu, dans l'état de veille, et leur » individu dans l'état de mensambulance, étaient » DEUX PERSONNES DIFFÉRENTES. Je vais en » citer deux exemples :

» Mademoiselle Adelaïde Le F....., qui, sans » avoir été magnétisée, a présenté tous les phé- » nomènes de la mensambulance, n'avait, dit » l'historien de sa singulière maladie, aucune » idée du *moi*, proprement dit ; elle ne conve- » nait jamais de l'identité d'ADELAÏDE avec

» PETITE, nom qu'elle recevait et se donnait
» pendant sa manie. »

Autre fait. « Madame N.,.., qui avait reçu
» une éducation distinguée, ayant perdu sa for-
» tune à la suite d'un procès, elle se déter-
» mina, de l'aveu de son mari, à entrer au
» théâtre, où ses talens lui assuraient un succès
» et des appointemens considérables. Tandis
» qu'elle s'occupait de ce projet, elle fut malade
» et devint mensambule. Comme dans sa men-
» sambulance elle annonçait des principes oppo-
» sés au parti qu'elle allait prendre, son magné-
» tiseur l'engagea à s'expliquer, et il en obtint
» des réponses auxquelles il ne pouvait s'attendre.
» Pourquoi donc voulez-vous entrer au théâtre?
» — Ce n'est pas moi, c'est elle. — Mais pour
» quoi ne l'en détournez-vous pas? — Que
» voulez-vous que je lui dise; c'est une folle? »

2.° M. Deleuse établit ensuite la preuve, par
le raisonnement, de la distinction des deux personnes de deux êtres différens. « Un être, dit-il,
» qui aurait perdu le souvenir du passé, ne se-
» rait plus le MÊME ÊTRE; car c'est la liaison
» du passé au présent qui constitue le *moi* indi-
» viduel. » M. Deleuse avait établi précédem-
ment que jamais on n'avait observé que le mensambule éveillé conservât le souvenir de ce qu'il

avait éprouvé dans l'état de mensambulance,
il s'en suit nécessairement que le mensambule
n'est plus le MÊME ÊTRE, la même personne
qu'il était dans son état ordinaire. Il y a donc
essentiellement deux personnes dans l'homme
ou dans ce qui le compose, mais comme je
l'ai dit, ces deux personnes n'existent jamais
simultanément.

Ce phénomène de la suspension de la mémoire du mensambule rendu à son état ordinaire, est peut-être la preuve la plus frappante
de la réalité de cette théorie. Aucune hypothèse n'a expliqué ce phénomène d'une manière
satisfaisante.

Au reste tous les phénomènes de la mensambulance s'expliquent par cette théorie, dont
la réalité est démontrée par l'existence incontestable d'une infinité de phénomènes. Et qu'on
ne dise pas que dans ce raisonnement il y a
pétition de principe. Les phénomènes ne se prouvent point : ce sont des faits dont plusieurs sont
admis, même par les adversaires du magnétisme ; et particulièrement l'oubli de ce qui s'est
passé dans l'état de mensambulance. Ces faits et
l'explication qu'on en donne, démontrent la
réalité de ma théorie sans laquelle le plus grand
nombre des phénomènes attribués à la mensambulance resteront toujours aussi incroyables

qu'inexpliquables. Que de faits anciens et modernes ont paru jusqu'ici fabuleux, ou les fruits
d'une imagination exaltée, de l'ignorance, de la
crédulité, de la superstition, du charlatanisme
et de l'imposture, et qui, mieux examinés,
nous paraîtront peut-être des effets de la mensambulance. Les Oracles, la Pythie, les Sibylles,
les prédictions, les Augures, les Aruspices, les
visions, les ravissemens, les extases, les révélations, les possédés, les sots, les terreurs paniques, les charmes, les enchantemens, les apparitions, les fantômes, les revenans, les loups-
garous, les Fées, l'astrologie judiciaire, la
magie, etc., etc. Tout s'explique, tout est prouvé
possible par cette théorie. On pourrait faire sur
tous les articles que je viens de citer presque
autant de volumes dans lesquels on pourrait
prouver que nous avons été jusqu'ici dans l'i-
gnorance d'une infinité de choses que le mensambulisme peut nous apprendre : car toutes
les sciences sont du domaine de celle du mensambulisme.

LXXII. *Avantages que les sciences et les arts peuvent retirer de la mensambulance.*

Des milliers de faits ont démontré que les
mensambules peuvent, dans la guérison d'un
grand nombre de maladies, nous donner des

connaissances qu'il est impossible d'acquérir par tout autre moyen. Les plus profondes études, l'expérience la plus consommée, les soins les plus assidus, le tact le plus subtile et le plus exercé ne suppléeront jamais, dans les maladies internes, à la lucidité d'un mensambule guidé par un habile médecin. La médecine n'est plus une science conjecturale : le mensambule découvre d'une manière certaine la nature de la maladie, ses différentes complications, les causes premières ; il fixe l'époque du premier accès ; annonce les différens paroxismes ; indique les remèdes les plus convenables, les effets qu'ils doivent produire, l'époque où le malade sera guéri, ou sa mort plus ou moins prochaine, si la maladie est sans remède, etc., etc.

Quand le mensambulisme n'offrirait d'autres avantages que ceux dont nous venons de parler, c'en serait bien assez pour que nos docteurs médecins en fissent une étude particulière. Mais au contraire, long-tems encore ils s'en déclareront les adversaires, surtout les têtes doctorales et les vieux routiniers. Cependant, sans compromettre personne, sans nommer les masques, nous avons la certitude qu'un assez grand nombre de médecins, même de Paris, se servent de mensambules, mais *le plus secrètement possible*, à l'égard de certains malades, et qu'ils mettent à un très-haut prix ces sortes de consultations. Le tems éclaircira ce mystère.

Il serait d'autant plus à désirer que la faculté de médecine adoptât le mensambulisme comme moyen curatif, que plus cette science sera cultivée par des gens instruits, plus elle sera utile dans le traitement des maladies, car si le mensambule est ignorant, et s'il n'est en rapport qu'avec des ignorans, il ne peut nous apprendre que peu de choses, et souvent peut nous tromper. Mais quelque ignorant que soit un mensambule, s'il est en rapport avec un homme instruit, il s'approprie toutes ses connaissances. (LXV et LXVI.) C'est de cette manière que des femmes sans instruction, sans connaissances en font paraître de si surprenantes. Les savans, les hommes vertueux, sont donc les plus propres à la pratique du mensambulisme.

C'est donc à tort qu'on a reproché aux magnétiseurs d'éloigner de leurs opérations les savans : ils ont dû aucontraire les rechercher, surtout ceux qui étaient animés d'intentions pures ; mais ils ont dû en éloigner avec soin les spectateurs indiscrets et curieux, qui ne cherchent souvent qu'à censurer leurs opérations, qu'à les tourner en ridicule, et c'est dans ce sens qu'on doit y admettre de préférence les ames simples et ignorantes que la vertu accompagne ordinairement.

Rien de ce que je viens de dire n'est étranger à ceux qui ont pratiqué le magnétisme et surtout à ceux qui ont eu des somnambules à leur disposition : mais ce qui leur paraîtra peut-être une hérésie, c'est que le mensambulisme peut être appliqué à toutes les sciences et à tous les arts, avec autant d'avantage qu'à la médecine. M. de Puységur dit au commencement du chapitre 3 de ses *Recherches sur l'Homme dans le somnambulisme*, que *la pitié, la compassion, le tendre intérêt que nous prenons aux peines et aux maux de nos semblables, sont le motif, la cause ou plutôt le véhicule en nous du développement de la faculté du magnétisme animal.* Je le crois bien : mais le magnétisme animal n'est pas la mensambulance, il n'en est qu'une des causes. On a remarqué cependant que cette dernière s'était plus particulièrement et presque exclusivement fait remarquer à l'occasion du recouvrement de la santé.

Mais s'il eût existé une science qui eût intéressé les hommes plus vivement et plus constamment que la santé, c'eût été certainement de cette science dont le mensambulisme se fût occupé de préférence et peut-être exclusivement

à toute autre, et c'eût été alors une hérésie
que de dire que la science du mensambulisme
peut s'appliquer à la médecine. La science de
la sagesse doit intéresser les hommes plus vivement que celle de la médecine, mais mal-
heureusement celle-là ne les a pas intéressés
aussi constamment que celle-ci. On est générale-
lement bien plus indifférent sur la santé de
l'ame que sur celle du corps, c'est pour cela
que le mensambulisme a donné la préférence
à la médecine sur la sagesse. Cependant il y a
apparence que les anciens mages, ces sages par
excellence, dont nous nous occuperons dans un
article particulier, ont été plus sages que nous,
puisque le but principal qu'ils se proposaient
dans la science du mensambulisme, que nous
supposons qu'ils cultivaient, était la sagesse ou
la philosophie.

LXXIII. *La morale et la philosophie.*

Quoi qu'il en soit, je ne vois pas pourquoi
l'ame, dans la mensambulance, ne s'occuperait
pas de toutes les sciences et de tous les arts,
puisqu'ils contribuent tous au bonheur de
l'homme : je n'ai pas besoin de faits pour m'en
convaincre ; cependant je vais en rapporter que
j'extrais des ouvrages de M. de Puységur et
de M. Deleuse.

Mademoiselle L., dit M. de P., mise en crise magnétique, c'est-à-dire en mensambulance, *pour s'occuper de la santé*, fut interrogée sur plusieurs choses étrangères à sa santé. « Elle
» répétait souvent que tout ce qui flatte et
» séduit les hommes était bien peu de chose
» aux yeux d'un mensambule, et que dans cet
» état on voyait la futilité des grandeurs hu-
» maines. Le chevalier D...., un jour que dans
» une conversation familière on venait de parler
» de coquetterie, lui dit qu'il serait curieux
» de savoir si l'esprit de coquetterie ou le désir
» de plaire, qu'on croit habituel et inhérent
» chez les femmes, subsistait encore chez elles
» dans l'état de mensambulance : elle lui ré-
» pondit très-sérieusement : Monsieur, ce que
» je vais vous dire n'est pas très-honnête ; mais
» si vous pouviez concevoir à quelle distance
» les hommes sont de tout vrai mensambule,
» vous ne seriez pas tenté de croire que nous
» puissions conserver, dans cet état, ni co-
» quetterie, ni même désir de plaire à qui que
» ce soit, si ce n'est à nos véritables amis que
» nous connaissons bien, et que nous savons
» bien mieux apprécier que dans l'état ordi-
» naire, etc., etc. »

Il ne s'agit ici ni de santé, ni de maladie, mais bien de morale et de philosophie. Si le but principal qui fit mettre Mademoiselle L. en crise magnétique, eût été la philosophie, on eût pu obtenir d'elle des leçons de sagesse bien plus profondes et bien plus étendues, surtout si elle eût été en rapport avec des sages. Je ne doute point que M. Masson d'Autume qui l'avait mise en mensambulance ne fût un vrai philosophe, mais ce n'était pas de la philosophie dont il s'occupait alors ; et M. le chevalier D... qui avait questionné cette demoiselle, paraissait plutôt occupé de coquetterie, ou du moins de morale et de philosophie que de médecine.

Je puiserai dans M. Deleuse une autre preuve que le mensambulisme peut être appliqué à des sciences étrangères à la médecine. « Des gens » dignes de foi, dit M. Deleuse, qui ont été à » même de vérifier le fait, m'en ont confirmé » l'exactitude. (J'en ai déjà parlé, LXVI.) La » mensambule était une fille de 23 ans, extrême- » ment honnête, mais qui n'avait eu d'autre in- » struction que celle qui était nécessaire à une » jeune personne destinée à gagner sa vie par » le travail de ses mains. L'écrit qu'elle a dicté » est divisé en quatre parties.

» La première traite de la nature de l'homme, » de son organisation physique, de ses facultés » intellectuelles, de son état actuel, de ses » devoirs et de sa destinée future. La seconde

» est un traité du magnétisme.... La troisième
» est une description du sommeil magnétique...
» La quatrième est une explication, ou plutôt
» une exposition du mystère de la Trinité. La
» première et la quatrième partie offrent des
» traits d'une métaphysique ingénieuse et d'une
» théologie élevée, etc. » (T. 11, p. 167.)
Assurément, les deux parties, la première et
la dernière, n'ont aucun rapport à la médecine.

On a vu des noctambules broder au tambour
d'une manière infiniment plus parfaite que dans
leur état ordinaire; un mathématicien résoudre
des problêmes, dont peut-être il n'aurait jamais
trouvé la solution dans son état ordinaire. On
citerait des millions d'exemples semblables. Il y
a donc tout lieu de croire que le mensambulisme étendrait le domaine de toutes les sciences
d'une manière réellement prodigieuse, et que
sous une telle influence l'univers prendrait en
quelque sorte une nouvelle existence et de-
viendrait un nouveau monde, sous le rapport
des sciences et des arts.

LXXIV. *La Médecine.*

Cette science aurait déjà changé de face sans
la prévention avec laquelle les médecins ont vu
la naissance du magnétisme. A la vérité, les
apparences ne lui étaient pas favorables; mais

aujourd'hui que le mensambulisme peut marcher précédé de sa théorie et appuyé d'une infinité de faits qui la confirment, quels avantages pour les médecins de pouvoir lire dans l'intérieur des malades, découvrir les causes des maladies, en observer avec exactitude les progrès, voir les effets plus ou moins salutaires de leurs remèdes, et peut-être même acquérir le pouvoir de guérir ou de soulager leurs malades, par le seul acte de leur volonté; ainsi que le pratique le prince Louis de HOHENLOHE, qui peut-être est soupçonné d'imposture, et qui ne peut-être qu'un mensambule doué d'une confiance sans bornes et d'une volonté absolue de guérir ceux qui s'offrent à lui!

LXXV. *La Minéralogie.*

Le Minéralogiste ne descendrait pas envain dans les entrailles de la terre, et ne se consumerait pas en recherches, le plus souvent inutiles. Ses regards pénètreraient à des profondeurs dont les frais de déblai n'excéderaient jamais le produit; ses analyses sans frais n'en seraient pas moins plus certaines que celles de la chimie.

LXXVI. *L'Astronomie.*

L'Astronome lirait dans les astres plus clairement qu'avec les plus parfaits télescopes, comme le Minéralogiste dans le sein de la terre. On n'aurait pas besoin de voyager dans la lune pour s'assurer si ce satellite est habité, et cette science ne s'arrêterait que là, où la main invisible de celui qui dirige la course des astres a voulu qu'elle s'arrêtât.

LXXVII. *La Poésie.*

Un Poète, je ne dis pas un versificateur, s'endort l'imagination remplie de son sujet, il en est tout occupé pendant son sommeil. Des idées sublimes lui viennent à l'esprit; l'expression répond à la sublimité de ses idées, il croit les tracer sur le papier; vains efforts; l'impatience l'éveille. Frappé, émerveillé, tout brûlant encore du génie qui l'animait, il saisit la plume trop lente au gré de son imagination; mais les sens frappés des objets qui l'environnent, importunent, effarouchent le génie qui s'envole, et ne laisse dans sa fuite qu'une trace si légère, que le poète ne peut ni la suivre ni la reconnaître. Mais, après s'être bien pénétré de son sujet, et sur le point de peindre les brillans tableaux de sa vive imagination, que le poète prenne ses pinceaux et entre en mensambulance. Alors quel ordre dans le plan, quelle pureté dans le dessin, quelle vérité dans l'expression, quelle variété dans les couleurs, quel charme, quelle

harmonie dans tout l'ensemble! Ce n'est pas
seulement le langage du génie, c'est celui des
Dieux. Le divin Homère était mensambule, du-
moins pour un de ses sens. J'ai peine à me persuader que le poème italien, intitulé *les Saluts
du matin et les Saluts du soir*, ne soit pas
l'ouvrage d'un mensambule, d'après les circonstances dans lesquelles on dit qu'il a été composé. C'est un impromptu; et cependant on
dit que c'est un chef-d'œuvre.

LXXVIII. *La Musique.*

Les plus sublimes *lambeaux* de musique, qui
sans doute ne sont point écrits, sont des im-
promptus pendant la composition desquels l'ame
du musicien absorbe tous ses sens; il est mensambule. J'ai dit des *lambeaux*, parce que le
tems nécessaire à la composition d'un œuvre de
musique est trop long pour que quelques-uns
des sens du musicien ne viennent pas le distraire.
Mais qu'un mensambule mette les doigts sur
un clavier et vous n'entendrez plus qu'une musique angélique, tant pour l'harmonie que pour
la mélodie.

LXXIX. *L'Art Militaire.*

Ces terreurs paniques que la seule présence d'un
grand capitaine imprime dans l'ame de ses enne-

mis ; ces victoires éclatantes, inouies, qu'il rem-
porte contre toutes les probabilités et quelquefois
contre toutes les règles de l'art militaire, sont
le résultat de quelque chose de plus que le
génie, je veux dire d'une sorte de mensambulance. Si JEANNE D'ARC ne fut pas inspirée
du ciel, certainement elle était en mensambulance, ainsi que Thomas-Ignace *Martin*. Ce
ne sont pas les actions encore moins les discours d'un général qui encouragent ses soldats,
c'est son ame même qui anime toute son armée. Mettez au contraire tous les plus beaux
discours dans la bouche d'un général qui n'a
point d'ame, aurait-il les plus braves soldats
sous ses ordres, ils sont vaincus avant que de
combattre.

LXXX. *La Diplomatie.*

Si la science du mensambulisme pouvait rester
secrète entre les mains d'un gouvernement,
comme elle y resta si long-tems dans la tribu
des mages, quelle utilité ce gouvernement n'en
retirerait-il pas ? Il n'aurait besoin ni d'ambas-
sadeurs résidens, ni d'espions secrets, auprès
des puissances étrangères. Le Roi saurait ce qui
se passe de plus secret dans les conseils de ses
ennemis ; il reconnaîtrait ses véritables amis,
les complots contre sa personne ou contre la

sûreté intérieure ou extérieure de ses états.
Elisée découvrait au roi d'Israël ce que le roi
de Syrie disait en secret, dans sa chambre,
aux membres de son conseil; il découvrait les
embûches que le roi de Syrie dressait à celui
d'Israël. Elisée, dans ces circonstances, n'avait
peut être recours ni au miracle, ni au don de
prophétie; il lui suffisait d'être en mensambulance, ou d'y mettre un de ses serviteurs.

Une des sciences à laquelle le mensambulisme doit être de la plus grande utilité, c'est
la magie : nous allons en parler.

LXXXI. *De la Magie.*

Rien ne ressemble mieux à la magie, si ce
n'est pas elle-même, que les phénomènes qui
résultent de la mensambulance, et c'est la seule
raison qui m'engage à en dire ici quelque chose.

Avant d'entrer en matière, je dois observer
que ceux qui disent, qu'en thèse générale
il n'y a point de miracles en ce monde, croient
encore moins à la magie qu'aux miracles.
Secondement, je n'examinerai point s'il est
possible qu'il y ait eu des magiciens, ou sorciers,
parce que la religion ne nous permet pas d'en
douter : témoins les Magiciens du roi Pharaon
qui imitaient les miracles de Moïse.

On dira peut-être qu'en entreprenant de parler

sérieusement de la magie, c'est donner une preuve, ou du moins une forte présomption, que je ne suis pas sorcier. — Je ne suis ni sorcier ni philosophe; je ne suis ni assez sot ni assez orgueilleux pour me croire l'un ou l'autre. Cependant il y a eu des hommes plus sorciers que moi, c'est-à-dire infiniment plus instruits, qui on fait de très-savans traités sur la magie; mais aucun sans doute n'en a attribué l'origine à la mensambulance; ainsi, sous tous les rapports, je pourrai dire certaines choses dont ces savans auteurs n'ont point parlé. On dira peut-être encore qu'il faut avoir bien du courage ou bien peu de honte pour traiter un pareil sujet, dans un siècle de lumière comme celui dans lequel nous vivons. Il est plus honteux d'être incrédule par respect humain et contre sa conscience que d'être trop crédule, ou même superstitieux, de bonne foi ou par ignorance.

La MAGIE est d'autant plus difficile à définir qu'elle est plutôt un don de la nature qu'une science que toute personne puisse acquérir : peu de personnes ont la même idée de la magie. Les uns sont persuadés que la magie n'existe que dans la crédulité, l'ignorance ou la superstition de ceux qui sont assez dupes pour y croire; les autres qu'elle est une science uniquement diabolique; d'autres enfin, s'imaginent

Teratoscopie.   22.

qu'il suffit d'être adroit filou ou hardi charlatan, pour exercer la magie ; ce dont tout le
monde convient, c'est que les tems d'ignorance
ont été les plus féconds en sorciers. J'ai sous
les yeux une énumération effrayante, (qui date
de ces tems d'ignorance) de sorciers condam-
nés aux flammes, et qui prouve, qu'en trois
mois de tems seulement, on condamnait au supplice plus de sorciers qu'on ne condamne aujourd'hui d'assassins en dix ans. Ce n'est pas
l'ignorance qui est la cause immédiate d'un
pareil fléau : c'est la crédulité et la superstition,
filles de l'ignorance. Aujourd'hui, il y a beaucoup moins de magiciens et de sorciers, précisément par la raison qu'on y croit moins ; et
c'est l'escroquerie et non la magie qu'on punit
dans ceux qui s'en rendent coupables.

Il y a trois sortes de magie, la magie artificielle, la magie noire, et la magie naturelle.

La magie artificielle ne consiste que dans
des expérience de physique et des tours d'adresse.
Je n'en parlerai point ; je dirai seulement que
Albert-le-Grand, le P. Kircher, Vaucanson,
Comus, Fitz-James, les sieurs Olivier, Robertson,
Franconi, sont des magiciens artificiels : on
pourrait presque en dire autant de certains escrocs
fort adroits.

LXXXII. *De la magie noire ou diabolique*.

La magie noire, qu'on appèle aussi *diabolique*
ou *superstitieuse*, est l'art de produire des effets
surprenans qui surpassent les forces ordinaires de
la nature et de l'art, à l'aide du démon, avec lequel on entre en société, ou on s'imagine y être
entré ; il y a par conséquent deux espèces de
magie noire, celle réellement diabolique et celle
qui n'est que le fruit d'une imagination diabolique.

La religion ne nous permet pas de douter
de la possibilité et de l'existence de la magie
diabolique ; c'est une question de droit sur laquelle je ne m'arrêterai pas davantage ; par
conséquent je sortirais de mon sujet si j'entre-
prenais de réfuter ceux qui disent ironiquement
point de diable, *point de Dieu*, parce qu'en
effet ceux qui ne croyent point au diable ne
peuvent pas croire en Dieu.

Un philosophe qui a commencé par se faire
connaître très-avantageusement par un ouvrage
vraiement philosophique et religieux, mais qui
n'a pas fait fortune, vient de faire amende
honorable à la nouvelle philosophie dans quelques autres ouvrages, où il dit, entre autres
choses, que *l'existence du démon est un mensonge impudent qui ne manque pas de témoins*

pour l'attester ; et il paraît qu'on trouverait facilement ces faux témoins parmi les docteurs médecins; il nous apprend en effet que Platon leur a accordé la permission de mentir, *men- dacium medicis conoedendum esse.*

La magie superstitieuse est aussi condamna- ble que la magie diabolique. C'est tout ce que j'en dirai.

Mais la magie noire existe-t-elle de nos jours? Peut-on dire que tel ou tel exerce la magie diabolique et qu'il est réellement en relation avec les démons ? Voilà la question de fait qu'on pourrait, ce me semble, résoudre par la néga- tive. Aujourd'hui, ces sortes de magiciens sont aussi rares que les thaumaturges, parce que c'est par la même raison et pour la même fin que Dieu opère des miracles et qu'il permet qu'il y ait des magiciens qui opèrent des espèces de miracles par leur société avec les démons. Je ne nie pas précisement que de nos jours il n'y a point de magiciens, je dis seulement qu'ils doivent être aussi rares que les thaumaturges, et en voici la raison.

Comment les hommes peuvent-ils entretenir une relation soit avec les anges, soit avec les démons ou autres esprits célestes ? Il est bien certain que ce ne peut être par aucun moyen naturel, soit physique, soit métaphysique. Avons-

nous des moyens naturels d'entretenir des relations avec les habitans des planètes de Syrius?
(Si Syrius à des planètes, et si ses planètes
sont habitées), non sans doute : ces habitans,
s'ils existent, sont des êtres d'une nature différente de la nôtre, qui existent sans doute par
des élémens différens. Il en est de même, à plus
forte raison, des esprits célestes ou infernaux
qui sont d'une nature bien différente de la
nôtre. S'il existait des moyens d'entretenir des
relations avec les démons ou les anges, ces
moyens seraient connus ; dira-t-on qu'ils le sont
par les magiciens ? Ils le seraient bientôt par
tout le monde. Mais qui aurait enseigné ces
moyens aux magiciens ? Le démon ? Mais il est
aussi impossible au démon d'entretenir une relation avec les hommes qu'aux hommes d'en
entretenir une avec lui ; cependant, dira-t-on,
Dieu l'a permis. C'est précisément cette permission qui prouve que la chose est impossible
naturellement, et que cette relation avec les
démons ne peut avoir lieu que par des moyens
surnaturels. Or, il est bien certain que Dieu
n'a pas fait des miracles en faveur d'un aussi
grand nombre de sorciers et de magiciens qu'il
y en a eu de brûlés. A la vérité il y a des
livres qui enseignent la magie diabolique ; c'est-
à-dire que ces livres n'enseignent rien autre

chose qu'à commettre des crimes affreux, sans pouvoir obtenir le résultat désiré.

LXXXIII. *Des obsessions ou possessions du démon.*

Il en est de même des possessions ou obsessions qui ne peuvent avoir lieu que d'une manière surnaturelle ; Hippocrate et Posidonius ont rapporté à des maladies naturelles ce qu'on appèle possession et obsession du démon, et ce n'est pas tout-à-fait sans raison. Des théologiens célèbres ont établi de prétendues règles d'après lesquelles on peut distinguer les véritables possessions des fausses qu'on a trop souvent mises au nombre des véritables.

Les signes et les caractères, disent ces théologiens, *par lesquels on reconnaît les véritables possessions, sont :*

1.º *L'enlèvement en l'air des personnes obsedées ou possédées, où elles restent suspendues pendant un tems considérable sans que l'art y ait aucune part.*

2.º *Les différentes langues qu'elles parlent sans les avoir apprises ni les avoir entendu parler et les réponses justes qu'elles font, en chaque langue, à tout ce qu'on leur demande.*

3.º *Les nouvelles positives qu'elles disent*

de ce qui se passe, alors, dans les pays éloi-
gnés, où le hasard n'a aucune part.

4.° *La découverte qu'elles font des choses*
les plus cachées dont elles ne peuvent avoir
connaissance d'ailleurs.

5.° *Celle des pensées et des sentimens les*
plus secrets qui ne peuvent se découvrir par
aucun signe extérieur.

On ne peut pas disconvenir, ajoutent ces
théologiens, *qu'une possession accompagnée de*
ces circonstances est réelle et certaine, et que
jamais Hippocrate ni tous les incrédules ne
parviendraient à l'expliquer naturellement.

Je ne suis ni Hippocrate ni incrédule et cependant je crois avoir mis tous mes lecteurs à
même d'expliquer naturellement toutes ces circonstances, par cette théorie du mensambulisme,
qui est réellement la magie naturelle spéculative.

1.° J'ai prouvé la possibilité naturelle de la
première circonstance en démontrant la puissance des substances spirituelles sur la matière;
pourquoi notre ame, dégagée de la matière comme
elle l'est dans la mensambulance, n'aurait-elle pas
la même puissance que le démon, puisqu'elle
est de la même nature. (Voyez les articles
XLIV, XLV, XLVI et XLVII.)

2.° J'ai prouvé la possibilité naturelle de la
seconde circonstance, en démontrant par les

faits et l'expérience journalière, que les mensambules parlent toutes les langues que savent
les personnes avec lesquelles ils sont en rapport. (Voyez l'art. LXVI.)

3.º La possibilité de savoir ce qui se passe
dans des pays éloignés est prouvée par la nature
spirituelle de l'ame qui, dégagée de la matière,
se trouve en même-tems en tout lieu. (Voyez
l'art. XLI.)

4.º On a vu que les choses les plus cachées
pour nous ne le sont nullement pour les mensambules.

La cinquième circonstance est encore prouvée
par l'expérience des mensambules qui lisent dans
la pensée des personnes avec lesquelles elles
sont en rapport. (Voyez l'art. LXV.)

LXXXIV. *De la magie naturelle et licite.*

La magie naturelle et licite est une faculté
naturelle par laquelle ceux qui en sont doués
peuvent opérer des prodiges merveilleux et
qui surpassent les forces ordinaires de la nature.

Le grand moteur de ces prodigieux effets,
c'est dans les uns, la *crédulité ;* dans les autres,
la *confiance* ou la *foi ;* car la crédulité, la confiance et la foi ont la même efficacité, quant
à la faculté d'opérer ces prodigieux effets ; mais

il y a cette différence, que la crédulité vient ordinairement de l'*ignorance*, au lieu que la confiance et la foi sont fondées sur des motifs raisonnables puisés dans l'*instruction*.

Au nombre de ceux que l'ignorance, le vice et la crédulité entraînent à se mêler de sorcellerie, on remarque particulièrement les pâtres, les bergers, les bûcherons et tous ceux qui s'adonnent à des travaux solitaires dans des lieux agrestes et sauvages, sur les montagnes, dans les forêts, où les communications avec leurs semblables sont difficiles et par conséquent moins fréquentes. Leurs travaux, qui ne demandent aucune application, laissent un champ libre aux écarts de leur imagination. Ils ont des espèces d'extases qui ont pour objet ce que leur pauvreté et leurs habitudes vicieuses les porte à désirer le plus. Comme ils savent bien qu'ils n'obtiendront pas de la divinité l'objet de leurs désirs, leur ignorance leur persuade qu'ils l'obtiendront des esprits malins dans lesquels ils parviennent, avec le tems, à avoir une entière confiance. C'est cette *confiance* inspirée par leur ignorance et leur crédulité, qui les rend réellement capables d'un pouvoir quelquefois redoutable dans les campagnes. Ils deviennent mensambules, ils se croient possédés du démon, et dans cet état leur imagination crée des fantômes, des revenans, des

loups - garous, etc. (Voyez l'article XLVIII
de la faculté créatrice de l'ame.)

Ces pâtres, bergers et autres que je qua-
lifierai de sorciers ou de magiciens sont réellement très-coupables puisqu'ils exercent la magie
noire ou superstitieuse, en attribuant au démon
des prodiges qui ne sont réellement que des
effets de leur ignorante crédulité. Voilà pour
les campagnes.

Dans les villes ce sont des charlatans, des
médecins d'urine, des diseurs de bonne aventure, des tireuses de cartes, et autres charlatans de cette espèce. Ils étonnent souvent, même
les personnes éclairées, par les révélations qui
leur sont faites, lorsqu'elles vont consulter ces
charlatans plutôt par curiosité et par faiblesse
que par *confiance.* Où ces gens-là puisent-ils
les connaissances qu'ils font paraître? Le voici:
lorsqu'ils commencent à exercer leur métier,
ils le font absolument en aveugles et sans ajouter
la moindre confiance à ce qu'ils disent. Dans
le grand nombre de mensonges qu'ils débitent,
il s'en trouve par hasard qui se trouvent vérifiés : ils s'en aperçoivent par l'aveu des personnes auxquelles ces mensonges, vérifiés par
l'événement, ont inspiré la plus grande confiance.
Le débit de leurs mensonges augmentant, les
vérifications augmentent dans la même propor-

tion, par le même hasard; les vérifications de
ces mensonges font naître dans l'esprit de ces
charlatans, une *confiance* dans leur métier, qui
augmente de jour en jour : ils ne donnent
plus alors que pour des vérités certaines ce
qu'ils n'avaient débité, dans l'origine, que pour
des mensonges. Le succès augmente et affermit
enfin la confiance, et la confiance assure le
succès. C'est alors qu'ils deviennent des espèces
de mensambules qui lisent, sans s'en douter,
dans la pensée des personnes qui viennent les
consulter, quelque discrètes que soient ces personnes avec lesquelles ils se trouvent *en rapport* comme les magnétiseurs y sont avec leurs
mensambules; dans cette situation ces charlatans
vous disent réellement les choses les plus étonnantes, persuadés faussement qu'ils lisent ces
vérités dans leurs cartes, ou dans les urines
qu'on leur apporte.

On a vu des files de voitures à la porte de
Mlle Le N., et des personnes d'un rang distingué
allaient la consulter pour s'en amuser, disaient-
elles; mais elles se gardaient bien de convenir
qu'elles avaient dans cette célèbre défense de
bonne aventure la plus grande confiance, fondée
sur la révélation d'événemens qui leur étaient
réellement arrivés et sur certaines prédictions
qui se sont accomplies. On m'a assuré que Buona-

parte avait consulté Mlle Le N. et qu'elle lui avait prédit sa chûte ; ce qui lui mérita une incarcération de six mois. Cette conduite inconséquente et barbare était bien digne d'un despote. Si les événemens de *Martin* sont vrais, il n'est pas étonnant que le Roi ait tenu une conduite toute opposée à celle de Buonaparte.

On doit concevoir que ces nouvelles Sibylles ne sont pas plus infaillibles que les anciennes, et même que les mensambules. On remarque que les connaissances qu'elles ont du passé sont bien plus certaines que celles qu'elles ont de l'avenir, et que leurs prédictions, comme celles des Sibylles, sont pour l'ordinaire énoncées en termes ambigus, parce qu'elles ne peuvent pas voir aussi clairement dans l'avenir que dans le passé. Mais si elles se servent d'expressions ambigües, ce n'est pas avec intention, et pour laisser plus de chance à la vérification des événemens, c'est que réellement elles ne les voient elles-mêmes que comme elles les annoncent. Du reste, elles parlent et elles agissent comme les mensambules, sans connaître la cause qui les fait agir et parler. Ces personnes commencent par être coupables de mensonge et d'escroquerie ; il est peut-être possible, qu'à la fin, l'exercice de leur métier n'ait rien de criminel.

Je me garderai bien de ranger dans la classe

de ceux dont je viens de parler, les solitaires, les ermites, les illuminés que M. Deleuse appèle *Théosophes* ; ces espèces de thaumaturges, tels que Gréatraque et tout dernièrement le prince de Hohenlohe, et enfin les mensambules et leurs magnétiseurs, quoique dans tous ce soit en vertu du même principe qu'ils opèrent des phénomènes si différens dans leurs résulta ts

En effet, dans les sorciers ou magiciens, la *crédulité* ignorante et vicieuse plonge leur imagination dans toutes sortes d'ordures. Dans les diseurs de bonne aventure, une *confiance* qui naît de l'expérience, mais qui n'est animée d'aucun sentiment louable, ne les conduit qu'à des actions indifférentes en elles-mêmes, si l'égoïsme et la cupidité ne les rend pas criminelles. Mais dans les extasiés ou dans les mensambules, une *confiance* sans bornes, éclairée par l'instruction et même par la religion, animée par l'humanité, par la charité, et quelquefois par une foi vive et surnaturelle, leur donne la vertu d'opérer des prodiges qui tournent à l'avantage de la société et des sciences. Ce ne sont donc point des charlatans avec lesquels on s'est plu, trop souvent, à les confondre : ce ne sont point des thaumaturges ; il ne donnent point leurs œuvres pour des miracles. Enfin , si on veut continuer de dire des injures aux magnétiseurs et à leurs mensambules, il vaudrait mieux les traiter de magiciens ou de sorciers, pourvu qu'on ne les brûlât pas. Le nom de magnétiseur, qui n'a aucun rapport à leurs opérations, ne convient pas d'ailleurs à tous ceux de la classe dont je veux parler. Si ceux qui pratiquent le magnétisme sont des hommes respectables par eux-mêmes, il n'en est pas moins vrai que les adversaires du magnétisme ont répandu trop de ridicule sur cette science, pour qu'on puisse conserver un nom en quelque sorte avili et qui est déplacé de toutes manières.

Cherchons donc un nom qui inspire par lui-même le respect, qui annonce la nature des fonctions des magnétiseurs, et qui puisse donner une idée de la science dont ils s'occupent. Les anciens les auraient honorés des noms de *sages*, de *philosophes* qu'ils méritent bien mieux, et par leurs écrits et par leurs mœurs que ceux qui, de nos jours, s'arrogent ces noms, qu'ils déshonorent au point que *qui dit philosophe dit sophiste*. Abandonnons donc à ceux qui l'ont usurpé, le titre de philosophe. D'ailleurs, nos magnétiseurs sont quelque chose de plus que je ne puis mieux exprimer que par le mot de MAGE.

LXXXV. *Des Mages.*

Etymologie. Le mot mage est tiré de
l'hébreu *moug* ou *mag*, qui signifie *se fondre,
se dissoudre*, *s'écouler*. On voit que le nom
de mage convient d'autant mieux à ceux qui
s'occupent de la théorie et de la pratique du
mensambulisme que, dans la mensambulance,
l'homme est pour ainsi dire *fondu, dissous*,
il n'existe plus ; *l'ame s'est écoulée* du corps.
Platon définit la science des mages, l'art d'honorer dignement les dieux. En effet ils étaient
les prophètes ou voyans, et les prêtres des dieux.

LXXXVI. *Mages de la Perse.*

La Perse fut le berceau des sciences, des arts
et de la civilisation, comme l'Europe en est
aujourd'hui le plus brillant séjour. Zoroastre,
ce législateur Persan dont l'origine et l'histoire
se perdent dans l'obscurité des siècles, était,
dit-on, contemporain de Ninus. Il passe pour
avoir inventé la magie ; ce qui veut dire que
c'était un homme sage et instruit qui avait le
don de produire des effets merveilleux par des
causes naturelles, mais qui n'étaient pas connues.
Zoroastre fut le fondateur de ces sociétés sa-
vantes composées de mages, c'est-à-dire, de
ce qu'il y avait dans la Perse d'hommes in-

struits dans toutes les sciences. Ils étaient ce que
sont de nos jours les académiciens, les docteurs de nos facultés, les philosophes, les sages,
et les prêtres. Mais ce n'était pas une religion,
une philosophie, une sagesse de simple spécu-
lation, comme celles de nos jours. Nous en
avons un exemple dans Pythagore qui, après s'être
instruit auprès des mages, eut la gloire de produire des changemens avantageux aux mœurs
dans une partie de l'Italie et surtout à Crotone,
son principal séjour.

Les mages étaient les prêtres de la Perse ;
par conséquent la religion et la morale étaient leur
principal étude : ils s'appliquaient également à
la métaphysique, à la physique, à l'astronomie
et à l'histoire naturelle. Les sectateurs de Zoroastre, chef des mages, subsistent encore en
Asie. Ils n'adorent qu'un seul Dieu créateur
de toutes choses. Quoiqu'ils pratiquent leur culte
en se tournant vers le soleil et le feu, ils pro-
testent n'adorer ni l'un ni l'autre. Le soleil et
le feu étant les symboles les plus frappans de
la divinité, ils lui rendent hommage en se tournant vers eux. Ils croient aux anges et aux démons, à la résurrection des morts, au jugement
universel, au paradis et à l'enfer (M. Rollin.).

La politique et le gouvernement de l'état
étaient aussi une de leurs principales occupa--

tions. Il fallait, dit Cicéron, que le roi, avant de monter sur le trône, eût reçu de leurs leçons pendant un certain tems, et eût appris d'eux l'art de régner et d'honorer dignem'ent les Dieux. Il ne se décidait aucune affaire importante dans l'état, qu'ils n'eussent été auparavant consultés.

La haute réputation de sagesse dont les mages jouissaient, leur attirait des pays les plus éloignés ceux qui désiraient s'instruire à fond de la religion et de la philosophie; mais ils ne confiaient à personne la connaissance de leurs mystères, sur lesquels ils gardaient le plus grand secret.

Comme les mages étaient tous d'une même tribu, et que nul autre qu'un fils de mage ne pouvait prétendre à l'honneur du sacerdoce, ils réservaient pour eux et pour leur famille leurs lumières et leurs connaissances mystérieuses, tant sur la religion que par rapport au gouvernement de l'état, et ils ne pouvaient, sous peine de mort, les communiquer à un étranger.

La vie des mages était très-propre à l'exercice de la magie. Ils méprisaient les richesses, vivaient dans une grande retraite et pratiquaient d'extrêmes austérités : ils couchaient sur la terre nue, et ne se nourrissaient que de pain, de légumes et de fromage. Nos philosophes, du moins ceux qui se donnent pour tels, sont moins portés à suivre la vie de ces mages Persans que

Teratoscopie.   25.

celle du célèbre Sénèque, philosophe romain.

Les magiciens, successeurs des mages, sont encore aujourd'hui très-répandus dans la Perse, mais ils sont à l'égard des mages qui ont été chassés de la Perse, ce que sont nos plus ignorans charlatans à l'égard de nos plus savans docteurs en médecine. Leurs Faquirs ou Calandres, qui sont des moines errans et mendians, font une profession ouverte de la magie : ils opèrent réellement des prodiges étonnans qui les font plus craindre que respecter du peuple. Ils sont en même-tems exorcistes, car il y a beaucoup de possédés dans les environs d'Hispahan, où cette maladie est épidémique. Une extrême superstition, une profonde ignorance, une paresse favorisée par la chaleur du climat et la facilité de se procurer les choses nécessaires à la vie, une frugalité naturelle, et une infinité d'autres causes, contribuent à exalter leur imagination et à rendre par conséquent ces obsessions fréquentes et épidémiques.

En 1634, on était encore assez ignorant et superstieux pour croire qu'il y avait à Loudun une communauté entière de religieuses toutes possédées du démon ; une seule a suffi pour propager la contagion dans tout le couvent. Il y avait un moyen plus sûr de faire cesser sur le champ cette épidémie, que les exorcismes qu'on a employés inutilement pendant trois ans. Le malheureux Urbin Grandier fut le héros et la victime de cette farce tragique. Il avait, dit-on, offensé le cardinal de Richelieu, et mourut par le supplice du feu. *Tantæ ne animis cœlestibus iræ!*

LXXXVII. *Mages d'Egypte.*

Les Perses n'étaient pas les seuls chez lesquels il y avait des mages, chaque peuple avait les siens. Ceux d'Egypte étaient fort célèbres. Pythagore fut disciple d'un archi-prophète d'Egypte; car les mages portaient également les noms de prêtres, de prophètes ou de voyans. Saphis, ancien roi de ce pays, fut du nombre des voyans. Le roi Ancénophis souhaitant de devenir *voyant* des Dieux, on lui permit cette faveur, à condition qu'il purgerait l'Egypte des lépreux. Platon visita l'Egypte pour profiter des lumières des mages de ce pays.. Porphire décrit leur manière de vivre, qui était la même que celle des mages de la Perse et des prophètes des Hébreux.

Denis le jeune, tyran de Syracuse, brûlant du désir de connaître la science des mages de l'Egypte, écrivit à Platon plusieurs lettres fort pressantes, pour l'engager de venir à sa cour et s'entretenir avec lui. Il se rendît aux invitations du tyran. Mais bientôt Platon fut contraint de s'en retourner en Grèce avec le regret de n'avoir pu faire un homme d'un despote.

Le célèbre devin Balaam était de l'Arabie déserte. Ce pays voisin de l'Egypte avait des mages ou des hommes qui se piquaient de sagesse et de prédire l'avenir. Les pères de l'église reconnaissent que les mages qui vinrent adorer le Sauveur étaient des successeurs de cet ancien mage. Job, et ses amis étaient des mages de l'Orient.

LXXXVIII. *Mages des Grecs et des Romains.*

Les Grecs et les Romains ne furent pas, à l'égard de mages, aussi bien partagés que les autres nations. Les oracles et les prêtres qui y présidaient et les dirigeaient leur tenaient lieu de mages, de prophètes et des voyans. Ils n'avaient de la science des mages qu'une pratique aveugle et superstitieuse, sans théorie. La fameuse Pythie de Delphe n'était qu'une convulsionnaire, ou une crisiaque abandonnée à elle-même, ou enfin une diseuse de bonne ou mauvaise aventure, qui ne différait guère des nôtres qu'en ce que celles-ci n'habitent ordinairement que des galetas, tandis que celle-là rendait ses oracles dans des temples magnifiques et richement décorés. Ce serait faire trop d'honneur aux

unes et aux autres que de les assimiler aux mensambules. Cependant c'est la même cause qui
produisait autrefois et qui produit de nos jours,
à-peu-près, les mêmes phénomènes.

J'observerai, à l'égard des Pythies,

1.° Que leurs oracles étaient d'autant plus conformes aux intentions et aux connaissances de
ceux qui les consultaient qu'elles étaient plus en
rapport avec ceux-ci.

2.° Que leurs expressions ambigues, comme
celles de nos tireuses de cartes, qui laissaient
plus de chances à la vérification de leurs prédictions, ne venaient point de la fourberie de
leurs prêtres, mais de la manière incertaine avec
laquelle elles voyaient, pendant leurs crises, les
événemens futurs; elles parlaient réellement comme
elles étaient affectées.

3.° Que leur imagination était d'autant plus
vivement affectée qu'elles se croyaient inspirées
par Apollon. Nos crisiaques ou mensambules sont
ordinairement inspirés par de sages et prudens
magnétiseurs qui ne permettent pas à leur imagination de s'égarer.

4.° Qu'avant de monter sur le trépied, la
Pythie buvait d'une eau appelée *Léthée*, qui
avait la propriété de lui faire oublier ce qu'elle
avait dit ou fait, pendant son inspiration. Nos
mensambules n'ont pas besoin de cette eau *Léthée*

pour perdre la mémoire de ce qu'ils ont dit pendant leur prétendu sommeil. Cette eau *Léthée* n'était donc qu'une supercherie qui aidait à cacher l'impuissance où étaient les prêtres de la Pythie d'expliquer le phénomène de la suspension de la mémoire, impuissance dont nos magnétiseurs ont hérité.

5.° J'observerai, en dernier lieu, que la Pythie parlait de l'estomac ou du ventre : elle était par conséquent ventriloque, ce qui prouve, contre M. Richerand, que ce phénomène avait existé avant qu'il fût observé de nos jours. Non-seulement nos mensambules pourraient être ventriloques, mais même *ubiquiloques*, comme je l'ai déjà observé.

LXXXIX. *Mages des Hébreux.*

Je me garderai bien de confondre les vrais prophètes des Hébreux avec les mages de la Perse, de l'Egypte, de l'Arabie, et encore moins avec la pythie de Delphes, la sybille de Cumes et autres oracles des Payens. Ceux que nous appelons prophètes, dans le sens propre de l'Ecriture, étaient de saints personnages inspirés de Dieu pour instruire son peuple, lui reprocher ses infidélités, le ramener dans la voie de ses commandemens, lui annoncer le Messie et lui prédire ce qui devait arriver d'intéressant pour la religion jusqu'à la consommation des siècles. Ce n'est donc pas de ces prophètes-là dont il s'agit ici ; je veux parler de ces hommes qui exerçaient volontairement, et par leur propre choix, la profession de prophètes ou de mages : ils étaient ordinairement les fils ou les disciples des prophètes choisis de Dieu. L'état de prophète était une profession à peu près semblable à celle de nos anciens religieux : ils vivaient en communauté, et ces communautés, fort nombreuses, étaient quelquefois composées de cinq cents prophètes ; ils vivaient à la campagne, sur des montagnes, dans des lieux déserts et par conséquent séparés du monde ; ils s'occupaient particulièrement de l'étude des livres saints, du gouvernement de l'état. On n'entreprenait rien d'important sans les consulter, même les rois. Ces prophètes s'appelaient aussi *Voyans*, comme les mages de la Perse et les prêtres de l'Egypte. On parlait ainsi dans Israël, lorsqu'on allait les consulter : *Venez, allons au Voyant* (1), comme on dit aujourd'hui : Allons au *Devin*, allons consulter la tireuse de cartes.

_____

(1) *Venite, et eamus ad videntem ; qui enim propheta dicitur hodie, vocabatur olim* VIDENS (1 Reg. c. IX. v. 9.)

Pour exercer la profession de voyant, de prophète ou de mage, il fallait, au rapport de Rabbius, une imagination vive, un raisonnement solide et éclairé, un tempérament fort et vigoureux. Ces sortes de mages cultivaient ces dispositions et ce tempérament par une vie extrêmement pauvre, par le travail, le jeûne, la prière, la méditation et les austérités ; par l'éloignement des plaisirs des sens, du boire et du manger. La colère, la tristesse, le douleur et les autres passions leur étaient interdites. Cependant, il paraît que la plupart étaient mariés, puisque non seulement ils étaient prophètes, mais enfans de prophètes ; mais aucune femme n'habitait avec eux dans leurs communautés. C'était parmi ces prophètes que Dieu choisissait ordinairement ceux qu'il destinait à être inspirés de son esprit dans les circonstances extraordinaires, mais c'était en petit nombre ; les autres, en très-grand nombre, prophétisaient par des inspirations naturelles, et on allait les consulter pour les affaires ordinaires de la vie civile et religieuse, particulièrement pour les maladies, comme on va consulter nos somnambules, et comme les Perses consultaient leurs mages.

Le roi Salomon était le plus célèbre des Mages de son tems : sa sagesse était en grande réputation auprès des savans, des mages de toutes les autres nations qui venaient de toutes parts le consulter et admirer ses connaissances. A la sagesse divine dans laquelle il est dit qu'il surpassait tous les sages des autres nations, il joignait la science de la magie naturelle. Il avait écrit plusieurs livres sur les secrets de la nature, qui furent brûlés par le roi Ezéchias, parce que le peuple, dans ses maladies, plutôt que de s'adresser à Dieu, avait recours aux amulettes, aux talismans et aux phylactètes dont ces livres contenaient les recettes. Le serpent d'airain fut brisé pour la même raison et par ordre du même roi.

Dans le tems dont je parle, et long-tems après, les Hébreux n'avaient point de médecins, proprement dit, qui s'occupassent de la guérison des maladies intérieures; il n'y avait chez eux que des empyriques ou chirurgiens, qui ne possédaient que des connaissances pratiques sur le pansement et la guérison des plaies. Ils étaient persuadés que les maladies intérieures étaient des peines infligées par Dieu même, ou venaient des malins esprits auxquels Dieu accordait le pouvoir d'occasionner ces maladies, comme il le permit à l'égard de Job. Ils regardaient donc les maladies internes comme incurables.

Près de sept cents ans s'étaient écoulés depuis que Moïse, par l'ordre de Dieu, avait élevé le serpent d'airain, lorsqu'il fut brisé par le Roi Ezéchias. Le motif de l'érection de ce serpent ne subsistait plus; et il n'y avait pas d'apparence que depuis ce tems il eût conservé la vertu miraculeuse qui y était attachée. Ce n'était donc plus qu'un monument sacré qui rappelait aux Hébreux les miracles que Dieu avait opérés en leur faveur dans le désert. Cependant, du tems d'Ezéchias, le peuple conservait encore une *confiance* dans ce serpent, qui ne pouvait être que superstitieuse; confiance néanmoins qui opérait réellement des guérisons étonnantes. Les livres de Salomon, qui contenaient des charmes contre les maladies, et des formules d'exorcisme pour chasser les malins esprits, n'étaient non plus que des occasions de superstition que le zèle d'Ezéchias voulut faire cesser. Mais ces recettes, décrites dans les livres de Salomon, ne furent pas toutes anéanties par la combustion de ces livres. Comme le peuple faisait un grand usage de ces recettes, il est à présumer que plusieurs se sont conservées jusqu'à nos jours (1). Elles se trouvent, en effet, entre les mains de Juifs qui sont géné-

----

(1) Le hasard m'a procuré un livre qui contient un

ralement connus pour les posséder : ils en font un secret qui passe de père en fils et reste dans les mêmes familles. Qu'on me permette d'en rapporter un exemple qu'on trouve dans l'historien Joseph.

« J'ai vu, dit cet historien, un Juif nommé Éléazar, qui, en présence de Vespasien et de ses fils, et d'une grande troupe d'officiers et de soldats, guérit plusieurs possédés ; et voici la manière dont il faisait cette cure : Éléazar mettait sous la narrine du possédé un anneau dans lequel était enchâssée une racine enseignée par Salomon ; en même-tems il prononçait le nom de ce prince et les paroles qu'il avait ordonnées ; le démoniaque tombait par terre et le démon ne rentrait plus dans son corps ; et pour preuve de la vérité et de la force de son art, le même Juif faisait mettre un bassin plein d'eau à quelque distance du malade, et lui disait de renverser ce vase ; et on voyait en effet, avec étonnement, le vase se renverser et en même-tems le démoniaque être guéri. »

---

grand nombre de recettes de phylactètes pour la guérison de différentes maladies. Je ne doute point qu'entre les mains de certains bergers ou autres qui y auraient une pleine confiance, l'usage de ces phylactètes ne fût suivi de beaucoup de succès.

XC. *Explication de quelques phénomènes par la théorie du mensambulisme.*

En parlant des anciens mages, des Voyans et même de certains Prophètes, des Oracles, de la Pythie et des Sibylles, on a dû voir que toute leur science se réduisait à la théorie et à la pratique du mensambulisme ; pour nous en convaincre davantage, je vais essayer de faire l'application de la théorie du mensambulisme à certains phénomènes des plus extraordinaires qu'on a regardé jusqu'à ce jour, ou comme des fables, ou comme des effets d'une cause surnaturelle.

XCI. *Juif exorciste.*

Je commencerai par le trait que je viens de rapporter de l'historien Joseph, pour ne pas le répéter.

Le prétendu démoniaque était mensambule ou si l'on veut un crisiaque d'une espèce particulière ; car il y en a d'autant d'espèces qu'il y a d'hommes susceptibles de tomber dans ces sortes de crises. Le juif était, sans le savoir, un magnétiseur en rapport avec ce mensambule, et au lieu de l'éveiller ou de le faire sortir de cet état à la manière des magnétiseurs, il lui mettait l'anneau en question sous la narrine, et prononçait les paroles voulues. L'anneau, la racine enchâssée, le nom de Salomon, les autres paroles ne sont rien, si non qu'elles donnent la *confiance*, la *foi* absolument indispensable au succès de l'exorcisme. La volontédu magnétiseur ou du prétendu exorciste est tout, mais cette volonté n'existerait pas sans la confiance. Quant au vase plein d'eau renversé, c'est effectivement ce mensambule, ce possédé qui le renverse par un seul acte de sa volonté. Nous avons vu la puissance de l'ame dégagée des liens du corps qui n'a pas besoin dans cet état de se servir des organes du corps pour agir sur la matière. (XLII.)

XCII. *Extrait de Valère Maxime.*

Je donnerai le texte de la traduction que je vais essayer.

Deux amis, tous deux Arcadiens, voyageant ensemble, se rendirent à Mégare : l'un descendit chez une personne de sa connaissance, et l'autre dans une des meilleures auberges de la ville. Celui qui était logé chez son ami eut un songe dans lequel il vit son compagnon de voyage le supplier de venir à son secours l'aider à se défendre contre l'aubergiste qui cherchait à lui faire un mauvais parti, et qu'il pouvait, par un prompt secours, le sauver d'un péril si im-

minent ; éveillé par ce songe , l'ami se lève
précipitamment et se met en chemin pour se
rendre à l'auberge où son compagnon de voyage
était descendu. Le malheur voulut que, chemin
faisant, il se reprocha d'avoir ajouté foi à un
vain songe, et il renonce à son généreux dessein ;
il retourne sur ses pas, se couche et se rendort.
Son ami lui apparaît une seconde fois, et le
supplie que puisqu'il avait négligé de lui sauver
la vie , du moins , il vengeât sa mort ; que l'aubergiste avait, dans l'instant même, déposé son
corps dans une voiture, qu'il l'avait fait couvrir
de fumier et qu'il venait de le faire conduire
aux portes de la ville. « L'ami, convaincu par
» des prières accompagnées de circonstances
» aussi détaillées , se hâte de se rendre aux
» portes de la ville, arrête le char qu'il recon-
» naît tel qu'il lui avait apparu en songe, et fait
» punir du dernier supplice le meurtrier de son
» ami. »

Voici le texte de Valère Maxime :

*Duo familiares Arcades iter unà facientes,
Megaram venerunt : quorum alter ad hospi-
tem se contulit, alter in tabernam meritoriam
divertit. Is autem qui in hospitio erat, vidit
in somnis comitem suum orantem, ut sibi
cauponis insidiis circumvento subveniret: posse
enim celeri ejus accursu se imminenti periculo*

subtrahi. Quo viso excitatus, prosiluit, tabernamque in quá is diversabatur, petere conatus est. Pestifero deindè fato, humanissimum propositum tamque supervacuum damnavit, idque visum pro nihilo ducens, lectum ac sommum repetiit. Tunc idem ei socius oblatus obsecravit, ut qui auxilium vitæ suæ ferre neglexisset, neci saltem, ultionem non negaret. Corpus enim suum a caupone trucidatum tum maximè plaustro ad portam ferri stercore coopertum. Tam constantibus familiaris precibus compulsus, protinùs ad portam cucurrit, et plaustrum, quod in quiete demonstratum erat, comprehendit, cauponemque ad capitale supplicium perduxit. (*Val. Max.*, *lib.* 1, *cap.* *VII*, *art.* 10.)

Valère Maxime n'accompagne ce récit d'aucune espèce de réflexion.

Explication. Il faut se rappeler que c'est le fluide vital seul qui nous donne la vie, qu'un homme nouvellement décapité n'est point encore mort, quoique cette opération doive être nécessairement suivie de la mort. L'ami qui avait été assassiné par l'aubergiste n'était point encore mort lorsque son ame apparut à son ami, soit pendant le sommeil, soit pendant la veille, car les ames des morts ne reviennent pas. Dans le cas dont il s'agit, l'ami assassiné était en mensambulance, son ame était séparée de son corps, avec lequel elle ne pouvait avoir les relations ordinaires, par la nature de la blessure qu'il avait reçue, par conséquent l'imagination de cette ame pouvait créer le fantôme de son corps et du char dans lequel il avait été déposé ; elle pouvait faire entendre les paroles qu'elle adressa à son ami. Dans tout ceci, il lui suffisait, par sa volonté, de modifier la lumière et le fluide qui nous transmet les sons. (Voyez les n.os L, LI et LII.)

XCIII. *Pétrarque et Laure.*

Pétrarque revenu en Italie, et 26 ans après avoir quitté Laure, songea une nuit qu'elle lui disait un éternel adieu ; quelque tems après il reçut la nouvelle de sa mort, arrivée à l'époque de son rêve.... Cet exemple n'est point unique ni particulier ; les personnes douées d'une imagination expensive, comme les mélancoliques, éprouvent mieux ces pressentimens.

Explication. Je n'ai rapporté ce trait, que j'emprunte de M. Virey, *Art de perfectionner l'homme*, que pour faire sentir l'inexactitude de sa réflexion. M. Virey suppose que c'est l'imagination expensive de Pétrarque qui a produit le songe dans lequel Laure lui dit un éternel adieu. Il est possible que sans pressentiment fondé,

Pétrarque rêve que Laure lui dit un éternel adieu, dans le moment même qu'elle rend le dernier soupir. Dans ce cas il n'y a rien d'étonnant que la silmultanéité des deux événemens, sans aucune espèce de relation entre les deux personnes ; mais ce n'est pas ainsi que les choses se passent. C'est véritablement l'ombre de Laure qui a apparue à Pétrarque au moment qu'elle se sentait mourir. Pétrarque aurait été éveillé que peut-être il aurait eu la même vision. L'ame de Laure était en mensambulance ; sa vive passion pour son amant était plus que suffisante pour produire un pareil effet. Je conviens cependant que le sommeil est plus favorable aux visions que la veille, parce que l'ame est moins frappée par les sens ; on ne voit et on n'entend guère de *revenans* que dans l'obcurité, par la même raison.

XCIV. *Des Revenans.*

Ce mot ne m'est point échappé, car je crois aux revenans, mais non pas aux revenans de l'autre monde. Si l'ami assassiné par l'aubergiste eût réellement apparu à son ami après sa mort; si Laure eût été morte lorsqu'elle apparut à son amant, il faudrait bien croire aux revenans ? Mais les morts ne reviennent pas. L'ame de ces deux personnes pouvait encore avoir avec

Teratoscopie. 24.

le corps certains rapports qu'elle conserve jusqu'à ce que le corps soit réellement mort,
c'est-à-dire privé de tout fluide vital, et par
conséquent avoir des relations avec des êtres
animés. Mais lorsque le corps est tout-à-fait
privé de fluide vital, il est réellement mort, et
l'ame qui n'était destinée qu'à l'animer, n'ayant
plus de fonction à remplir sur la terre, passe
dans une autre existence, dans un autre monde,
tout-à-fait étranger à celui-ci, et ne peut pas
plus avoir de relations naturelles avec nous,
que nous ne pouvons en avoir avec elle.

Les *revenans* que certaines personnes voient
dans les cimetières, dans de vieux châteaux ou
des masures abandonnées, sont évidemment des
effets de l'imagination des personnes qui les
voient. Mais quand un revenant apparaît à plusieurs personnes, à 800, je suppose, sous la
même forme, dans le même moment, à la même
seconde et plusieurs fois de suite, il est impossible de supposer que 800 personnes aient
eu simultanément la même imagination, il vaudrait autant supposer la vérité des revenans de
l'autre monde. Attribuer une pareille apparition
à l'effet de l'incube qui aurait attaqué 800
personnes de la même manière et à la même
seconde, cela me paraît encore une supposition
chimérique et impossible, qu'on peut avancer

quand on ne veut pas, où qu'on ne peut pas convenir qu'on croit aux revenans.

Cependant ce phénomène a existé. Le premier bataillon du régiment de Latour-d'Auvergne, composé de huit cents soldats, fut logé à Tropéa, dans une vieille abbaye abandonnée; les habitans prévinrent les chefs que ces huit cents hommes ne pourraient pas conserver ce logement, parce que toutes les nuits il y revenait des esprits : effectivement, à minuit, des cris épouvantables retentirent dans toute la caserne, d'où tous les soldats sortirent avec la plus grande précipitation. Tous ces soldats, qui étaient couchés dans différentes chambres, dirent que le diable leur avait apparu sous la forme d'un très-gros chien à poil noir. Malgré leur répugnance, on les décida néanmoins à coucher le lendemain dans la même caserne, et le même phénomème se renouvela. Le docteur *Laurent*, témoin de ce phénomène, en a fait le sujet d'un rapport à la Société de Médecine : il était chirurgien-major de ce régiment. (1)

Le docteur *Laurent* explique ce phénomène

---

(1) Voyez le Dictionnaire des Sciences Médicales, article *incube*.

par l'*incube* du mieux qu'il peut ; et, à mon avis, son mieux n'est nullement admissible ; j'ai déjà dit pourquoi. Voici mon explication, d'après la théorie du mensambulisme :

Explication. Il est d'abord assez naturel de croire que dans une vieille abbaye abandonnée, l'air s'y trouve méphétisé ; il est même possible que dans cette abbaye il y eût un certain lieu d'où auraient pu sortir des exhalaisons méphytiques, semblables à celles qui sortaient du gouffre au-dessus duquel on plaçait le trépied sur lequel s'assayait la Pythie, lesquelles auraient eu la même vertu. Un seul soldat, atteint de ces vapeurs, aurait pu être la cause du phénomène, parce qu'il aurait éprouvé la même crise que la Pythie éprouvait sur son trépied. Sans cela : un militaire se couche l'idée frappée que le diable revient dans la caserne, il devient mensambule ; son imagination crée l'apparence d'un fantôme qu'il fait parcourir en un clin d'œil toute la caserne, et qu'il dirige comme il s'imagine que le diable se dirigerait ; car c'est le fantôme du diable que son imagination a créé. (Voyez ce que j'ai dit sur la puissance créatrice de l'ame par l'imagination) C'est ainsi qu'apparaissent des *loups-garous*, dont on entend les hurlemens lorsqu'il se trouve des gens d'une imagination assez folle et assez dépravée pour se persuader qu'ils ont reçu cette puissance du diable. Dans ces circonstances, ce ne sont pas de simples apparences semblables à celles que l'ame crée dans nos songes, ce sont réellement des fantômes que l'ame, en extase ou en mensambulance, crée par une modification de la lumière ou de la matière *luminescible*; lesquels fantômes apparaissent ou peuvent apparaître aux personnes qui ne sont ni en extase ni en mensambulance.

XCV. *L'ange Raphaël de Thomas-Ignace Martin.*

Nos docteurs expliquent tous les phénomènes par les règles de la physique et de la physiologie, toutes les fois que le phénomène est certain, et qu'ils ne peuvent pas le nier; ainsi, ils expliqueraient la résurrection d'un mort, bien mort depuis huit jours, et qui serait déjà en putréfaction, s'ils ne pouvaient pas nier ni la mort ni la résurrection. Voici cependant un phénomène à l'occasion duquel des docteurs de meilleure foi ont déclaré *que la science de la médecine ne leur fournissait pas de moyens d'expliquer un phénomène aussi extraordinaire que celui des événemens qui sont arrivés au bon villageois Martin.*

Ce phénomène, ou si l'on veut ce miracle,

a été connu de toute la France, et peut-être de toute l'Europe, puisque les journaux français et anglais en ont parlé. On peut en voir les détails, qui sont fort intéressans, dans une petite brochure imprimée à Londres, et qui a pour titre : *Relation contenant les événemens qui sont arrivés à un laboureur de la Beauce dans les premiers mois de 1816.* Ces événemens, que l'auteur de cette relation regarde comme réellement miraculeux, passent, du moins aujourd'hui, pour des faits bien constatés ; mais dans quelques années, ces mêmes événemens ne seront plus qu'un conte de vieille femme, ou une supercherie inventée par un prêtre de la Beauce ; car c'est en les niant, que dans ce *siècle de lumières,* d'ignorance et d'orgueil, qu'on explique tous les miracles et tous les phénomènes qu'on ne peut comprendre. Quoi qu'il en soit, il résulte de cette relation que l'ange Raphaël (ou du moins un personnage quelconque) a apparu au sieur Martin plus de cinquante fois; que toutes ces apparitions avaient pour objet d'engager le sieur Martin à parler au Roi ; qu'en effet, le sieur Martin a paru successivement, 1.° devant le curé de *Gallardon,* commune située à quatre lieues de Chartres ; 2.° devant l'évêque de Versailles ; 3.° devant le préfet de Chartres ; 4.° devant le ministre de la police générale; 5.º enfin devant le Roi, de qui il a obtenu une audience particulière dans laquelle il a dit à S. M. des choses qni n'avaient été connues jusqu'alors que de Dieu et du Roi, et sur lesquelles S. M. a fait promettre au sieur Martin de garder le secret.

Il en résulte encore que l'ange a inspiré au sieur Martin des prédictions qui ont été accomplics, et que ces prédictions n'ont été faites que peu de tems avant l'événement qui les a suivies; 2.º que l'ange a révélé au sieur Martin le résultat d'une conversation tenue en anglais, langue que le sieur Martin n'entendait pas; 5.º que l'ange n'a point voulu révéler au sieur Martin certaines particularités qu'il devait dire au Roi; mais il lui assurait que ces particularités lui viendraient à la bouche lorsqu'il paraîtrait devant le Roi.

L'auteur de cette relation pense que ces événemens sont réellement surnaturels et miraculeux; et deux observations de l'auteur, qui sont à la suite de sa relation, et qui sont très-sensées, ont pour but de le persuader. En effet, le prodige, ou si l'on veut, le miracle est accompagné de tant de circonstances revêtues de tant de caractères de vérité; le prodige s'est opéré à une époque si intéressante pour la religion, pour l'église, pour le Roi et pour la France entière, que les personnes sages, prudentes et religieuses peuvent le regarder au moins comme un de ces événemens naturels dont Dieu se sert quelquefois d'une manière extraordinaire pour accomplir les desseins de sa justice et de sa miséricorde à l'égard de la France et de quelques personnages importans qui peuvent influer sur ses destinées. Une mort naturelle, un incendie, une famine, une révolution politique, etc., sont souvent de ces événemens dont les esprits vulgaires ne voient que les résultats physiques et qui cependant peuvent entrer d'une manière extraordinaire dans les vues de la Providence. Il suffit de lire la troisième partie du discours de M. Bossuet sur l'Histoire Universelle, pour voir une infinité de faits miraculeux dans des événemens naturels. C'est à chacun à en faire son profit, autant que ses lumières peuvent le lui permettre, et que sa conscience le lui prescrit. D'ailleurs, Dieu permet souvent que les vrais miracles laissent toujours à la mauvaise foi et à l'endurcissement, au moins un prétexte de ne pas embrasser la vérité. C'est ainsi que les événemens de Martin, qui sont pour certaines personnes religieuses, comme de vrais miracles, sont regardés par les philosophes comme des illusions de l'imagination exaltée et égarée du S.r Martin.

Quoi qu'il en soit, je ne crois pas que des personnes religieuses soient tenues de croire que les événemens de Martin soient des faits surnaturels et miraculeux. S'il est fort difficile d'en expliquer la possibilité naturelle, la chose ne me paraît pas impossible; je vais l'essayer par la théorie de la mensambulance.

Explication. Il faut considérer dans ce prodige :

1.° L'apparition de l'ange Raphaël à Martin;

2.° La nature de la mission que l'ange lui donne ;

3.° les prédictions que l'ange lui inspire;

4.° La révélation faite au Roi, par Martin, de certains faits qui n'étaient connus que de Dieu, du Roi et de Martin.

1.° *L'apparition de l'ange Raphaël à Martin.*

Beaucoup de grands personnages ont eu de pareilles apparitions qui ne peuvent être que naturelles. Numa - Pompilius, second roi de Rome, s'entretenait avec sa nymphe Egérie, Socrate, avec son démon familier; Mahomet, avec l'ange Gabriel; Greatrakes, avec une voix céleste; Cardan, avec son bon ange; Plotin, avec son génie familier, qu'il croyait être de la famille des dieux; Julien l'apostat, Jules César, Marcus, Brutus, avaient aussi leurs génies ou démons

familiers. Dans leurs extases, les personnes
pieuses, tels que les théosophes dont parle
M. Deleuse, s'entretiennent avec les anges.

L'état extatique et la mensambulance ont une
très-grande analogie, si ce ne sont pas deux
états identiques qui ne diffèrent que par la forme
et la variété des espèces de mensambulance,
dont il y a autant de variétés qu'il y a de personnes susceptibles d'éprouver naturellement cet
état; car les mensambules artificiels ne diffèrent
pas autant entre eux que les premiers. Martin
était donc en extase, ou en mensambulance,
lorsque l'ange lui apparaissait et lui parlait; en
s'entretenant avec l'ange, c'était avec lui-même
qu'il s'entretenait. Dans nos songes, lorsque
quelqu'un nous parle, n'est-ce pas nous qui nous
parlons à nous-mêmes, tout en croyant parler à
d'autres personnes qui semblent nous parler à
leur tour? Toute la différence qu'il y a entre une
personne qui rêve qu'elle s'entretient avec l'ange
Raphaël et entre Martin, c'est que cette personne sait à son réveil qu'elle n'a fait qu'un
rêve pendant qu'elle dormait réellement, et que
Martin a pris pour une chose réelle un songe
qu'il a fait dans une espèce de sommeil, ou
dans un état qui n'est point ordinaire. N'est-il
pas même naturel de croire qu'il est possible
de voir, d'entendre et de faire dans la veille

ce que l'on croit voir, entendre et faire dans le sommeil ? (Voyez l'article LIV.)

2.° *De la nature de la mission de Thomas Martin.*

Il faut observer que Thomas Martin, tout simple villageois qu'il soit, est un homme d'un grand bon sens : sa conduite antérieure à ses visions, celle qu'il a tenue depuis, ses réponses à toutes les demandes qu'on lui a faites ; les lettres écrites à son frère, son assiduité et son attention aux instructions de son pasteur, annoncent une intelligence peu ordinaire et plus d'instruction que n'en ont ordinairement les personnes de son état ; sa religion solide et éclairée, sa moralité, sa connaissance des événemens politiques dont il n'ignorait pas les principaux, son attachement sincère au Roi, et sa manière de penser sur Bonaparte, toutes ces considérations rendaient sa mission d'autant plus facile à remplir, qu'il se croyait inspiré du ciel. Rien dans ce qu'il a dit au Roi n'était au-dessus de ses facultés naturelles ; la seule chose difficile était de parler au Roi ; et ce qui l'a rendue possible, est la singularité des événemens qui ont frappé les docteurs les plus clairvoyans.

3.° *Des prédictions que l'ange inspire à Martin.*

Des faits qui ne peuvent plus être révoqués en doute, nous prouvent que lorsque les facultés intellectuelles sont exaltées, comme elles le sont dans la mensambulance, l'ame a la faculté de prévoir et de prédire, pour ainsi dire, des événemens qui ne peuvent être prévus dans l'état ordinaire. Toutes les prédictions faites par Martin n'avaient rapport qu'à des événemens qui suivaient de très-près les prédictions. La plupart de ces événemens étaient déjà commencés, ou au moins préparés, quand Martin les prédisait d'après les révélations de l'ange. Martin, dans son état de mensambulance, voyait les préparatifs de ces événemens ; il entendait le ministre de la police qui ordonnait d'écrire ou de faire telles ou telles choses qui le concernaient. A l'instant que le ministre ordonnait que telle chose aurait lieu dans trois jours, l'ange, c'est-à-dire Martin, en avait connaissance : il ne lui était donc pas difficile de les prédire. Mais de quelle manière Martin pouvait-il avoir cette connaissance ? (Voyez l'article LX.)

4.° *La révélation de certains événemens arrivés
au Roi, pendant son exil, et qui ne pouvaient être connus que de Dieu et du Roi.*

Pourquoi l'ange n'avait-il pas instruit Martin
de ces événemens secrets avant qu'il parût devant le Roi? C'est que réellement l'ange, c'est-
à-dire Martin, ne les connaissait pas, et qu'il
ne pouvait les connaître qu'en se mettant *en
rapport* avec le Roi; ce qui ne pouvait avoir
lieu que lorsque Martin parlerait au Roi. On
sait qu'un mensambule peut lire dans la pensée
des personnes avec lesquelles il est *en rapport*.
Martin pouvait donc dire au Roi bien des
choses qui s'étaient passées pendant son exil.
Comment l'ange a-t-il eu connaissance du résultat
de la conversation de M. André, officier de gen-
darmerie, avec son ami, conversation qui eut lieu
en anglais, langue que Martin ne connaissait pas ?
C'est parce que Martin était depuis plusieurs jours
en rapport avec M. André, et qu'il pouvait lire
dans sa pensée, soit qu'il parlât anglais, soit qu'il
parlât français. (Voyez l'article LXVI.)

Sans doute que l'explication que je viens de
donner de ces événemens ne satisfera pas tous
les esprits : ceux qui les regardent comme surnaturels et miraculeux n'y comprendront rien et
me traiteront d'incrédule ; cependant, je leur

observerai que de même qu'on ne doit qualifier de
Saints que ceux qui ont été reconnus comme
tels par l'église, de même aussi on ne doit qualifier de *miracles* que les faits qui ont été reconnus pour miraculeux par l'église. On peut *croire*
intérieurement que tel fait est miraculeux, mais
il n'y a que l'église qui puisse *le proclamer tel*;
autrement ce serait ouvrir la porte à une infinité de superstitions. C'est sans doute pour cette
raison que le saint Siège et la Sorbonne ont
censuré un ouvrage de la sœur MARIE DE JÉSUS,
abbesse d'un monastère de la ville d'Agrada,
en Espagne. Ce livre contient des événemens
qui paraissent bien plus miraculeux que ceux
arrivés à Martin, puisqu'il a été bien constaté
que cette religieuse, dans ses *extases*, et sans
sortir de son monastère, se transportait au
nouveau Mexique, et y a converti, par ses
instructions, les habitans de tout un royaume
à la religion chrétienne.

Quoique les événemens de Martin et ceux de
l'abbesse d'Agrada puissent être des miracles,
je ne dois pas dire qu'ils en sont en effet. Ceux
qui pensent le contraire me traiteront peut-être
de philosophe incrédule, et je serai traité de
superstitieux par les philosophes incrédules, pour
attribuer à la spiritualité et à l'immatérialité de
l'ame, des phénomènes ou qui n'existent pas,

ou qui sont les effets d'une cause purement matérielle. Ils reconnaissent l'*imagination*; ils lui
attribuent une infinité de phénomènes; mais
qu'ils nous disent donc clairement ce qu'ils entendent par l'imagination; qu'ils ne se contentent pas de belles phrases, de beaux mots; qu'ils
nous donnent de bonnes raisons : que la nouvelle physiologie nous donne une véritable analyse de l'entendement humain, au lieu d'un
logogriphe inexplicable qui n'a ni mot, ni sens,
et nous pourrons enfin nous entendre.

POST-SCRIPTUM.

Je me suis à-peu-près trompé. — Fort grossièrement, me dira-t-on; à commencer par le
titre de votre ouvrage : voici celui qui lui convient : LE RÊVE D'UN HOMME EN DÉMENCE,
avec cette épigraphe; *Insanire quoniam libet.* —
Ce n'est pas tout-à-fait ce que je veux dire; chacun rêve à sa manière, chacun a sa manie qu'il
qualifie comme il lui plaît. Ainsi, combien n'en
est-il pas qui qualifient de sagesse la philosophie du siècle, c'est-à-dire la folie ? Où sont
les sages, où sont les docteurs, où sont les savans dont la sagesse ne puisse être convaincue

de folie (1)? Si j'ai commis de graves erreurs, c'est bien involontairement ; je les abjure, et je n'aurai que de la reconnaissance à témoigner à ceux qui voudront bien me les faire connaître. Celle dont je veux parler ici, n'est pas grave, je l'ai même commise volontairement, et je vais tâcher de la rectifier. Le lecteur sentira comme moi pourquoi j'ai commis cette inconséquence.

J'ai substitué les mots de *fluide vital* à ceux de fluide magnétique animal, et celui de *mensambule* à celui de somnambule. J'aurais dû être plus conséquent et établir une nouvelle nomenclature conforme aux principes que j'ai adoptés. Je vais donc rectifier cette erreur en donnant une liste des nouveaux mots dont j'aurais dû me servir.

1.° Le fluide magnétique animal est le *fluide vital* ; 2.° magnétiser, c'est mettre en action le fluide magnétique par des procédés particuliers ; *charmer, fasciner*, c'est mettre en action le fluide vital par des procédés particuliers ; 5.° le magnétisme est la science ou plutôt le don de mettre en action le fluide magnétique : *la fascination*

---

(1) *Ubi sapiens ? ubi scriba ? ubi conquisitor hujus seculi ? nonne stultam fecit Deus sapientiam hujus mundi ?* (I.re Cor. I. v. 20.)

ou *la magie* est le don de mettre en action
le fluide vital ; 4.° un magnétiseur est celui
qui a le don d'employer le fluide magnétique,
soit comme moyen curatif, soit pour procurer
le somnambulisme magnétique : *un Mage* est
celui qui a le don d'employer le fluide vital,
soit comme moyen curatif, et alors *il charme,
il fascine* ; soit pour procurer la *mensambulance*, et alors il *enchante*, il met en *exase* ; 5.° le
somnambule est le *mensambule* ; 6.° l'état du
somnambule est la *mensambulance ;* 7.° mettre
en crise magnétique, c'est mettre en *mensambulance*, c'est *enchanter* ou procurer l'*extase*, etc.

J'aurais pu, comme il est d'usage, substituer
des mots composés du grec à ceux que je viens
d'indiquer, j'aurais moins effarouché mes lecteurs,
mais aussi, j'aurais été bien moins compris. Pourquoi d'ailleurs un Français rougirait-il de parler
français dans son pays. M. le baron *d'Henin
de Cuvillers*, veut qu'on nomme les somnambules *Hypnologues*, dont il compose les mots
*hypnologie, hypnologien, hypnologique, hyp-
nologiquement, hypnologie ;* mais s'il faut absolument des mots grecs, il serait nécessaire
d'en former d'autres que ceux que M. le baron
nous propose. Le mot *hypnos* qui signifie sommeil,
n'a qu'un rapport très-indirecte avec l'état du
somnambule, comme l'a très - judicieusement

Teratoscopie. 25.

observé **M.** le comte Redern. Au reste ne disputons pas sur les mots, nous allons être bientôt tous
d'accord. « La physiologie (et la psychologie),
 » le flambeau de la vérité à la main, va devenir
 » le juge éclairé des qualités occultes, tels que
 » la MAGIE, (1) les MALÉFICES, les FASCI-
 » NATIONS, les ENCHANTEMENS, etc......
 » Je me tromperais fort si nous étions éloignés
 » des tems où la science du magnétisme animal
 » deviendra en quelque sorte positive, et se
 » reposera sur les lois de la nature ; mais il
 » est auparavant nécessaire que quelques hommes
 » d'élite instruits par la nature, et qui tiendraient
 » leur mission de leur génie et d'un ardent
 » amour de la vérité, se déterminent enfin à
 » méditer et à étudier tout ce qui a rapport à
 » la science du magnétisme, qu'ils devront aussi

---

(1) A propos de *MAGIE*, **M.** le baron d'Henin nous
apprend que S^t.-Irénée, S^t.-Epiphane, St-Cyrille de
Jérusalem, Tertullien, Eusèbe, Origène et Arnobe étaient
d'une extrême ignorance, puisque la plupart écrivaient
presque sous le siecle de *Virgile*, *Cicéron* et d'*Auguste*,
et les autres sous celui de *Constantin-le-Grand*, et
on sait que *ces siecles furent d'une extrême ignorance* :
aussi les écrivains que vient de citer **M.** le baron,
nous ont-ils transmis des fables sur la magie. *Le magnétisme ÉCLAIRÉ* aurait suffi, sans doute, pour dissiper les ténèbres d'une *ignorance* aussi *extrême.*

» pratiquer.... Nous touchons au moment
» de voir paraître la solution des différens pro-
» blêmes du magnétisme et du somnambulisme. »
(*Magn. éclairé.*)

En attendant ce moment auquel nous *touchons,*
ces tems heureux prédis par M. le baron *d'Henin*
et ces hommes d'élite instruits par la nature,
dont M. le baron est sans doute le précurseur,
j'ai présenté au public *la Teratoscopie du fluide
vital et de la mensambulance.*

Parmi ceux qui auront jeté un coup-d'œil
sur cet ouvrage, le plus grand nombre y trouvera
un sujet de sarcasmes et de plaisanteries : c'est
l'accueil ordinaire avec lequel on reçoit toutes
les nouveautés, surtout lorsqu'elles renferment
des vérités utiles, que le *brigandage des réputations littéraires* étouffe ou cherche à étouf-
fer à leur naissances : heureux encore l'auteur,
si on ne se permet pas contre lui des person-
nalités offensantes. Quelques autres diront: Mais
voyons, essayons ; si les expériences faites à
l'Hôtel-Dieu de Paris par M. Dupotet n'étaient
pas une mytification ; si, par impossible, les prodiges expliqués par les principes de l'auteur n'é-
taient pas des absurdités ; si ces prodiges avaient
réellement existé, que risquons-nous d'en faire
l'expérience ?.....

Avant de tenter cette expérience, j'ai plu-

sieurs observations à vous faire : 1.° L'aptitude
à produire les *charmes* et les *enchantemens*,
est un don de la nature, et peut-être elle ne
vous en a pas gratifié. Cependant, avec beaucoup
de patience, de confiance et une forte volonté,
M. Deleuse ne désespère pas que vous ne puis-
siez acquérir ce don. 2.° Il y a beaucoup de
personnes qui ne sont pas susceptibles de devenir mensambules, quelques efforts que fassent
les personnes les plus exercées. Heureux le médecin auquel le hasard procure des mensambules,
et plus heureux encore les malades qui s'adressent
à lui. 3.° Les malades, les enfans et les jeunes
personnes offrent le plus d'espérance de succès
dans les tentatives ; mais gardez-vous d'essayer
vos expériences sur des enfans ou des personnes
trop jeunes ; en voici la raison. Dans l'état
naturel et ordinaire, les facultés de l'ame ne
se développent successivement que par les organes de nos sensations et dans une proportion
qui correspond au développement des organes
du corps. Dans la mensambulance, au contraire, l'ame se trouve, tout à coup, jouir de
la plénitude de ses facultés intellectuelles, et
par conséquent dans une disproportion avec les
facultés physiques du corps. Cette vérité est une
conséquence des principes que nous avons établis. En effet, dans la mensambulance, l'ame

s'identifie en quelque sorte avec celle des per‑
sonnes avec lesquelles des enfans seraient en
rapport; or, il est évident que les facultés intel‑
lectuelles de ces enfans ne seraient nullement
en rapport avec leurs facultés physiques, ce qui
romprait l'espèce d'équilibre qui doit natu‑
rellement exister dans ces deux facultés. Qui
est‑ce qui ignore les suites fâcheuses d'une intel‑
ligence trop précoce dans les enfans? 4.° Avant
de commencer vos expériences, pénétrez‑vous
bien de tout ce qu'il y a d'essentiel dans la pra‑
tique du mensambulisme et dans les procédés
qu'il faut employer. M. Deleuse, dans son His‑
toire critique du Magnétisme animal, ne laisse
rien à désirer. Cet ouvrage doit être le *veni‑
mecum* de tout homme prudent et assez zélé pour
se livrer à la *pratique* du mensambulisme. (1)

Enfin, croyez bien qu'il ne s'agit point ici
d'un spectacle profane, d'expériences puériles,

---

(1) Quant à la *théorie*, j'ai tâché de la développer
dans cet ouvrage, je le finirai volontiers comme je
l'ai commencé, en invitant le lecteur à se pénétrer des
principes si bien établis dans l'*Art de perfectionner
l'homme*, par M. Virey. Ce n'est point une autorité
suspecte dans cette matière; car nous avons eu plu‑
sieurs fois occasion de réfuter ses écrits contre le ma‑
gnétisme animal. Mais un écrit qui mérite la préfé‑
rence à tous égards, c'est celui de M. le comte de

de fantasmagorie, d'en imposer aux yeux, encore
moins à l'esprit. Le mensambule est naturellement modeste et timide; ce n'est qu'au sein de
sa famille et de ses amis qu'il agit avec une entière liberté; il n'est point à son aise dans de
nombreuses et bruillantes assemblées, composées de personnages assez ordinairement mal
assortis. J'ai dit que la mensambulance était une
sorte de séparation de l'ame d'avec le corps;
dans cette supposition, nous ne devons et nous
ne pouvons que soulever un coin du voile par
lequel la nature nous a caché le mystère de
l'union de l'ame et du corps; n'ayons pas la
témérité de lui dérober par la violence, et trop
publiquement, ce qu'elle veut bien nous faire
connaître librement et avec une sorte de con-
fidence. Ne serait-il pas convenable de ne point
s'occuper des fonctions du mensambulisme
comme d'une action profane? Ne devrait-ce pas
être une opération en quelque sorte mystérieuse,
dont les formes et les rits devraient être observés avec respect? L'ame, dégagée des liens du

---

Redern, *des Modes accidentels de nos perceptions.* Cette
petite brochure ne contient que 70 pages, mais elle
est toute substancielle : elle se trouve chez Mongie
ainé, libraire, Boulevard Poissonnière, n. 18.

corps, est une substance toute céleste ; c'est une sorte de divinité. Si elle n'a pas ses temples et ses autels, du moins qu'elle ait son palais et son trône ; si elle n'a pas ses pontifs et ses prêtres, qu'elle ait ses princes, ses ministres, ses conseillers ; qu'on ne soit admis à lui faire sa cour qu'après avoir en quelque sorte produit ses titres de noblesse ; qu'il y ait autour de son palais de nombreux aspirans ; mais que dans l'intérieur les initiés soient en petit nombre.

Les réunions, ou loges de Francs-Maçons, ont-elles un but aussi utile que celui qu'on pourrait atteindre par l'exercice du mensambulisme ? On ne s'en aperçoit guère, du moins ceux qui ne font pas partie de ces réunions. Quoi qu'il en soit, les Francs-Maçons ont leurs secrets, leurs mystères, leurs rites, leurs cérémonies : ils ont de simples frères, des aspirans, des initiés, des officiers de différens grades, enfin leur *Grand-Maître*. Pourquoi le mensambulisme n'aurait-il pas toutes ces choses ? Pourquoi ne serait-il pas, comme en Prusse, sous la protection du Gouvernement ? Peut-être serait-il de la prudence et de la sagesse des Gouvernemens d'assimiler les mystères du mensambulisme à ceux de *Cérès-Eleusine*, et mieux encore à ceux des anciens Mages, dont la haute sagesse était si célèbre dans tout l'orient. Il fallait bien que les Mages eussent de puissans motifs pour conserver dans un secret si profond et si inviolable les sources de leur sagesse. Ne prétendons pas être plus sages qu'eux. Enfin, pourquoi le GRAND-MAITRE de l'Université ne serait-il pas le grand maître, ou plutôt le GRAND MAGE du men-sambulisme? Ce ne serait peut-être pas sa dignité la moins honorable et la portion la moins précieuse de ses importantes et nombreuses attributions.

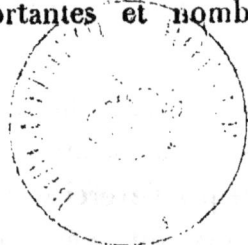

FIN.

ERRATA.

Pag. 3, *lig.* 4, plus je les relis, *lisez*, plus je le relis.

Pag. 13, *lig.* 18, en mé-, *lisez*, en médecine.

Pag. 29, *lig.* 8, de croire au, *lisez*, de crier miracle.

Pag. 47, *lig.* 23, Surun, une mine féconde, *lisez*, Surun, découvert une mine féconde.

Pag. 122, *lig.* 13, selon celui qui le dirige, *lisez*, selon la volonté de celui qui le dirige.

Pag. 124, *lig.* 14, toutes les propriétés, l'ame, *lisez*, toutes les propriétés du fluide vital, l'ame.

Pag. 127, *lig.* 16 frères, de Deleuse, *lis*, frères, Deleuse.

Pag. 140, *lig.* 7, on en avait les témoignages, *lisez*, on en était les témoins.

Pag. 160, *lig.* 26, l'ame entretient, *lisez*, la présence de l'ame entretient.

Pag. 245, *lig.* 11, connu dans la mensambulance, *lisez*, comme dans la mensambulance.

Pag. 316, *lig.* 7, suspendu de sa fidélité, *lisez*, perdu de sa fidélité.

Pag. 521, *lig.* 2, cette discussion, *lisez*, cette distinction.

Pag. 324, *lig.* 10, les sots, *lisez*, les sorts.

Pag. 357, *lig.* 10, sous tous les rapports, *lisez*, sous ce rapport.

Pag. 355, *lig.* 15, Ancénophis, *lisez*, Aménophis.

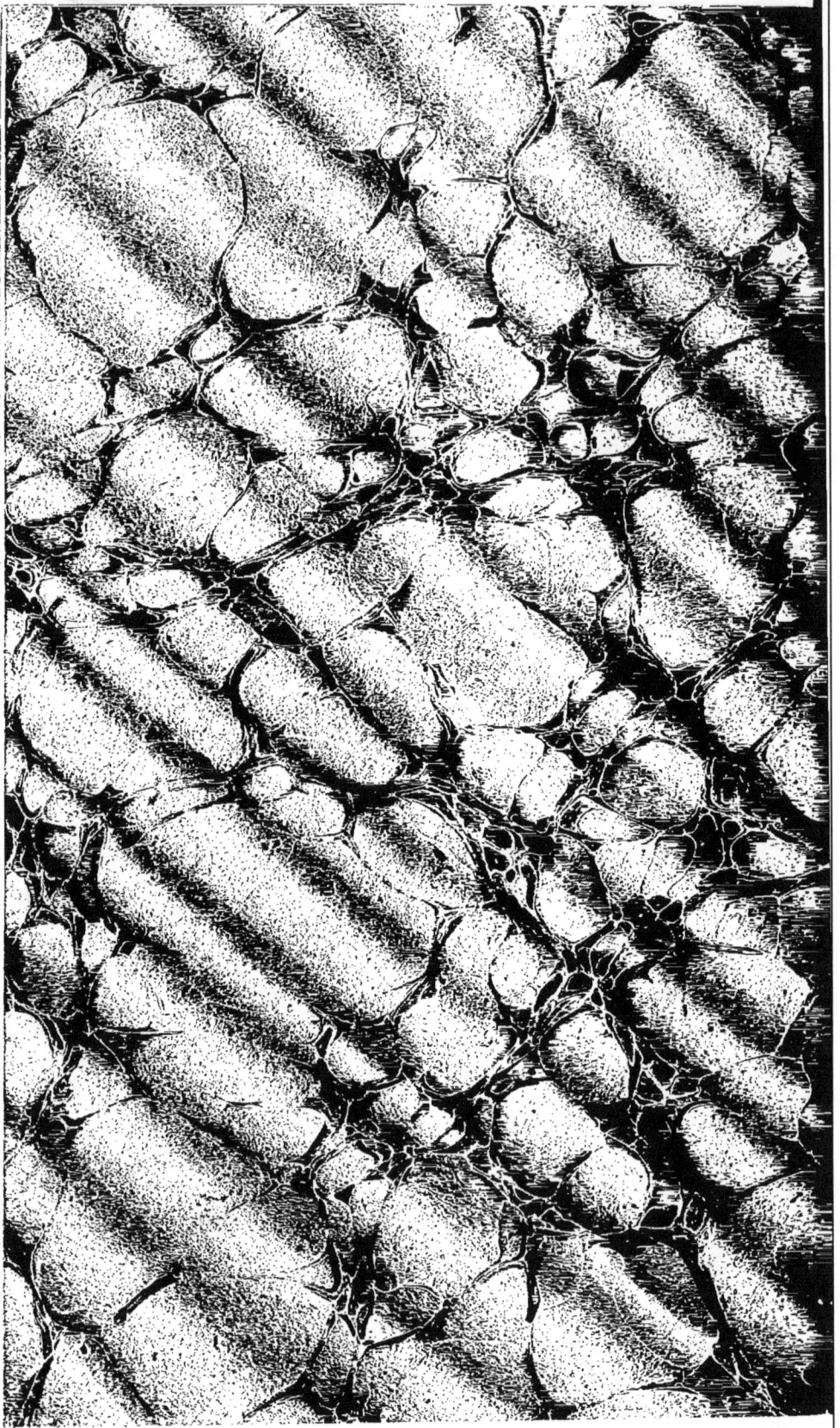